海上交通安全法

11訂版

藤本昌志 著

成 山 堂 書 店

まえがき

船舶交通のふくそうする東京湾，伊勢湾及び瀬戸内海における船舶交通の安全を図ることを目的とする海上交通安全法が1973（昭和48）年7月1日に施行された。その後，1974（昭和49）年11月に発生した第拾雄洋丸とパシフィックアリス号の衝突火災事故等の教訓から海上交通安全法施行規則の大幅な改正が1976（昭和51）年に実施された。1977（昭和52）年7月15日に海上衝突予防法が全面改正されたことに伴い，同年に海上交通安全法，1979（昭和54）年に同法省令も改正が実施された。

1985（昭和60）年に港湾施設の整備に伴う中ノ瀬航路の航路航行義務船舶に関する変更，1987（昭和62）年に備讃瀬戸海上交通センターの業務開始，巨大船等の航行に関する通報の方法に関する告示改正が実施された。1993（平成5）年には大阪湾海上交通センターの業務開始，2008（平成20）年来島海峡海上交通センターの業務開始に伴う省令改正が実施された。

2010（平成22）年に海域の特性に応じた新たな航法の設定及び船舶の安全な航行を援助するための措置その他所要の改正を内容とする「港則法及び海上交通安全法の一部を改正する法律」が施行された。2016（平成28）年5月の本書の7訂版の刊行後，非常災害が発生した場合における船舶交通の危険を防止するため，指定海域等にある船舶に対して海上保安庁長官が移動等を命ずることができることとするとともに，指定港内の水路及び指定海域内の航路を航行する船舶による通報の手続きを簡素化する等の措置を内容とする「海上交通安全法等の一部を改正する法律」が2018（平成30）年1月末に施行された。

海上交通安全法は，上記に示すように年々，船舶交通の安全をより一層確保するための改正が実施されおり，海上交通安全法の重要性は増々大きくなっています。船舶を運航する者は，海上交通安全法を正しく理解し，法令を遵守することが求められています。本書は海上交通安全法を理解し易いように，多くの図を活用して，特に航法規定に関連する部分には多くのページを割きました。

本書が海上交通法規の理解の一助となり，海上交通安全法の目的である船舶交通がふくそうする海域における安全が図られることとなれば幸いです。

本書の出版にあたり，惜しみない助言を頂きました成山堂書店小川典子社長に心より感謝申し上げます。

2018 年 5 月

藤本昌志

9 訂版発行にあたって

9 訂版は，2018（平成 30）年に発行した 8 訂版を基に，以下のような改訂事項を加えました。

・航路に関連する図の地名，灯台，浮標等の位置の修正

・巨大船等に対する指示における進路警戒船の図

・関連規則等の追加，条文番号の修正

本書は，本邦における海上交通のふくそうする海域における航法の基本法です。本法の理解を深め易いように，図及び記述に努めました。本書が海上交通のふくそうする海域における船舶交通の安全のための航法等の理解を助ける一助となれば幸いです。

2020 年 10 月

藤本昌志

10 訂版発行にあたって

10 訂版は，2020（令和 2）年に発行した 9 訂版を基に，近年の台風等の異常気象の頻発・激甚化による船舶交通のふくそうする海域での走錨による船舶交通の危険を防止するための「海上交通安全法等の一部を改正する法律」が 2021 年 7 月に施行されたことに対応し，以下のような改訂事項を加えました。

・第 2 章に第 8 節「異常気象等時における措置」追加
・上記に伴う条文番号及び規則等の条文番号修正

本書が海上交通法規の理解の一助となり，海上交通安全法の目的である船舶交通がふくそうする海域における安全が図られることとなれば幸いです。

2021 年 12 月

藤本昌志

11 訂版発行にあたって

11 訂版は，2021（令和 3）年に発行した 10 訂版を基に，漁港漁場整備法及び水産業協同組合法の一部を改正する法律（令和 5 年 5 月 26 日法律第 34 号），刑法等の一部を改正する法律（令和 4 年 6 月 17 日法律第 68 号），来島海峡航路西側海域における安全対策（経路指定）が施行されたことに対応し，以下のような改訂事項を加えました。

・第 1 章第 1 条 2 項 3 号の条文内の法律名変更
・第 2 章第 2 節第 20 条の解説に経路指定
・第 5 章第 51 条 1 項及び 2 項の条文内の文言

本書が海上交通法の理解の一助となり，海上交通安全法の目的である船舶交通がふくそうする海域における安全が図られることとなれば幸いです。

2024 年 6 月

藤本昌志

参 考 文 献

海上保安庁交通部航行安全課 監修「図解海上交通安全法７訂版」成山堂書店，2016
海上保安庁警備救難部航行安全課 監修「海上交通安全法100問100答　２訂版」成山堂書店，2001
第三管区海上保安本部交通部航行安全課　「東京湾における海上交通管制の一元化」https://www.kaiho.mlit.go.jp/03kanku/ichigenka/pdf/ichigenka_j.pdf
第三管区海上保安本部　「東京湾海上交通センター　～船舶の運航を安全・効率的に支援～」https://www6.kaiho.mlit.go.jp/kinkyujoho_martis/files/0001_20190404140548129_JA_401_OTH/leaflet.pdf
海上保安庁　「新たな制度による船舶交通ルール」https://www.kaiho.mlit.go.jp/03kanku/h22houkaisei/sozai/1panhu_japanese.pdf
東京湾海上交通センター HP　https://www6.kaiho.mlit.go.jp/tokyowan/
伊勢湾海上交通センター HP　https://www6.kaiho.mlit.go.jp/isewan/
海上保安庁　「大阪湾海上交通センター利用の手引き」https://www.kaiho.mlit.go.jp/syoukai/soshiki/toudai/navigation-safety/Martis%20User%20Manual/Osaka%20Martis/Osaka_Martis_User_Manual(JP).pdf
海上保安庁　「備讃瀬戸海上交通センター利用の手引き」https://www.kaiho.mlit.go.jp/syoukai/soshiki/toudai/navigation-safety/Martis%20User%20Manual/Bisan%20Martis/Bisan_Martis_User_Manual(JP).pdf
海上保安庁　「来島海峡海上交通センター利用の手引き」https://www6.kaiho.mlit.go.jp/kurushima/info/tab/riyou/riyou.pdf
海上保安庁　「航路標識の設置及び管理に関するガイドライン」https://www.kaiho.mlit.go.jp/ope/ope/apply/211101_guideline.pdf
海上保安庁　「新たな航路標識の導入について」https://www.kaiho.mlit.go.jp/info/kouhou/h25/k20130816/k130816-1.pdf
海上保安庁　「『海上交通安全法等の一部を改正する法律案』を閣議決定～台風来襲による事故の防止の一層の強化を図ります～」https://www.kaiho.mlit.go.jp/info/kouhou/r3/k210302/k210302.pdf
海上保安庁交通部　「議題２　海上交通安全法等一部改正法の運用方針　(1) 海上交通安全法及び港則法」2021年６月30日
海上保安庁第三管区海上保安本部交通部　「東京湾口における新たな経路指定」https://www.kaiho.mlit.go.jp/03kanku/ichigenka/pdf/kokuji_j.pdf
海上保安庁第六管区海上保安本部「来島海峡航路西側海域における安全対策について」https://www.kaiho.mlit.go.jp/06kanku/safety/kurushima-keiroshitei.html

海上保安庁「大阪湾海上交通センター　利用の手引き」https://www6.kaiho.mlit.go.jp/osakawan/info/tab/07_users_manual.pdf
海上保安庁第三管区海上保安本部「東京湾を対象とした勧告・命令制度等が始まります！！」https://www.kaiho.mlit.go.jp/mission/wangaihinan_3kan_J.pdf
外国船舶協会　令和4年度大阪湾・紀伊水道台風等対策協議会臨時総会（報告）：第五管区海上保安本部交通部航行安全課「大阪湾法区部海域の監視・情報提供体制の強化～大阪湾海上交通センターの移転・機能強化～（令和5年2月28日）」https://www.jfsan.org/gaisenkyo_jfsa_download_file/11677636591.pdf

凡　　例

▶　令 ………… 海上交通安全法施行令（昭和 48 年 1 月 26 日　政令第 5 号）

▶　規則 ……… 海上交通安全法施行規則（昭和 48 年 3 月 27 日　運輸省令第 9 号）

▶ 　……… 海上交通安全法に基づく航路

▶ 　……… 避航船

▶ 　……… 巨大船

▶ 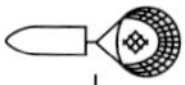　……… 漁ろう船

▶　……… 帆船

▶　本書を利用するに当たっては，「最新・海上交通三法及び関係法令」（成山堂書店発行）を参照されたい。

目　　次

まえがき i，参考文献 iv，凡例 vi

第1章　総　　則

第1条　目的及び適用海域 …… 1
第2条　定　義 …… 8

第2章　交通方法

第1節　航路における一般的航法 …… 23
第3条　避航等 …… 23
第4条　航路航行義務 …… 30
第5条　速力の制限 …… 35
第6条　追越しの場合の信号 …… 38
第6条の2　追越しの禁止 …… 40
第7条　進路を知らせるための措置 …… 42
第8条　航路の横断の方法 …… 48
第9条　航路への出入又は航路の横断の制限 …… 49
第10条　びょう泊の禁止 …… 51
第10条の2　航路外での待機の指示 …… 53
第2節　航路ごとの航法 …… 56
第11条　浦賀水道航路及び中ノ瀬航路 …… 56
第12条　浦賀水道航路及び中ノ瀬航路 …… 62
第13条　伊良湖水道航路 …… 64
第14条　伊良湖水道航路 …… 69
第15条　明石海峡航路 …… 70
第16条　備讃瀬戸東航路，宇高東航路及び宇高西航路 …… 73
第17条　備讃瀬戸東航路，宇高東航路及び宇高西航路 …… 77

第 18 条　備讃瀬戸北航路，備讃瀬戸南航路及び水島航路 …… 80
第 19 条　備讃瀬戸北航路，備讃瀬戸南航路及び水島航路 …… 85
第 20 条　来島海峡航路 …… 91
第 21 条　来島海峡航路 …… 99
第３節　特殊な船舶の航路における交通方法の特則 …… 101
第 22 条　巨大船等の航行に関する通報 …… 101
第 23 条　巨大船等に対する指示 …… 112
第 24 条　緊急用務を行う船舶等に関する航法の特例 …… 114
第４節　航路以外の海域における航法 …… 117
第 25 条　航路以外の海域における航法 …… 117
第５節　危険防止のための交通制限等 …… 124
第 26 条　危険防止のための交通制限等 …… 124
第６節　灯火等 …… 126
第 27 条　巨大船及び危険物積載船の灯火等 …… 126
第 28 条　帆船の灯火等 …… 128
第 29 条　物件えい航船の音響信号等 …… 129
第７節　船舶の安全な航行を援助するための措置 …… 132
第 30 条　海上保安庁長官が提供する情報の聴取 …… 132
第 31 条　航法の遵守及び危険の防止のための勧告 …… 136
第８節　異常気象等時における措置 …… 137
第 32 条　異常気象等時における航行制限等 …… 137
第 33 条　異常気象等時特定船舶に対する情報の提供等 …… 140
第 34 条　異常気象等時特定船舶に対する危険の防止のための勧告 … 141
第 35 条　協議会 …… 142
第９節　指定海域における措置 …… 144
第 36 条　指定海域への入域に関する通報 …… 144
第 37 条　非常災害発生周知措置等 …… 146
第 38 条　非常災害発生周知措置がとられた際に海上保安庁長官が提供する情報の聴取 …… 147
第 39 条　非常災害発生周知措置がとられた際の航行制限等 …… 148

第3章 危険の防止

第40条　航路及びその周辺の海域における工事等 …… 150
第41条　航路及びその周辺の海域以外の海域における工事等 …… 156
第42条　違反行為者に対する措置命令 …… 159
第43条　海難が発生した場合の措置 …… 160

第4章 雑　　則

第44条　航路等の海図への記載 …… 166
第45条　航路等を示す航路標識の設置 …… 168
第46条　交通政策審議会への諮問 …… 170
第47条　権限の委任 …… 170
第48条　行政手続法の適用除外 …… 171
第49条　国土交通省令への委任 …… 172
第50条　経過措置 …… 172

第5章 罰　　則

第51条～第54条 …… 173

付　録（海上交通安全法，同法施行令，同法施行規則） …… 177

目次

第1章　総　　則

第1条　目的及び適用海域

第1条　この法律は，船舶交通がふくそうする海域における船舶交通について，特別の交通方法を定めるとともに，その危険を防止するための規制を行なうことにより，船舶交通の安全を図ることを目的とする。

2　この法律は，東京湾，伊勢湾（伊勢湾の湾口に接する海域及び三河湾のうち伊勢湾に接する海域を含む。）及び瀬戸内海のうち次の各号に掲げる海域以外の海域に適用するものとし，これらの海域と他の海域（次の各号に掲げる海域を除く。）との境界は，政令[1]で定める。

(1) 港則法（昭和23年法律第174号）に基づく港の区域

(2) 港則法に基づく港以外の港である港湾に係る港湾法（昭和25年法律第218号）第2条第3項に規定する港湾区域

(3) 漁港及び漁場の整備等に関する法律（昭和25年法律第137号）第6条第1項から第4項までの規定により市町村長，都道府県知事又は農林水産大臣が指定した漁港の区域内の海域

(4) 陸岸に沿う海域のうち，漁船以外の船舶が通常航行していない海域として政令[2]で定める海域

1）令第1条

2）令第2条別表第1

立法趣旨

東京湾，伊勢湾，瀬戸内海の3海域における船舶交通の安全を図るために特別に制定されたもの。

解説　❶ 目　　的

この法律の目的は，船舶交通のふくそうする海域において，船舶交通の安全を図るため，「特別の交通方法」と「船舶交通の危険を防止するため

の必要な規制」が定められている。

❷ 適用海域

東京湾，伊勢湾，瀬戸内海の3海域。ただし，以下の海域は適用除外（図中の　　　部分）

・港則法の港域
・港則法の適用のない港の港湾法の港湾区域
・漁港区域
・陸岸に沿う海域のうち，水深が浅い，付近に港がない等の理由で，漁船以外の船舶が通常航行していない海域

参照海図

境界……	1. 東京湾	1062号，90号
	2. 伊勢湾	1064号，1053号，1051号
	3. 瀬戸内海	77号，1218号，1102号

図解　適用海域及び適用除外海域（図1-1～3）

❸ 他の法令との関係

＊海上衝突予防法との関係

海上衝突予防法が海上交通の基本的なルールを定めたものであり，日本国領海内の全ての海域に適用される。一方，海上交通安全法は東京湾，伊勢湾及び瀬戸内海（一部適用除外海域あり）の3海域のみに適用される。海上交通安全法は，海上衝突予防法に対して特別法の関係にある。したがって，特別の規定が海上交通安全法に規定されていれば，特別法優先（海上衝突予防法第41条第1項）の規定より，安全法の規定が予防法に優先して適用される。なお，安全法に特別の規定がない場合は，一般法である予防法の規定が適用される。

予防法第40条の規定により，安全法に準用される予防法の規定として，以下のものがある。

他（海上交通安全法）の法令において定められた航法，灯火又は形象物の表示，信号その他運航に関する事項	・避航船（予防法第16条） ・保持船（予防法第17条） ・（灯火に関する）通則（予防法第20条。ただし，第4項を除く） ・操船信号及び警告信号（予防法第34条。ただし，第4項から第6項を除く） ・注意喚起信号（予防法第36条） ・切迫した危険のある特殊な状況（予防法第38条） ・注意を怠ることについての責任（予防法第39条）
他（海上交通安全法）の法令において定められた避航に関する事項	・適用船舶（予防法第11条） 互いに他の船舶の視野の内にある船舶への適用条文（予防法第12条～18条）

また，安全法には視界制限状態の航法についての規定はないので，安全法適用海域で視界制限状態となった場合，予防法第19条（視界制限状態の航法）が安全法の規定に優先して適用される。

＊港則法との関係

港則法との関係については，対象とする海域が異なることから競合は生じない。

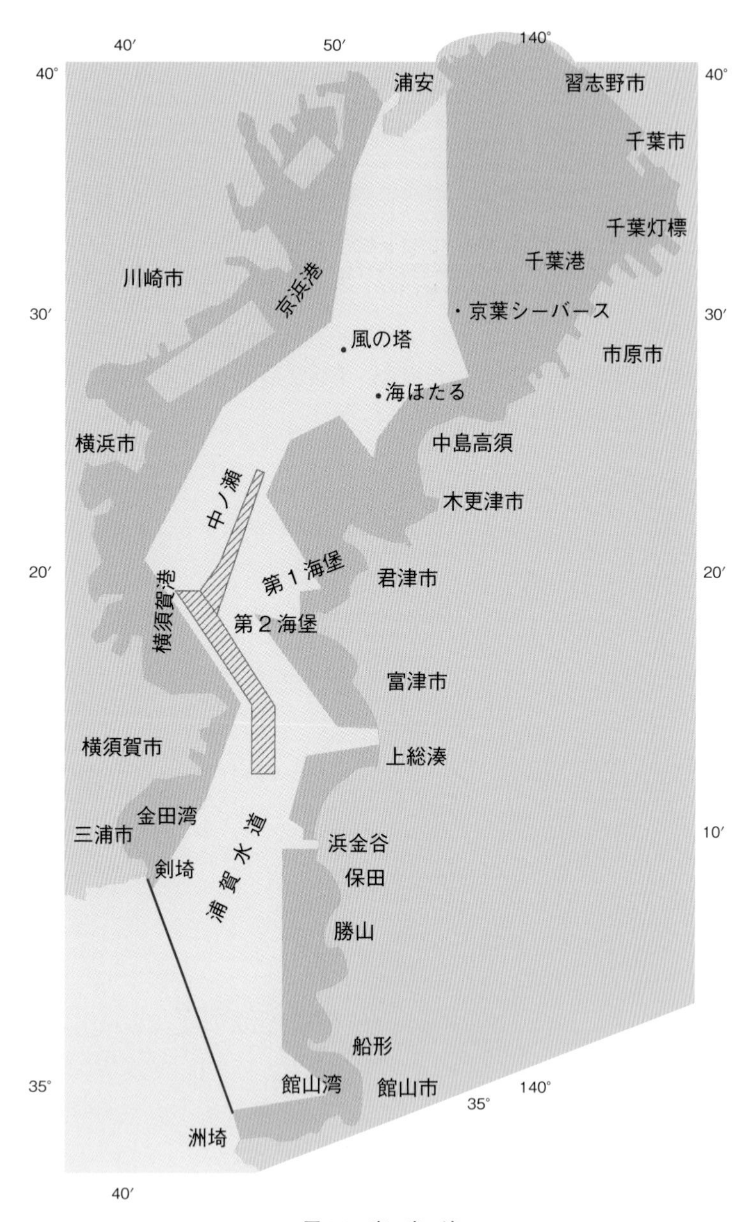
40′
50′
140°
40°
40°
浦安
習志野市
千葉市
千葉灯標
千葉港
川崎市
京浜港
30′
30′
・京葉シーバース
風の塔
市原市
海ほたる
横浜市
中島高須
中ノ瀬
木更津市
20′
20′
横須賀港
第１海堡
君津市
第２海堡
富津市
横須賀市
上総湊
金田湾
三浦市
浦賀水道
浜金谷
10′
剣埼
保田
勝山
船形
35°
館山湾
館山市
140°
35°
洲埼
40′

図 1-1　東 京 湾

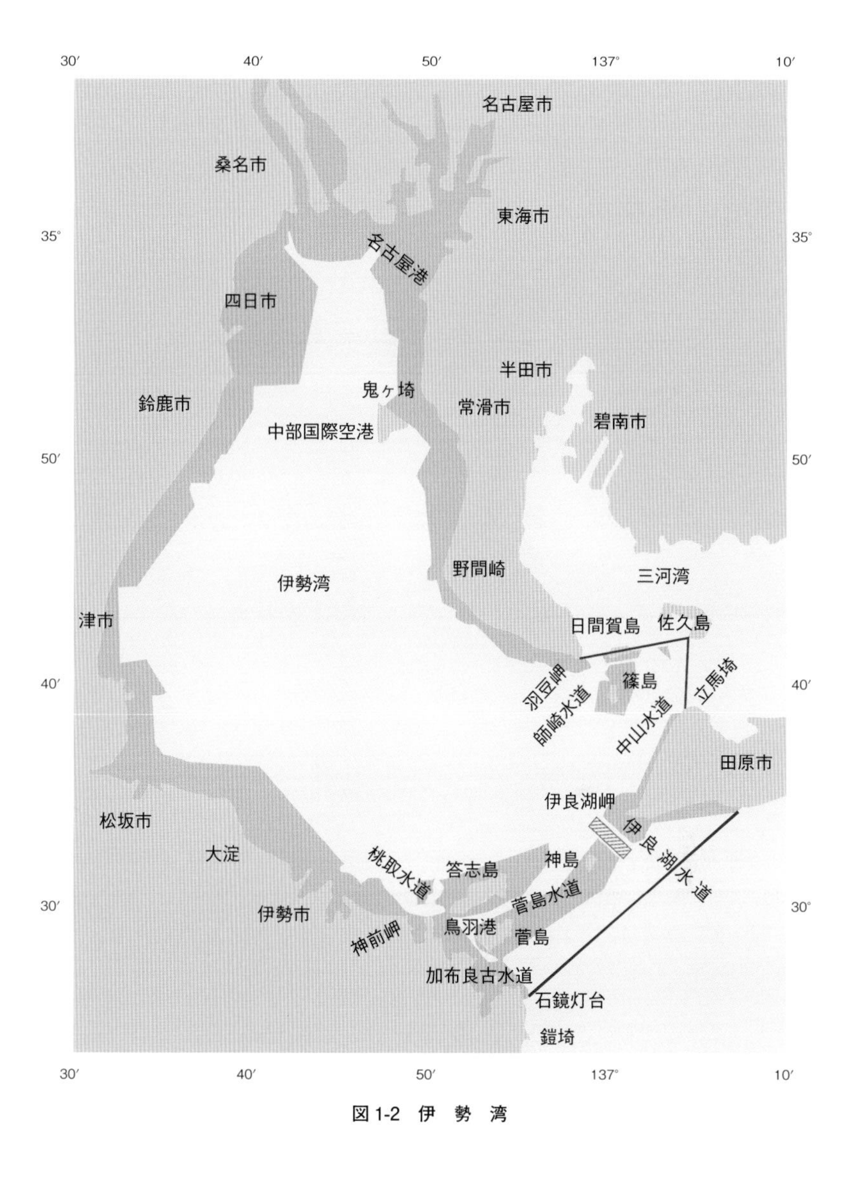
30′
40′
50′
137°
10′
35°
50′
40′
30°
名古屋市
桑名市
東海市
名古屋港
四日市
半田市
鬼ヶ埼
常滑市
碧南市
鈴鹿市
中部国際空港
野間崎
三河湾
伊勢湾
津市
日間賀島
佐久島
羽豆岬
篠島
立馬埼
師崎水道
中山水道
田原市
伊良湖岬
松坂市
伊良湖水道
大淀
桃取水道
答志島
神島
菅島水道
伊勢市
鳥羽港
菅島
神前岬
加布良古水道
石鏡灯台
鎧埼

図 1-2　伊　勢　湾

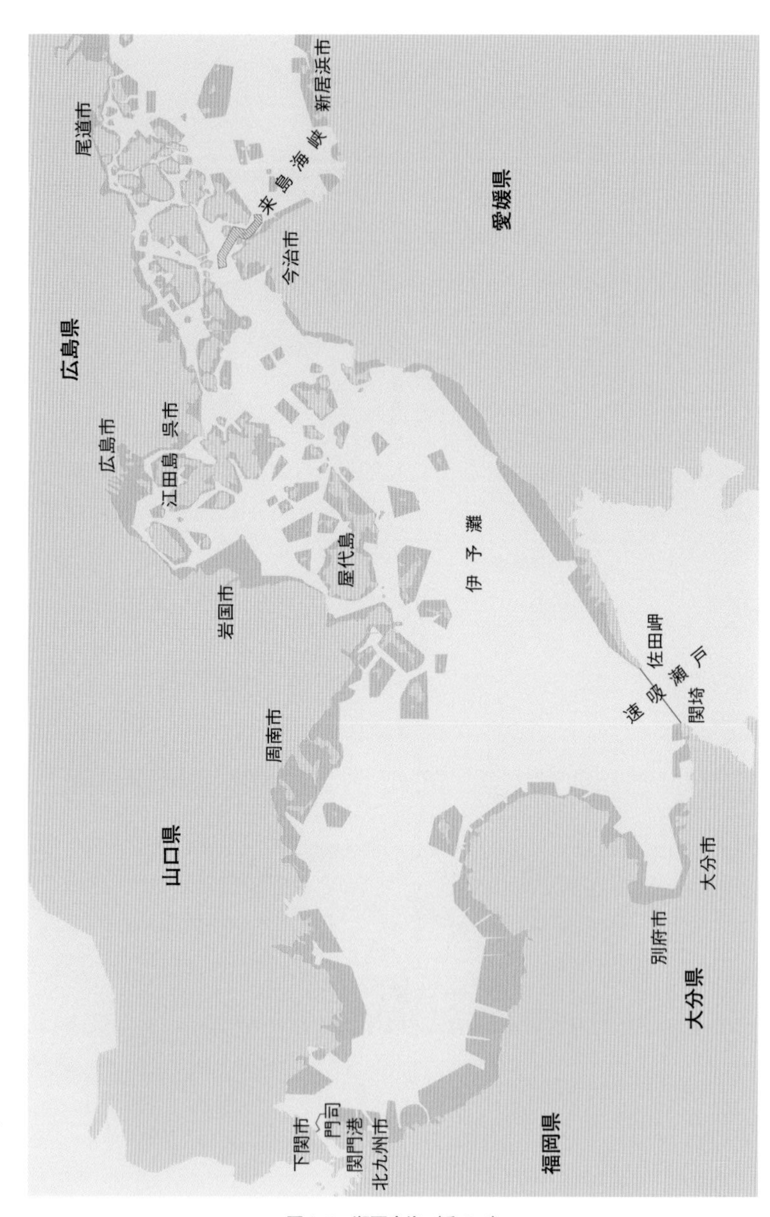
尾道市
新居浜市
来島海峡
今治市
愛媛県
広島県
広島市
江田島
呉市
屋代島
岩国市
伊予灘
周南市
速吸瀬戸
佐田岬
関埼
山口県
大分市
別府市
大分県
下関市
門司
関門港
北九州市
福岡県

図 1-3　瀬戸内海（その 1）

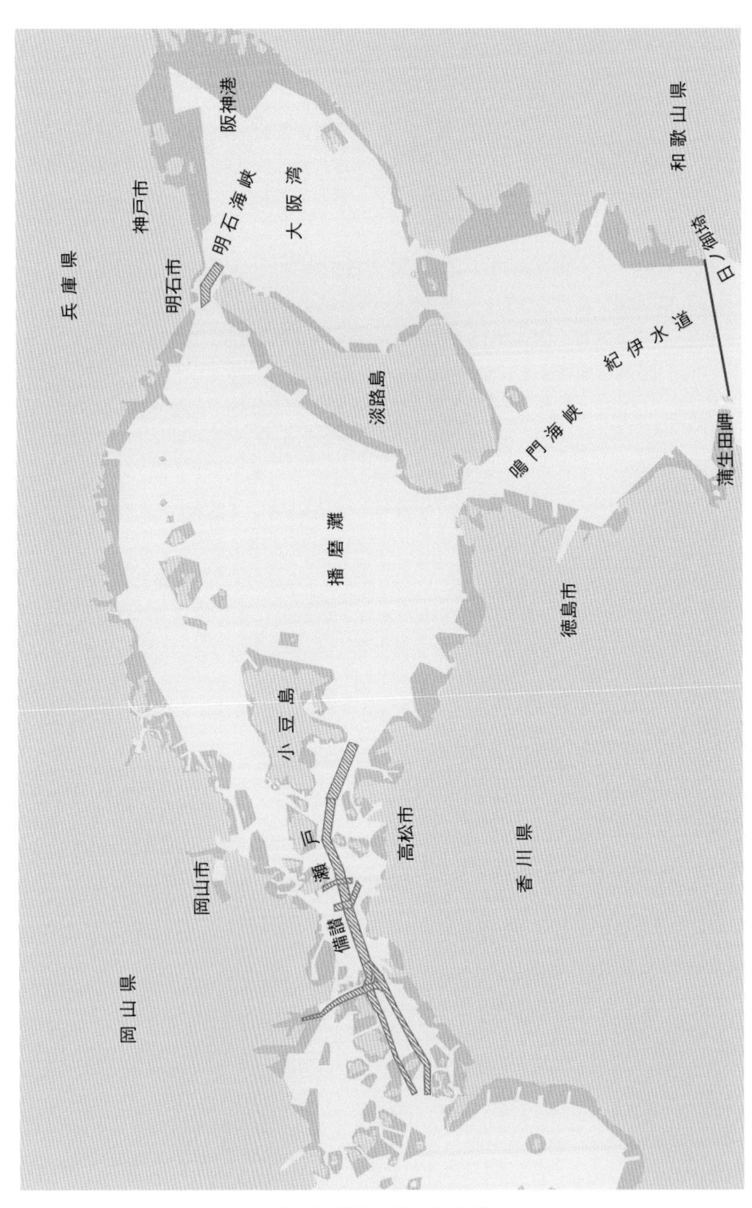
兵庫県
神戸市
明石市
明石海峡
阪神港
大阪湾
和歌山県
日ノ御埼
紀伊水道
淡路島
鳴門海峡
蒲生田岬
播磨灘
徳島市
小豆島
高松市
備讃
瀬戸
岡山市
香川県
岡山県

図 1-3　瀬戸内海（その２）

第2条 定　義

第2条 この法律において「航路」とは，別表に掲げる海域における船舶の通路として政令[1]で定める海域をいい，その名称は同表に掲げるとおりとする。

2 この法律において，次の各号に掲げる用語の意義は，それぞれ当該各号に定めるところによる。

(1) 船舶　水上輸送の用に供する船舟類をいう。

(2) 巨大船　長さ200メートル以上の船舶をいう。

(3) 漁ろう船等　次に掲げる船舶をいう。

イ　漁ろうに従事している船舶

ロ　工事又は作業を行っているため接近してくる他の船舶の進路を避けることが容易でない国土交通省令[2]で定める船舶で国土交通省令で定めるところにより灯火又は標識を表示しているもの

3 この法律において「漁ろうに従事している船舶」，「長さ」及び「汽笛」の意義は，それぞれ海上衝突予防法（昭和52年法律第62号）第3条第4項及び第10項並びに第32条第1項に規定する当該用語の意義による。

4 この法律において，「指定海域」とは，地形及び船舶交通の状況からみて，非常災害が発生した場合に船舶交通が著しくふくそうすることが予想される海域のうち，2以上の港則法に基づく港に隣接するものであって，レーダーその他の設備により当該海域における船舶交通を一体的に把握することができる状況にあるものとして政令で定めるものをいう。

1）令第3条別表第2

2）規則第2条

第2条 法第2条第2項第3号〔漁ろう船等の意義〕ロの国土交通省令で定める船舶は，法第36条第1項〔航路及びその周辺の海域における工事等〕の規定による許可（同条第9項〔工事等の許可を要しない場合〕の規定によりその許可を受けることを要しない場合には，港則法（昭和23年法律第174号）第31条第1項〔工事等の許可〕（同法第43条〔準用規定〕において準用する場合を含む。）の規定による許可）を受けて工事又は作業を行っており，当該工事又は作業の性質上接近してくる他の船舶の進路を避けることが容易でない船舶とする。

2 法第2条第2項第3号ロの規定による灯火又は標識の表示は，夜間にあっては第1号に掲げる灯火の，昼間にあっては第2号に掲げる形象物の表示とする。

(1) 少なくとも2海里の視認距離を有する緑色の全周灯2個で最も見えやすい場

所に2メートル（長さ20メートル未満の船舶にあっては，1メートル）以上隔てて垂直線上に連掲されたもの

(2) 上の1個が白色のひし形，下の2個が紅色の球形である3個の形象物（長さ20メートル以上の船舶にあっては，その直径は，0.6メートル以上とする。）で最も見えやすい場所にそれぞれ1.5メートル以上隔てて垂直線上に連掲されたもの

立法趣旨

海上交通安全法に規定する用語（航路，巨大船，漁ろう船等，指定海域）について明確に定め誤解を生じさせないようにするため。

解説 ❶ 航 路

船舶交通が集中する海域のうち，岬，島，暗礁等によって航行できる水域が狭められ，更には，屈曲し，潮流が速い等の事情より操船の非常に困難な場所となっている海域に，船舶交通の安全を図るための，船舶の主要な流れに沿って設けられたものが航路である。表1-1の11航路が設定されている。

なお，航路には航路毎の特別の交通ルールが（法第11条から第21条）規定されている。また，航路には，速力制限区域（法第5条），追越し禁止区域（法6条の2），横断禁止区域（法第9条）等の規制区域が設定されている。

航路の幅員は，船舶の通航量，潮流，その他の自然条件を考慮して設定されている。幅員としては1方向片側700m程度を目安とされている。地理的な制約によって片側700mの幅員を設定できない海域の航路もある。

航路は，第4章雑則第40条（航路等の海図への記載）及び第41条（航路等を示す航路標識の設置）の規定に基づき，海図への記載，航路標識が設置されている。

表 1-1　11 航路の概要

海域	航路名	航路長（海里）	幅員（m）	参照海図番号
東京湾	浦賀水道航路	約 8 海里	1400～1750 m	1081，1062，90
	中ノ瀬航路	約 5.5 海里	700 m	
伊勢湾	伊良湖水道航路	約 2.5 海里	1200 m	1064，1053，1051
瀬戸内海	明石海峡航路	約 4 海里	1500 m	131，150A，106
	備讃瀬戸東航路	約 20 海里	1400 m	137A，137B，1121，1122，153
	備讃瀬戸北航路	約 12 海里	650～700 m	
	備讃瀬戸南航路	約 12.5 海里	650～700 m	
	宇高東航路	約 3 海里	430～700 m	137A，154
	宇高西航路	約 3.5 海里	700 m	
	水島航路	約 5.5 海里	600～700 m	137B，1127A，1122，1116
	来島海峡航路	中水道経由約 8.5 海里 西水道経由約 9 海里		132，104，141，1108

図解　(1) 航路（図 1-4～9）
(2) 巨大船の灯火形象物（図 1-10）
(3) 漁ろうに従事している船舶の灯火・形象物（図 1-11）
(4) 工事・作業船の灯火・形象物（図 1-12）
(5) 操縦性能制限船の灯火・形象物（図 1-13・14）
(6) 指定海域（図 1-15）

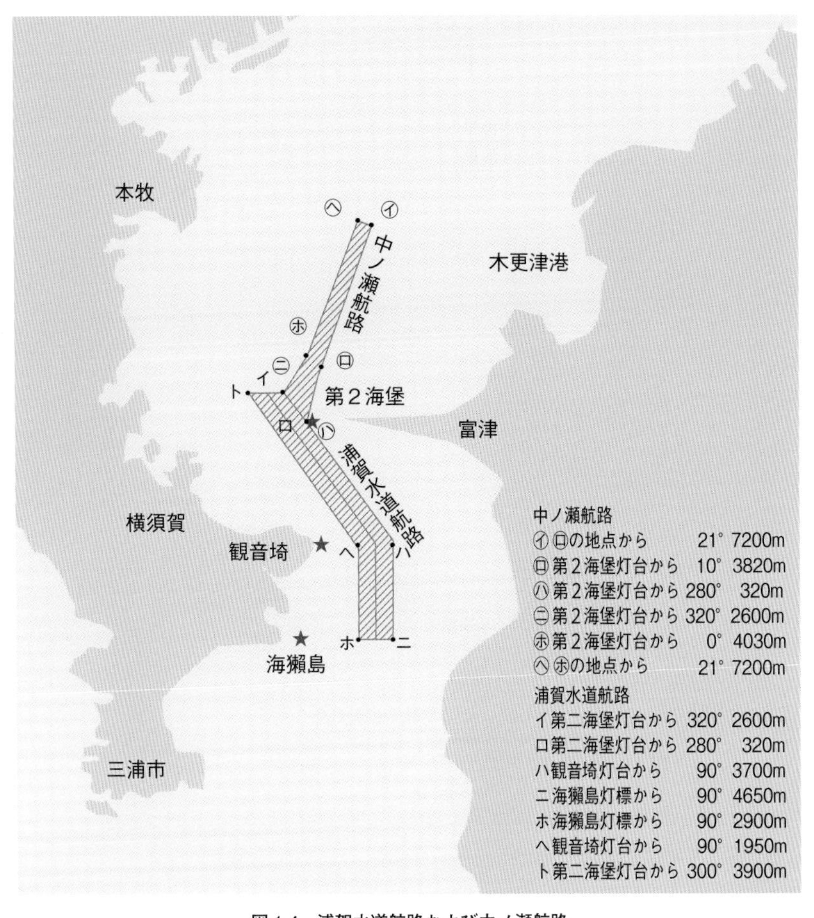
本牧
木更津港
中ノ瀬航路
第2海堡
富津
浦賀水道航路
横須賀
観音埼
海獺島
三浦市
㋬
㋑
㋭
㋥
㋺
㋩
イ
ト
ロ
ハ
ヘ
ホ
ニ
中ノ瀬航路
㋑㋺の地点から 21° 7200m
㋺第2海堡灯台から 10° 3820m
㋩第2海堡灯台から 280° 320m
㋥第2海堡灯台から 320° 2600m
㋭第2海堡灯台から 0° 4030m
㋬㋭の地点から 21° 7200m
浦賀水道航路
イ第二海堡灯台から 320° 2600m
ロ第二海堡灯台から 280° 320m
ハ観音埼灯台から 90° 3700m
ニ海獺島灯標から 90° 4650m
ホ海獺島灯標から 90° 2900m
ヘ観音埼灯台から 90° 1950m
ト第二海堡灯台から 300° 3900m

図 1-4　浦賀水道航路および中ノ瀬航路

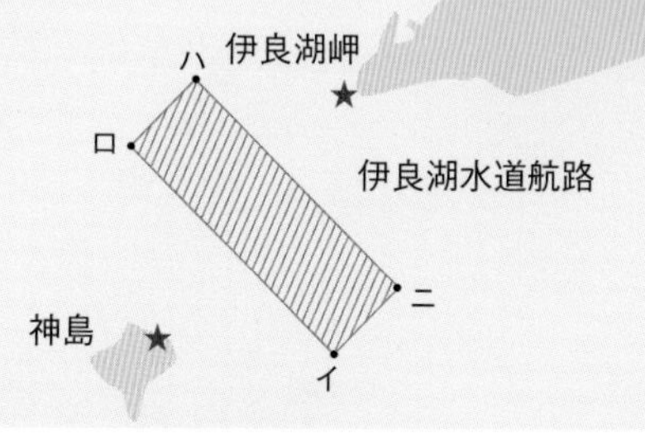

篠島
野島
イ 神島灯台から 91° 2340m
ロ 神島灯台から 350° 2690m
ハ 伊良湖岬灯台から 272° 30′ 2400m
ニ 伊良湖岬灯台から 171° 2610m
伊良湖岬
ハ
ロ
伊良湖水道航路
ニ
神島
イ

図 1-5　伊良湖水道航路

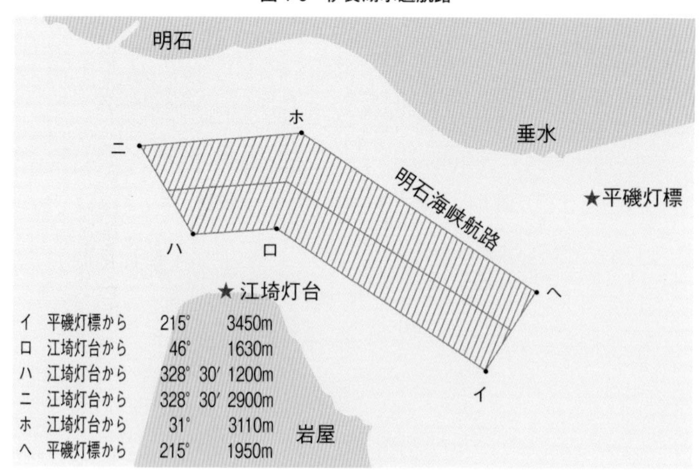

明石
ホ
垂水
ニ
明石海峡航路
★平磯灯標
ハ
ロ
★江埼灯台
ヘ
イ 平磯灯標から 215° 3450m
ロ 江埼灯台から 46° 1630m
ハ 江埼灯台から 328° 30′ 1200m
ニ 江埼灯台から 328° 30′ 2900m
ホ 江埼灯台から 31° 3110m
ヘ 平磯灯標から 215° 1950m
イ
岩屋

図 1-6　明石海峡航路

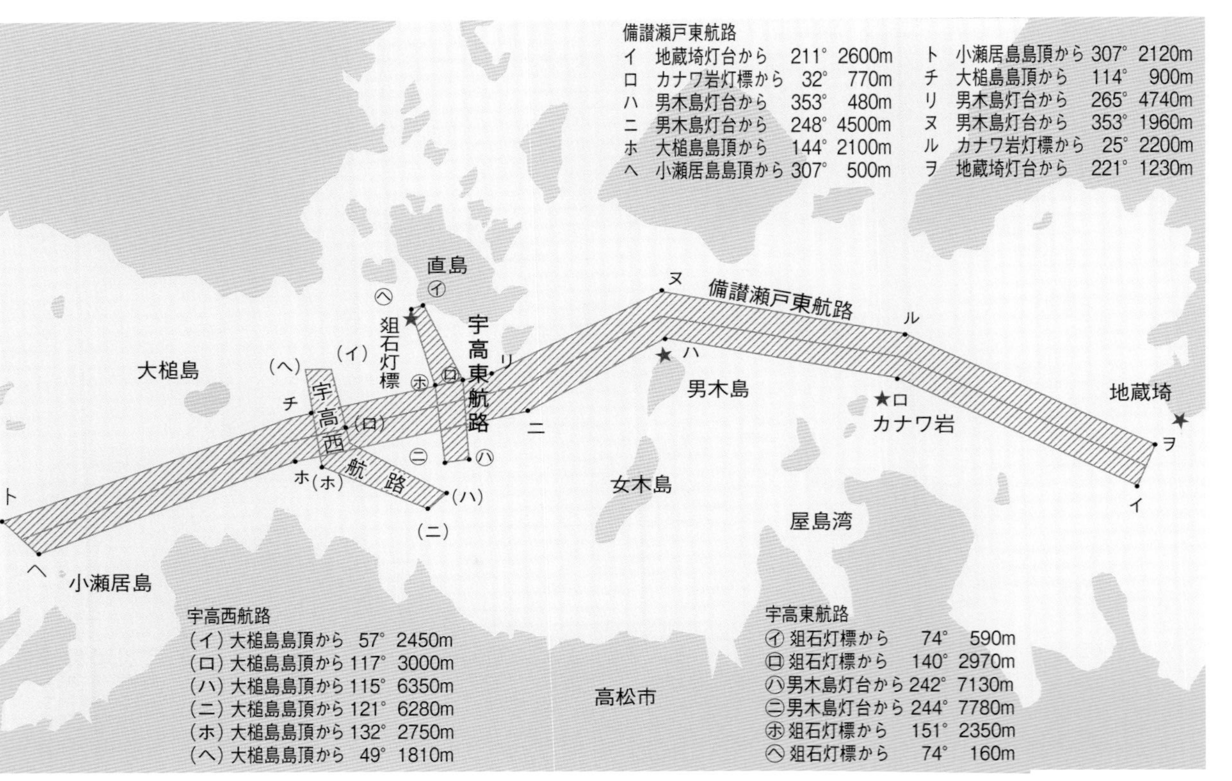
備讃瀬戸東航路
イ　地蔵埼灯台から　211°　2600m
ロ　カナワ岩灯標から　32°　770m
ハ　男木島灯台から　353°　480m
ニ　男木島灯台から　248°　4500m
ホ　大槌島島頂から　144°　2100m
ヘ　小瀬居島島頂から　307°　500m
ト　小瀬居島島頂から　307°　2120m
チ　大槌島島頂から　114°　900m
リ　男木島灯台から　265°　4740m
ヌ　男木島灯台から　353°　1960m
ル　カナワ岩灯標から　25°　2200m
ヲ　地蔵埼灯台から　221°　1230m
直島
大槌島
小瀬居島
男木島
女木島
屋島湾
高松市
地蔵埼
カナワ岩
狙石灯標
備讃瀬戸東航路
宇高東航路
宇高西航路
宇高西航路
（イ）大槌島島頂から　57°　2450m
（ロ）大槌島島頂から 117°　3000m
（ハ）大槌島島頂から 115°　6350m
（ニ）大槌島島頂から 121°　6280m
（ホ）大槌島島頂から 132°　2750m
（ヘ）大槌島島頂から　49°　1810m
宇高東航路
㋑狙石灯標から　74°　590m
㋺狙石灯標から　140°　2970m
㋩男木島灯台から 242°　7130m
㋥男木島灯台から 244°　7780m
㋭狙石灯標から　151°　2350m
㋬狙石灯標から　74°　160m

図 1-7　備讃瀬戸東航路，宇高東航路および宇高西航路

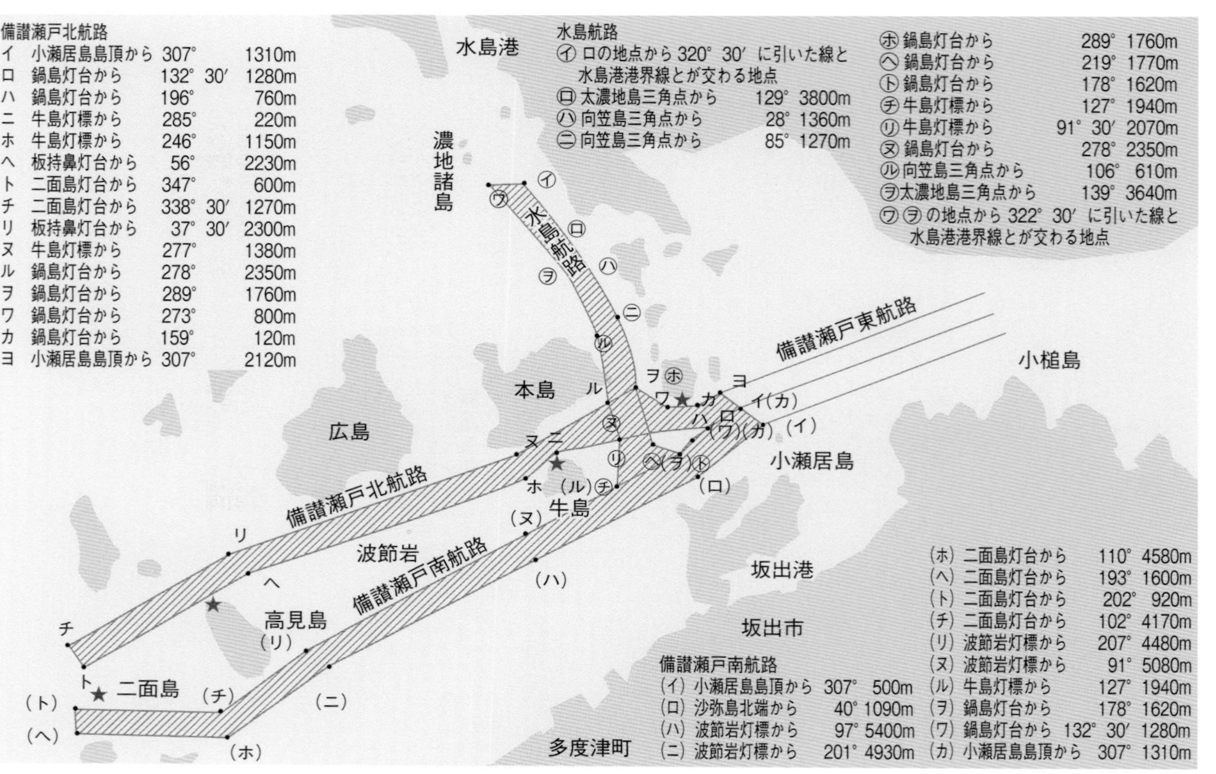

備讃瀬戸北航路
イ 小瀬居島島頂から 307° 1310m
ロ 鍋島灯台から 132° 30′ 1280m
ハ 鍋島灯台から 196° 760m
ニ 牛島灯標から 285° 220m
ホ 牛島灯標から 246° 1150m
ヘ 板持鼻灯台から 56° 2230m
ト 二面島灯台から 347° 600m
チ 二面島灯台から 338° 30′ 1270m
リ 板持鼻灯台から 37° 30′ 2300m
ヌ 牛島灯標から 277° 1380m
ル 鍋島灯台から 278° 2350m
ヲ 鍋島灯台から 289° 1760m
ワ 鍋島灯台から 273° 800m
カ 鍋島灯台から 159° 120m
ヨ 小瀬居島島頂から 307° 2120m
水島港
水島航路
㋑ ロの地点から 320° 30′ に引いた線と水島港港界線とが交わる地点
㋺ 太濃地島三角点から 129° 3800m
㋩ 向笠島三角点から 28° 1360m
㋥ 向笠島三角点から 85° 1270m
㋭ 鍋島灯台から 289° 1760m
㋬ 鍋島灯台から 219° 1770m
㋣ 鍋島灯台から 178° 1620m
㋠ 牛島灯標から 127° 1940m
㋷ 牛島灯標から 91° 30′ 2070m
㋦ 鍋島灯台から 278° 2350m
㋸ 向笠島三角点から 106° 610m
㋾ 太濃地島三角点から 139° 3640m
㋻ ㋾の地点から 322° 30′ に引いた線と水島港港界線とが交わる地点
濃地諸島
水島航路
備讃瀬戸東航路
小槌島
本島
広島
小瀬居島
牛島
備讃瀬戸北航路
波節岩
備讃瀬戸南航路
高見島
二面島
坂出港
坂出市
多度津町
備讃瀬戸南航路
(イ) 小瀬居島島頂から 307° 500m
(ロ) 沙弥島北端から 40° 1090m
(ハ) 波節岩灯標から 97° 5400m
(ニ) 波節岩灯標から 201° 4930m
(ホ) 二面島灯台から 110° 4580m
(ヘ) 二面島灯台から 193° 1600m
(ト) 二面島灯台から 202° 920m
(チ) 二面島灯台から 102° 4170m
(リ) 波節岩灯標から 207° 4480m
(ヌ) 波節岩灯標から 91° 5080m
(ル) 牛島灯標から 127° 1940m
(ヲ) 鍋島灯台から 178° 1620m
(ワ) 鍋島灯台から 132° 30′ 1280m
(カ) 小瀬居島島頂から 307° 1310m

図 1-8 備讃瀬戸北航路，備讃瀬戸南航路および水島航路

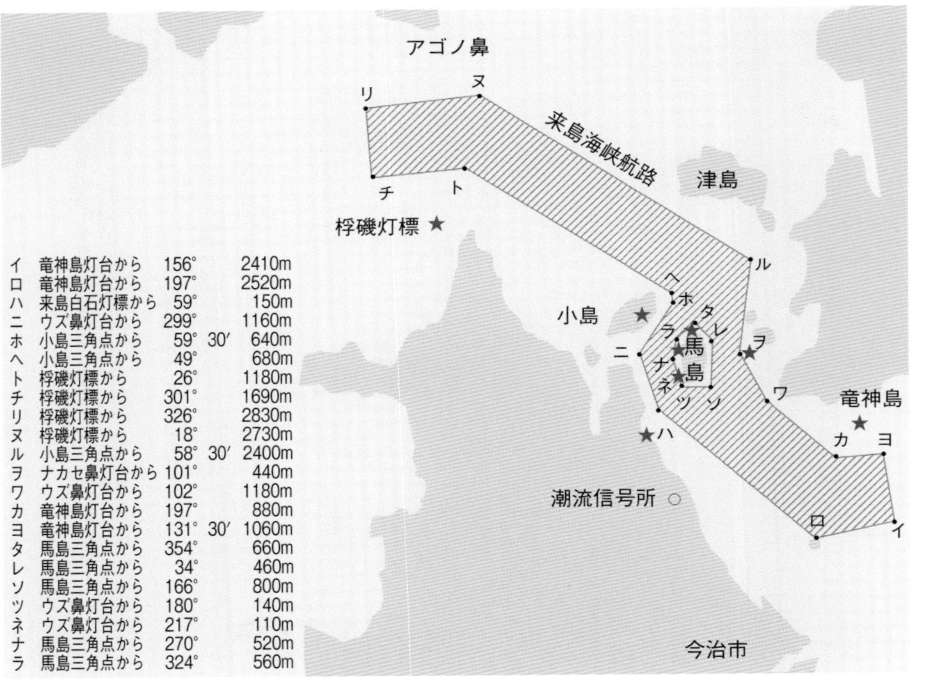

イ	竜神島灯台から	156°		2410m
ロ	竜神島灯台から	197°		2520m
ハ	来島白石灯標から	59°		150m
ニ	ウズ鼻灯台から	299°		1160m
ホ	小島三角点から	59°	30′	640m
ヘ	小島三角点から	49°		680m
ト	桴磯灯標から	26°		1180m
チ	桴磯灯標から	301°		1690m
リ	桴磯灯標から	326°		2830m
ヌ	桴磯灯標から	18°		2730m
ル	小島三角点から	58°	30′	2400m
ヲ	ナカセ鼻灯台から	101°		440m
ワ	ウズ鼻灯台から	102°		1180m
カ	竜神島灯台から	197°		880m
ヨ	竜神島灯台から	131°	30′	1060m
タ	馬島三角点から	354°		660m
レ	馬島三角点から	34°		460m
ソ	馬島三角点から	166°		800m
ツ	ウズ鼻灯台から	180°		140m
ネ	ウズ鼻灯台から	217°		110m
ナ	馬島三角点から	270°		520m
ラ	馬島三角点から	324°		560m

図 1-9　来島海峡航路

❷ 用語の定義

1)「長さ」は3項に記載されているように，海上衝突予防法第3条第10項に規定する用語と同等であると規定されいるので，「長さ」は「全長」である。

2)「船舶」とは，水上輸送の用に供する船舟類のことである。種類，自航性の有無を問わず，人又は物を載せて水上を移動できるものは全て船舶に該当する。ただし，海上衝突予防法で規定する「船舶」とは異なり，水上航空機は含まない。

3)「巨大船」とは，全長200メートル以上の船舶のことである。巨大船は，他の船舶と比較して操縦性能が著しく劣っていることから，海上交通安全法では，船舶交通の安全を図るため，巨大船と巨大船以外の船舶の航法（第2参照）を特別に定めている。なお，巨大船は，一定の灯火・形象物を表示しなければならない。（法第27条）

図解 巨大船の灯火・形象物（図1-10）

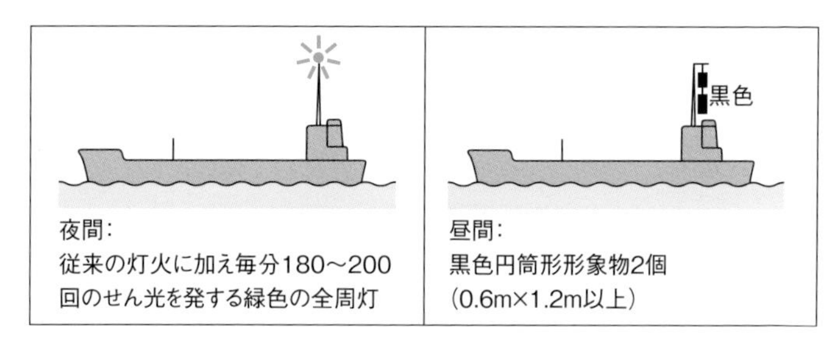

黒色
夜間:
従来の灯火に加え毎分180～200
回のせん光を発する緑色の全周灯
昼間:
黒色円筒形形象物2個
(0.6m×1.2m以上)

図1-10 巨大船の灯火等

4)「漁ろう船等」とは，漁ろう又は工事又は作業に従事しているため，自船の運動の自由が制約され他の船舶の進路を容易に避けることができない状態にある船舶のことである。

・「漁ろうに従事している船舶」とは，船舶の操縦性能を制限する網，なわその他の漁具を用いて漁ろうをしている船舶のことである。（海上衝突予防法第3条第4項）なお，「漁ろうに従事している船舶」は，海上衝突予防法第26条に規定する灯火又は形象物を表示しなければならない。

図解　漁ろうに従事している船舶の灯火・形象物（図 1-11）

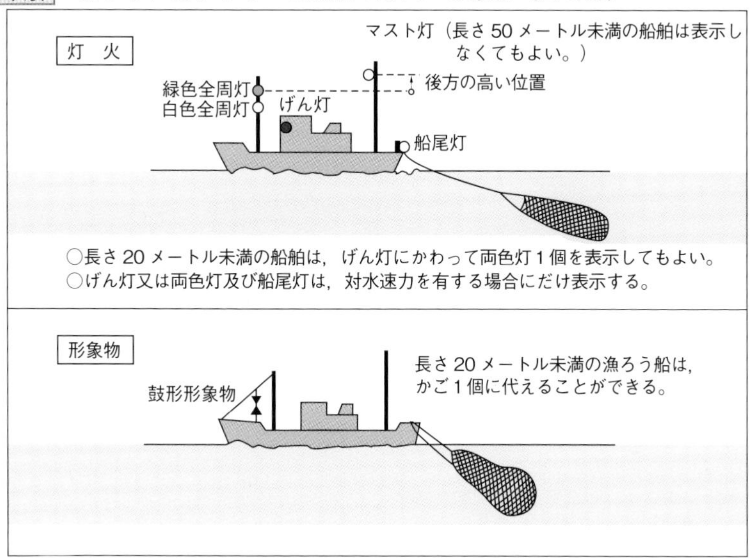

図 1-11 (1)　トロールにより漁ろうに従事している船舶

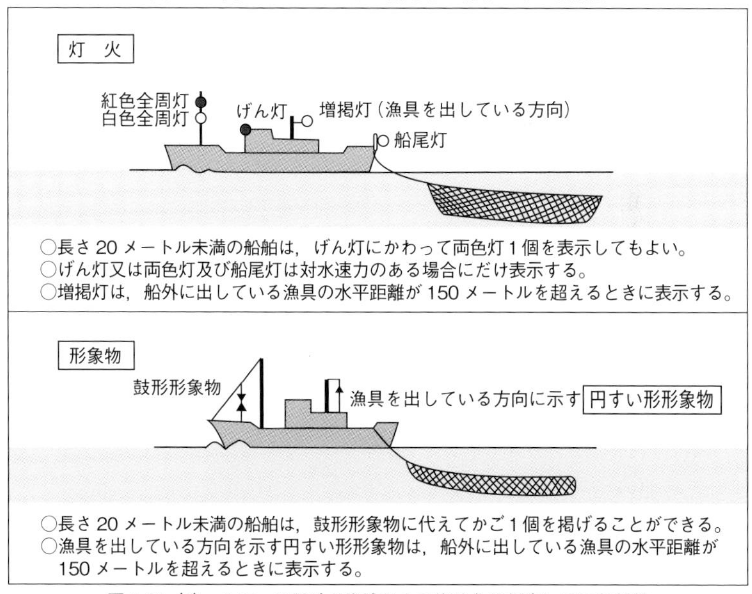

灯　火
紅色全周灯
白色全周灯
げん灯
増掲灯（漁具を出している方向）
船尾灯
○長さ 20 メートル未満の船舶は，げん灯にかわって両色灯 1 個を表示してもよい。
○げん灯又は両色灯及び船尾灯は対水速力のある場合にだけ表示する。
○増掲灯は，船外に出している漁具の水平距離が 150 メートルを超えるときに表示する。
形象物
鼓形形象物
漁具を出している方向に示す
円すい形形象物
○長さ 20 メートル未満の船舶は，鼓形形象物に代えてかご 1 個を掲げることができる。
○漁具を出している方向を示す円すい形形象物は，船外に出している漁具の水平距離が 150 メートルを超えるときに表示する。

図 1-11 (2)　トロール以外の漁法により漁ろうに従事している船舶

・他の船舶の進路を避けることが容易でない，いわゆる「工事・作業船」とは，法第 36 条第 1 項による許可を受けて，航路及びその周辺の海域において工事又は作業をおこなっており，規則第 2 条第 2 項に規定された灯火・形象物を表示した船舶のことである。工事・作業とは，浚渫，測量，航路標識設置，海底電線敷設等が該当する。

図解 工事・作業船の灯火・形象物（海上交通安全法）（図 1-12）

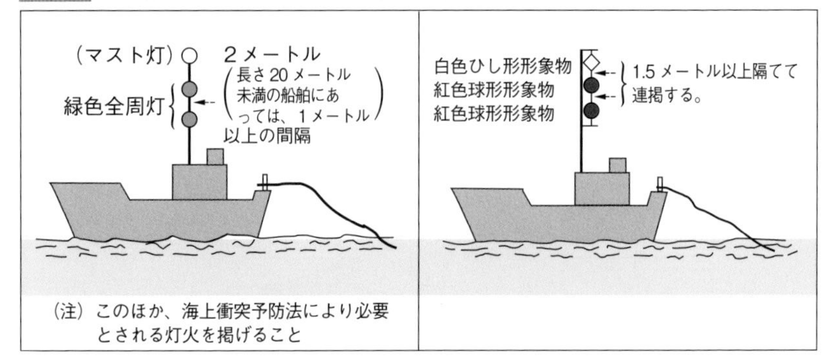

図 1-12　工事・作業船の灯火・形象物

なお，航路及びその周辺の海域以外の海域において，船舶の操縦性能を制限する工事・作業を行う船舶は，海上衝突予防法第 27 条第 2 項から第 6 項に規定されている灯火・形象物を表示しなければならない。

図解　操縦性能制限船の灯火・形象物（海上衝突予防法）（図 1-13・14）

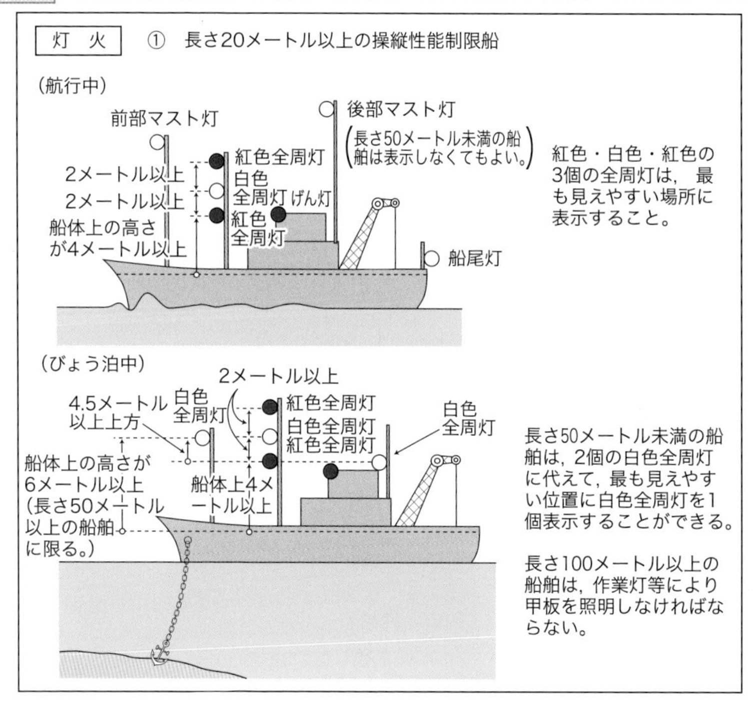

灯　火
① 長さ20メートル以上の操縦性能制限船
（航行中）
前部マスト灯
後部マスト灯
（長さ50メートル未満の船舶は表示しなくてもよい。）
紅色全周灯
白色全周灯
紅色全周灯
げん灯
2メートル以上
2メートル以上
船体上の高さが4メートル以上
船尾灯
紅色・白色・紅色の3個の全周灯は，最も見えやすい場所に表示すること。
（びょう泊中）
2メートル以上
4.5メートル以上上方
白色全周灯
紅色全周灯
白色全周灯
紅色全周灯
白色全周灯
船体上の高さが6メートル以上（長さ50メートル以上の船舶に限る。）
船体上4メートル以上
長さ50メートル未満の船舶は，2個の白色全周灯に代えて，最も見えやすい位置に白色全周灯を1個表示することができる。
長さ100メートル以上の船舶は，作業灯等により甲板を照明しなければならない。

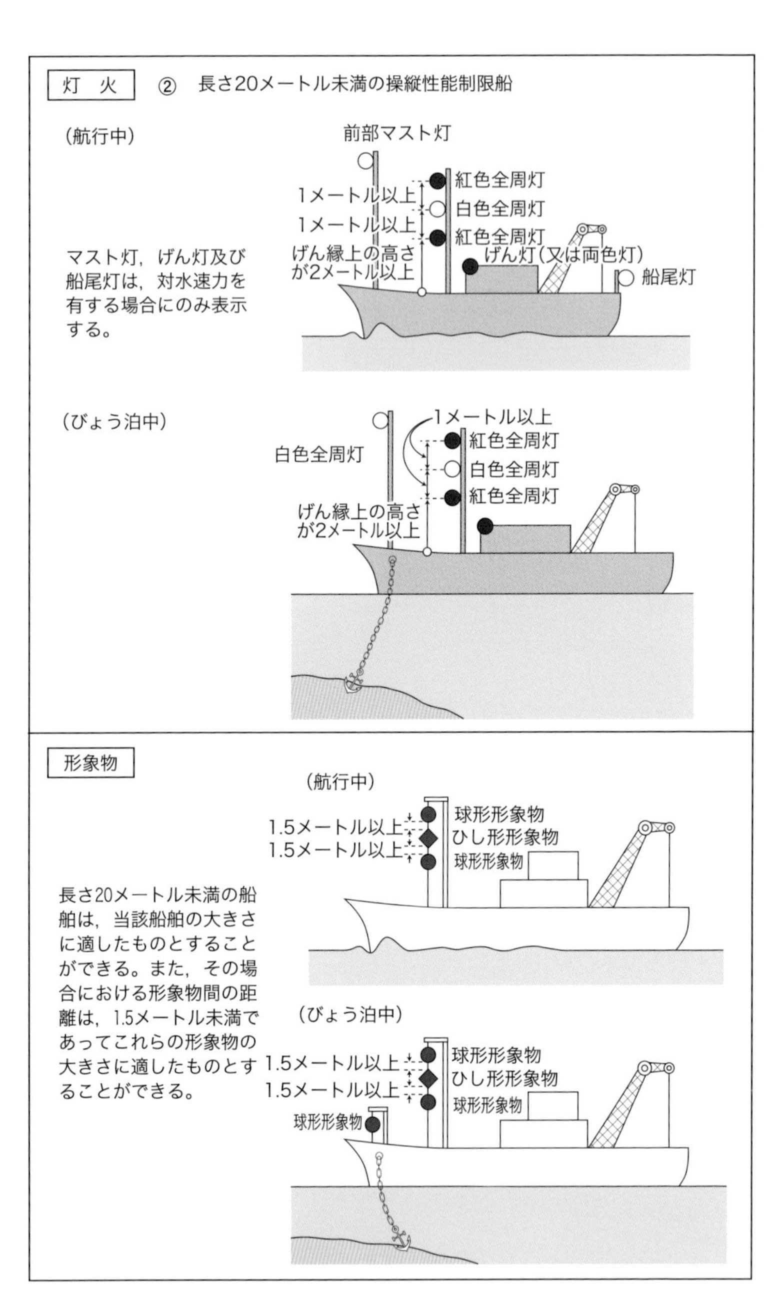
灯　火
② 長さ20メートル未満の操縦性能制限船
（航行中）
前部マスト灯
紅色全周灯
白色全周灯
紅色全周灯
1メートル以上
1メートル以上
げん縁上の高さが2メートル以上
げん灯（又は両色灯）
船尾灯
マスト灯，げん灯及び船尾灯は，対水速力を有する場合にのみ表示する。
（びょう泊中）
1メートル以上
白色全周灯
紅色全周灯
白色全周灯
紅色全周灯
げん縁上の高さが2メートル以上
形象物
（航行中）
1.5メートル以上
1.5メートル以上
球形形象物
ひし形形象物
球形形象物
長さ20メートル未満の船舶は，当該船舶の大きさに適したものとすることができる。また，その場合における形象物間の距離は，1.5メートル未満であってこれらの形象物の大きさに適したものとすることができる。
（びょう泊中）
1.5メートル以上
1.5メートル以上
球形形象物
ひし形形象物
球形形象物
球形形象物

図 1-13

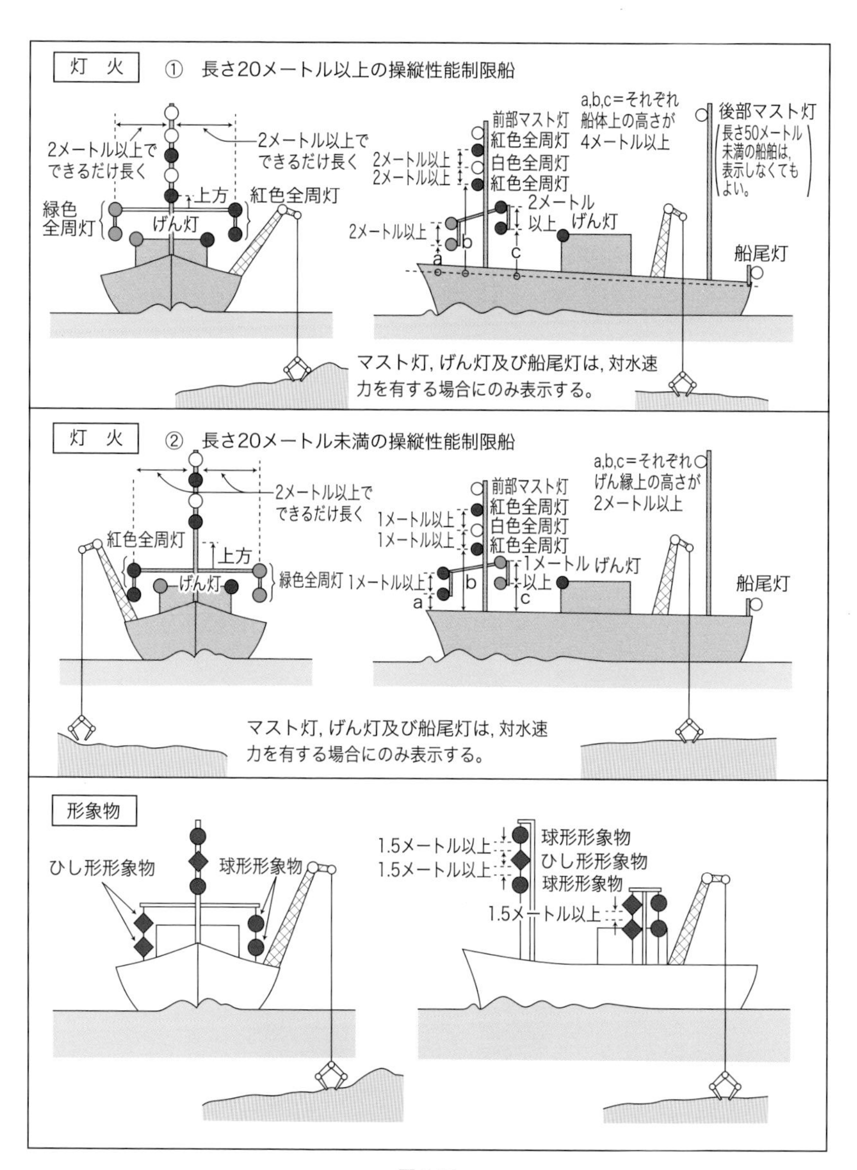
灯　火
① 長さ20メートル以上の操縦性能制限船
2メートル以上でできるだけ長く
2メートル以上でできるだけ長く
上方
紅色全周灯
緑色全周灯
げん灯
前部マスト灯
紅色全周灯
白色全周灯
紅色全周灯
2メートル以上
2メートル以上
a,b,c＝それぞれ船体上の高さが4メートル以上
後部マスト灯
（長さ50メートル未満の船舶は，表示しなくてもよい。）
2メートル以上
2メートル以上
げん灯
船尾灯
マスト灯，げん灯及び船尾灯は，対水速力を有する場合にのみ表示する。
灯　火
② 長さ20メートル未満の操縦性能制限船
2メートル以上でできるだけ長く
紅色全周灯
上方
げん灯
緑色全周灯
前部マスト灯
紅色全周灯
白色全周灯
紅色全周灯
1メートル以上
1メートル以上
a,b,c＝それぞれげん縁上の高さが2メートル以上
1メートル以上
1メートル以上
げん灯
船尾灯
マスト灯，げん灯及び船尾灯は，対水速力を有する場合にのみ表示する。
形象物
ひし形形象物
球形形象物
1.5メートル以上
1.5メートル以上
球形形象物
ひし形形象物
球形形象物
1.5メートル以上

図 1-14

5）指定海域（令第4条）

非常災害が発生した場合に，船舶交通がふくそうする海域のうち，レーダー等により船舶交通を一体的に把握することができる海域。平成30年1月現在で指定海域は，東京湾のみである。

指定海域である東京湾では，非常災害時の湾内の混乱を防止し，船舶を適切な海域に誘導するために必要な措置を海上交通センターで一体的に行うため，以下のような措置が設けられている。

・海上保安庁長官による船舶に対する移動命令
・交通障害の発生等に関する情報の聴取義務海域を東京湾全域に拡大
・入湾時における船名等の通報

図解　指定海域（図1-15）

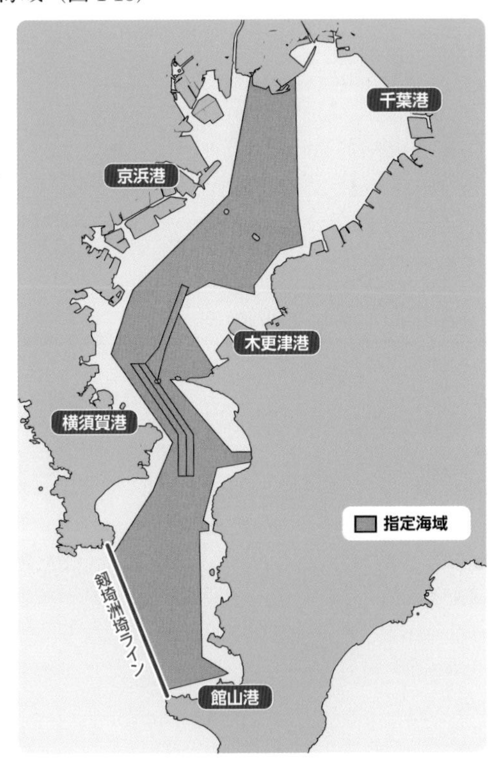

図1-15　指定海域（第三管区海上保安本部ＨＰより）

第2章　交通方法

第1節　航路における一般的航法

第3条　避航等

第3条　航路外から航路に入り，航路から航路外に出，若しくは航路を横断しようとし，又は航路をこれに沿わないで航行している船舶（漁ろう船等を除く。）は，航路をこれに沿って航行している他の船舶と衝突するおそれがあるときは，当該他の船舶の進路を避けなければならない。この場合において，海上衝突予防法第9条第2項，第12条第1項，第13条第1項，第14条第1項，第15条第1項前段及び第18条第1項（第4号に係る部分に限る。）の規定は，当該他の船舶について適用しない。

2　航路外から航路に入り，航路から航路外に出，若しくは航路を横断しようとし，若しくは航路をこれに沿わないで航行している漁ろう船等又は航路で停留している船舶は，航路をこれに沿って航行している巨大船と衝突するおそれがあるときは，当該巨大船の進路を避けなければならない。この場合において，海上衝突予防法第9条第2項及び第3項，第13条第1項，第14条第1項，第15条第1項前段並びに第18条第1項（第3号及び第4号に係る部分に限る。）の規定は，当該巨大船について適用しない。

3　前2項の規定の適用については，次に掲げる船舶は，航路をこれに沿って航行している船舶でないものとみなす。

(1) 第11条，第13条，第15条，第16条，第18条（第4項を除く。）又は第20条第1項の規定による交通方法に従わないで航路をこれに沿って航行している船舶

(2) 第20条第3項又は第26条第2項若しくは第3項の規定により，前号に規定する規定による交通方法と異なる交通方法が指示され，又は定められた場合において，当該交通方法に従わないで航路をこれに沿って航行している船舶

立法趣旨

海上衝突予防法に規定する２船間の避航に関する航法の特例を定めたもの。

解説 ❶ 航路航行船とそれ以外の船舶との避航関係「航路航行船優先」（第１項）

航路に出入りし，若しくは横断しようとする船舶又は航路をこれに沿わないで航行している船舶（以下，「航路出入船等」という）と航路をこれに沿って航行している船舶（以下，「航路航行船」という）とが，出会い，「衝突のおそれ」がある場合は，航路航行船を保持船（針路・速力を保持しなければならない船舶（予防法第17条））とし，航路出入船等（漁ろう船等以外の船舶に限る。）を避航船（予防法第16条）としている。

・「航路をこれに沿って航行している船舶」とは，航路内を航行しており，かつ，進路が航路の法線（方向）とほぼ一致している状態をいう。
・「航路をこれに沿って航行していない船舶」とは，航路外から航路に入る船舶，航路の中央から左の部分を航行している船舶，航路内を縫航（いわゆる蛇行）している船舶，航路から航路外に出る船舶，航路を横断する船舶である。

図解　航路航行の状態（図 2-1・2）

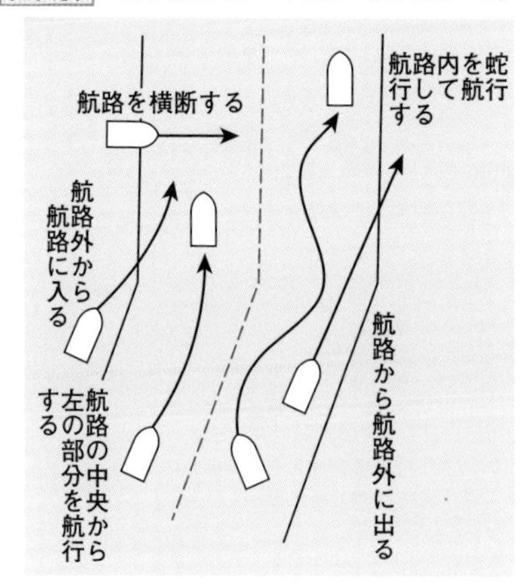

図 2-1　航路をこれに沿っていない状態

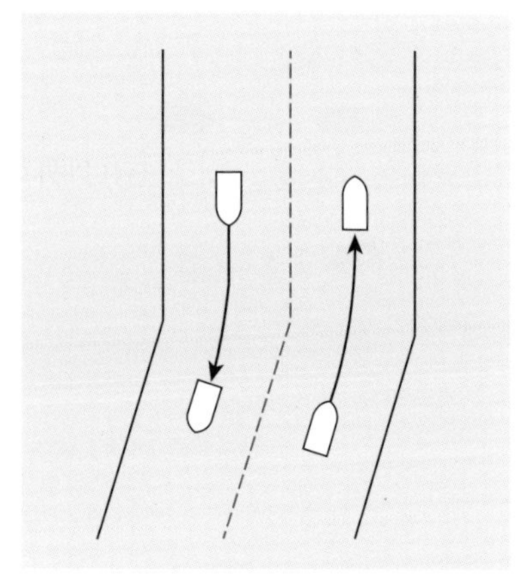

図 2-2　航路をこれに沿っている状態

本条1項後段に規定されているように以下の海上衝突予防法の規定は，「航路をこれに沿って航行している他の船舶」には適用されない。

・第9条第2項　狭い水道等における動力船と帆船の航法
・第12条第1項　帆船の航法（左舷開きの帆船（避航船）右舷開き（保持船）の帆船の避航関係）
・第13条第1項　追越し船の航法（図 2-3 の(4)）
・第14条第1項　行会い船の航法（図 2-3 の(1)）
・第15条第1項前段　横切り船の航法（図 2-3 の(2)）
・第18条第1項第4号　各種船舶間の航法（動力船と帆船との航法）（図 2-3 の(3)）

図解　航路航行船との関係（図 2-3）

(1) 行会いの場合

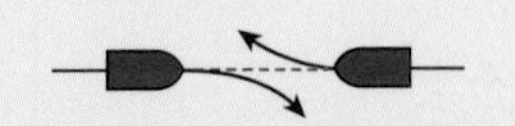

行会い船は互いに針路を右に転じなければならない。（予防法第 14 条第 1 項）

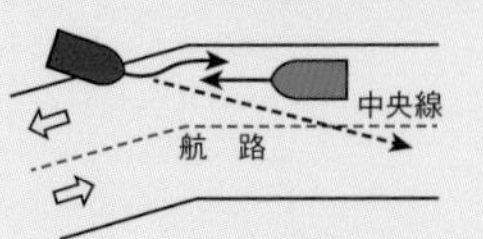

航路に出入りする船舶は、航路をこれに沿って航行する船舶の進路を避けなければならない。（海交法第 3 条第 1 項）

(2) 横切りの場合

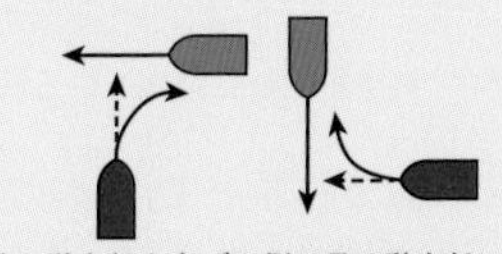

他の動力船を右げん側に見る動力船は、他の動力船の進路を避けなければならない。（予防法第 15 条第 1 項）

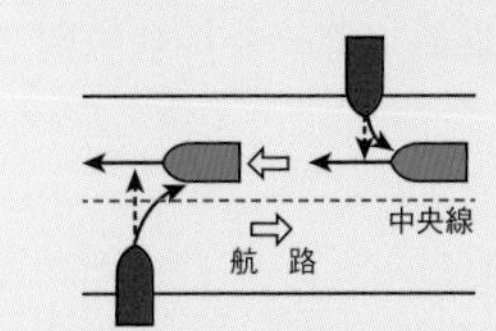

航路に出入りする船舶は、航路をこれに沿って航行する船舶の進路を避けなければならない。（海交法第 3 条第 1 項）

(3) 動力船と帆船とが接近する場合

動力船は帆船の進路を避けなければならない。（予防法第 18 条第 1 項）

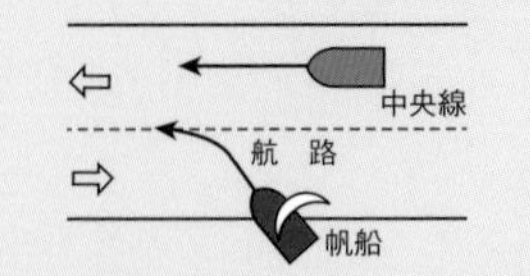

帆船でも航路に出入りする場合は、航路をこれに沿って航行する動力船（船舶）の進路を避けなければならない。（海交法第 3 条第 1 項）

(4) 追越しの場合

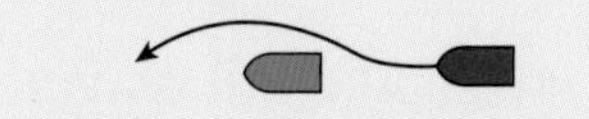

追越し船は、追い越される船舶の進路を避けなければならない。（予防法第 13 条第 1 項）

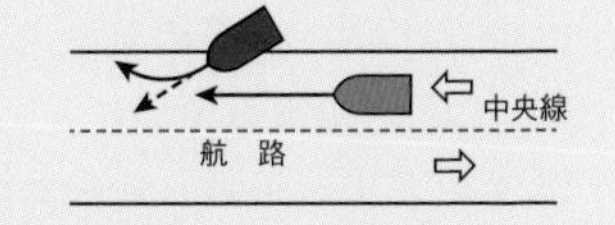

追越し船が航路をこれに沿って航行する船舶であり、追い越される船舶が航路に出入りする船舶である場合は、追い越される船舶が追越し船の進路を避けなければならない。（海交法第 3 条第 1 項）

図 2-3

❷　巨大船と漁ろう船等との避航関係（第 2 項）

航路出入船等であって漁ろう船等であるもの又は航路で停留している船舶は，航路をこれに沿って航行している巨大船と「衝突のおそれ」がある場合，巨大船の進路を避けなければならない。

ここでいう「航行」とは，船舶が推進力を用いているといないとにかかわらず，海上を移動すること。

「停留」とは，推進力を用いているといないとにかかわらず，一定の場所に留まっている状態のこと。この場合，移動しているか留まっているかは対水速力ではなく対地速力によって判断される。海面に浮かんでいる船舶は，潮流や風の影響を受けるため完全な停止状態はありえない。したがって，機関を停止し漂泊している船舶が，潮流又は風によって流されたことにより，若干位置が変化したとしても，ある程度一定の範囲内の場所に留まっていればそれは停留と認められる。

図解　航路における巨大船と漁ろう船等の関係（図 2-4・5）

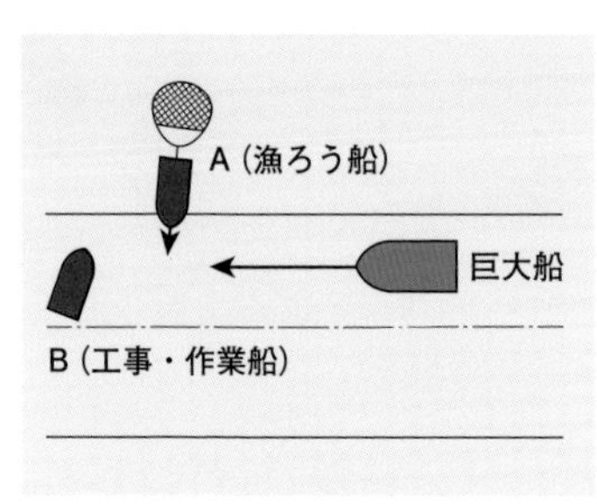

図 2-4　漁ろう船等の場合

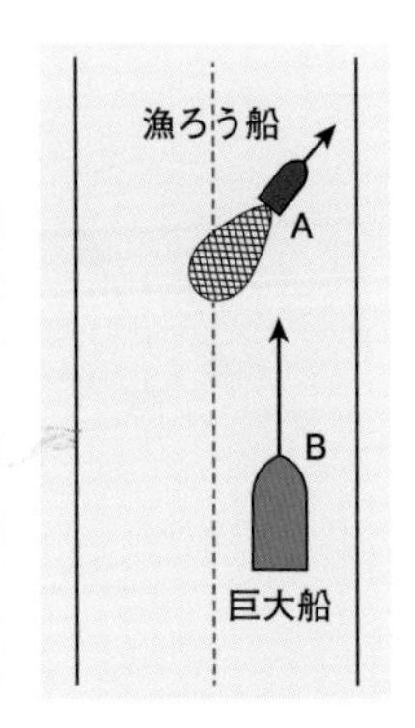

図 2-5

・漁ろうに従事しているA丸は，航路外から航路に入ろうとしているので，航路をこれ沿って航行している巨大船を避けなければならない。
・工事・作業に従事し停留しているB丸は，航路をこれに沿って航行していないので，航路をこれに沿って航行している巨大船を避けなければならない。
・漁ろうに従事しているA丸は，航路をこれに沿って航行している巨大船を避けなければならない。

本条2項後段に規定されているように以下の海上衝突予防法の規定は，「航路をこれに沿って航行している巨大船」には適用されない。

・第9条第2項　狭い水道等における動力船と帆船の航法
・第9条第3項　狭い水道等における漁ろうに従事している船舶とその他の船舶の航法）
・第13条第1項　追越し船の航法
・第14条第1項　行会い船の航法
・第15条第1項前段　横切り船の航法
・第18条第1項第3号　各種船舶間の航法（動力船と漁ろうに従事している船舶との航法）

・第18条第1項第4号　各種船舶間の航法（動力船と帆船との航法）

❸ 巨大船と一般船舶との避航関係

本条2項には，巨大船と一般船舶との避航関係については規定されていないので，予防法の規定が適用されることになる。

図解　航路における巨大船と一般船舶の関係（図2-6〜9）

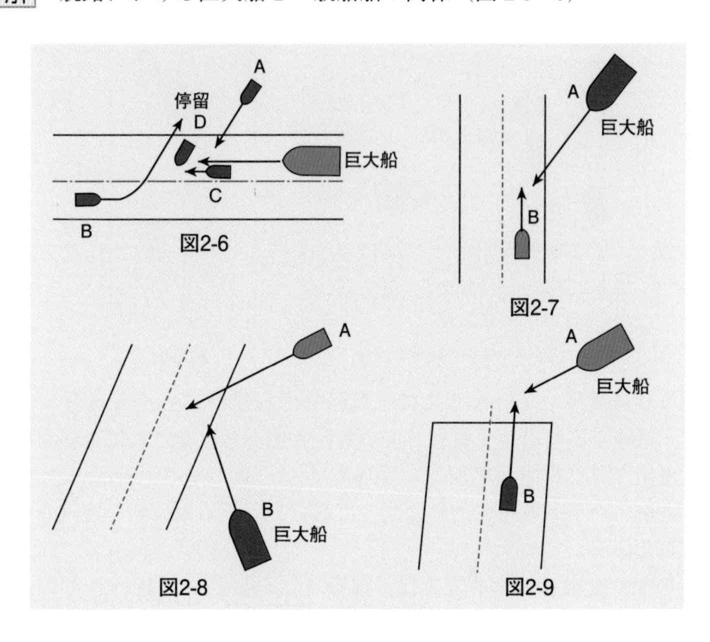

・一般船舶であるA丸は航路外から航路に入ろうとしているので，本条1項の規定によりA丸が巨大船を避けなければならない。（図2-6）
・一般船舶であるB丸は航路から航路外に出ようとしているので，本条1項の規定によりB丸が巨大船を避けなければならない。（図2-6）
・航路をこれに沿って航行している一般船舶C丸と巨大船が追越しの関係になった場合，海上交通安全法には規定がないので，海上衝突予防法第13条が適用され，追越し船である巨大船が一般船舶C丸を確実に追越し，かつ，十分に遠ざかるまでC丸の進路を避けなければならない。（図2-6）（巨大船は，本法6条の規定に基づく信号を行わなければならない。38頁参照）

・一般船舶であるD丸は航路内で停留しているので，本条2項の規定によりD丸が巨大船を避けなければならない。(図2-6)
・巨大船であるA丸は，航路外から航路に入ろうとしているので，本条1項の規定により一般船舶であるB丸を避けなければならない。(図2-7)
・一般船舶であるA丸，巨大船であるB丸とも，航路外から航路に入ろうとしている船舶であるが，安全法にはこのような状況の規定がないので，予防法第15条横切り船の航法が適用され，A丸を右舷に見る巨大船B丸がA丸を避けなければならない。(図2-8)
・巨大船であるA丸は，航路外から航路に入ろうとしている船舶であり，一般船舶であるB丸は航路から航路外に出ようとしている船舶である。航路内を航行している間はB丸に本条1項の規定により優先権があるが，航路を出た途端に，予防法第15条横切り船の航法が適用され，巨大船A丸を右舷にみる一般船舶B丸がA丸を避けなければならない。よって，このような危険な状況にならないように操船しなければならない。(図2-9)

❹ 航路をこれに沿って航行していない船舶とみなす船舶（第3項）

見かけ上，航路をこれに沿って航行している船舶であっても，安全法の一定の規定に従っていない船舶は，航路をこれに沿って航行している船舶ではないものとみなすもの。

航路中央から右の部分を航行しなければならないのに，左の部分を航行しているような場合	第11条第1項　浦賀水道航路 第15条　明石海峡航路 第16条第1項　備讃瀬戸東航路
航路のできる限り右の部分を航行しなければならないのに，中央又は左の部分を航行しているような場合	第13条　伊良湖水道航路 第18条第3項　水島航路
規定された方向に航行しなければならないのに，違う方向に航行しているような場合	第11条第2項　中ノ瀬航路 第16条第2項　宇高東航路 第16条第3項　宇高西航路 第18条第1項　備讃瀬戸北航路 第18条第2項　備讃瀬戸南航路
潮流の流向により規定された水道を航行しなければならないのに，違う水道を航行しているような場合	第20条第1項　来島海峡航路
指示された水道を航行しなければならないのに，違う水道を航行しているような場合	第20条第3項　来島海峡航路（経路の指示）
危険防止のために臨時で定められた交通方法に従わないで航行しているような場合	第26条第2項若しくは第3項 危険防止のための交通制限等

第４条　航路航行義務

第４条　長さが国土交通省令[1)]で定める長さ以上である船舶は，航路の附近にある国土交通省令[2)]で定める２の地点の間を航行しようとするときは，国土交通省令[3)]で定めるところにより，当該航路又はその区間をこれに沿って航行しなければならない。ただし，海難を避けるため又は人命若しくは他の船舶を救助するためやむを得ない事由があるときは，この限りでない。

1)，2)，3）規則第３条，別表第１

第３条　長さが50メートル以上の船舶は，別表第１各号の中欄に掲げるイの地点とロの地点との間を航行しようとするとき（同表第４号，第５号及び第12号から第17号までの中欄に掲げるイの地点とロの地点との間を航行しようとする場合にあっては，当該イの地点から当該ロの地点の方向に航行しようとするときに限る。）は，当該各号の下欄に掲げる航路の区間をこれに沿って航行しなければならない。ただし，海洋の調査その他の用務を行うための船舶で法第４条本文の規定による交通方法に従わないで航行することがやむを得ないと当該用務が行われる海域を管轄する海上保安部の長が認めたものが航行しようとするとき，又は同条ただし書に該当するときは，この限りでない。

〈参考〉　規則附則第２項

２　喫水が20メートル以上の船舶については，第３条及び別表第１の規定（中ノ瀬航路に係る部分に限る。）は，当分の間，適用しない。

立法趣旨

本法において航路を定めている理由は，船舶交通のふくそうする海域において，船舶交通の流れを整流し，特定の交通規則を定め，船舶交通の航行秩序を確保し，安全を図るものである。よって，小型船舶（総トン数20トン未満の汽艇等）を除き，一定の長さ（全長）以上の船舶について，航路を航行しなければならないとし，規則の実効性を確実に担保するためのものである。

解説　❶　航路航行義務の対象船舶

・規則第３条において，長さ50メートル以上の船舶と規定されている。ここでの「長さ」は，「全長」のことである。（法第２条の解説❷16頁参照）

・他の船舶を引いている引き船の全長が50メートル未満の場合であっても，引かれている船舶の全長が50メートル以上の場合，航路航行義務が課せられる。
・長さが50メートル未満の船舶は，航路を航行する義務を課されていないが，航路を航行する場合，航路航行義務のある船舶と同様に，定められた航行規則に従って航行しなければならない。

備考

なお，中ノ瀬航路については，水深20メートルの沈船が存在していたが，撤去及び浚渫により水深23mが確保されたことから，平成21年1月1日より，規則附則第2項が改正され，喫水が20メートル以上の船舶については，規則第3条及び別表第1の規定は当分の間適用されないこととなっている。よって，中ノ瀬航路では，長さが50メートル以上で喫水が20メートル未満の船舶は同航路を航行する義務がある

航路航行義務を図2-10～2-18に示す。

❷ 航路航行義務の例外

航路航行義務は本条及び規則第3条に規定されているように，航路の全区間について課されている。しかし，航路の設定された海域における船舶交通の実情としては，航路の端から端まで航行するものばかりでなく，航路の途中にある目的地に向かうため航路の途中から航路外へ出て航行する場合もある。よって，大回りをすることとなる等の合理的ではない航行を強いることのないように，配慮がなされている。具体的な航路及び地点を図2-10～2-18に示す。

❸ 航路航行義務の免除

・海難を避けるため又は人命若しくは他の船舶を救助するためやむを得ない事由があるとき（法第4条ただし書き）
・海洋の調査その他の用務を行うための船舶で法第4条本文の規定による交通方法に従わないで航行することがやむを得ないと当該用務が行われる海域を管轄する海上保安部の長が認めたものが航行するとき（規則第3条ただし書き）
・消防船その他の政令で定める緊急用務を行うための船舶が，当該緊急用務を行うためやむを得ない必要がある場合において，政令で定めるとこ

ろにより灯火又は標識を表示しているとき（法第 24 条第 1 項）
・漁ろうに従事している船舶（法第 24 条第 2 項）
・航路及びその周辺の海域における工事又は作業を行っている船舶（法第 36 条 1 項）

罰則　違反となるような行為をした者— 50 万円以下の罰金（法 52 条）

図解　航路航行義務（図 2-10～18）

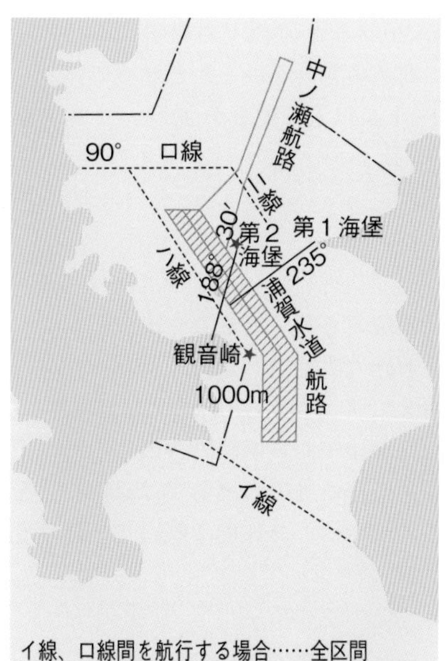

図 2-10　浦賀水道航路

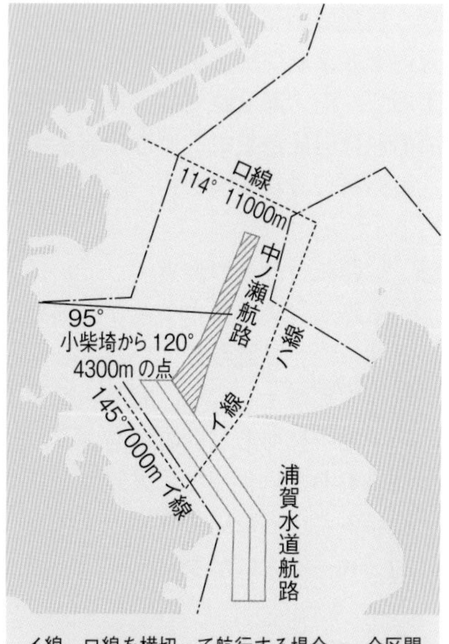

図 2-11　中ノ瀬航路

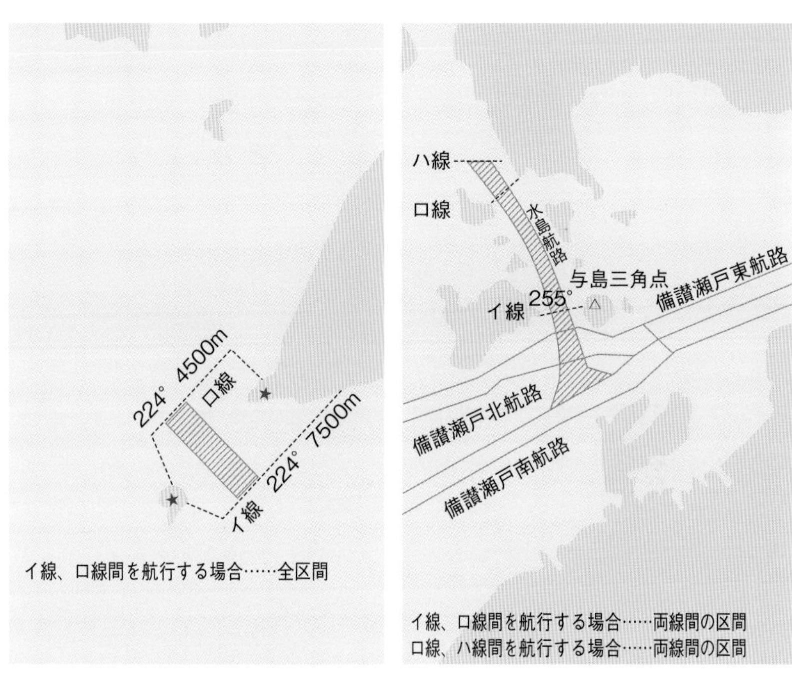

図 2-12　伊良湖水道航路

図 2-13　水島航路

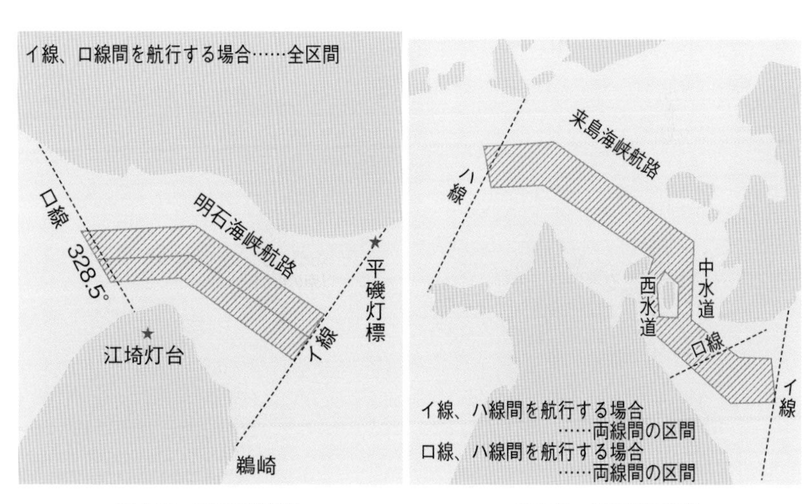

図 2-14　明石海峡航路

図 2-15　来島海峡航路

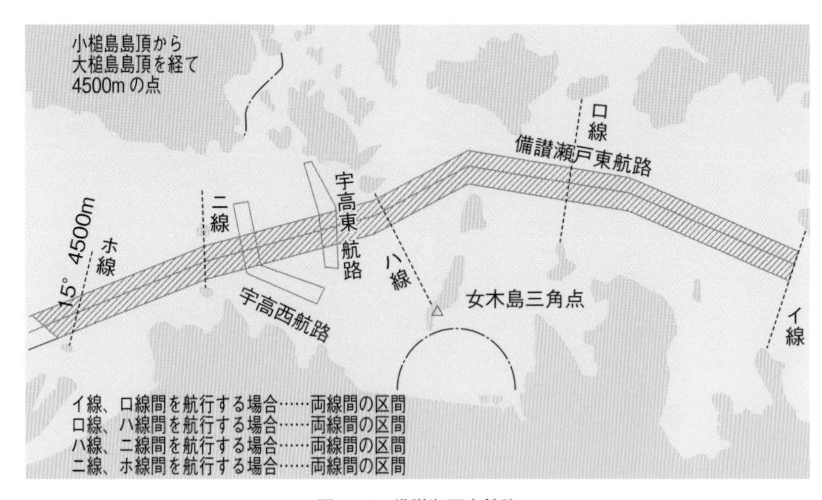
小槌島島頂から
大槌島島頂を経て
4500mの点
ロ線
備讃瀬戸東航路
宇高東航路
ニ線
15°
4500m
ホ線
ハ線
宇高西航路
女木島三角点
イ線
イ線、ロ線間を航行する場合……両線間の区間
ロ線、ハ線間を航行する場合……両線間の区間
ハ線、ニ線間を航行する場合……両線間の区間
ニ線、ホ線間を航行する場合……両線間の区間

図 2-16　備讃瀬戸東航路

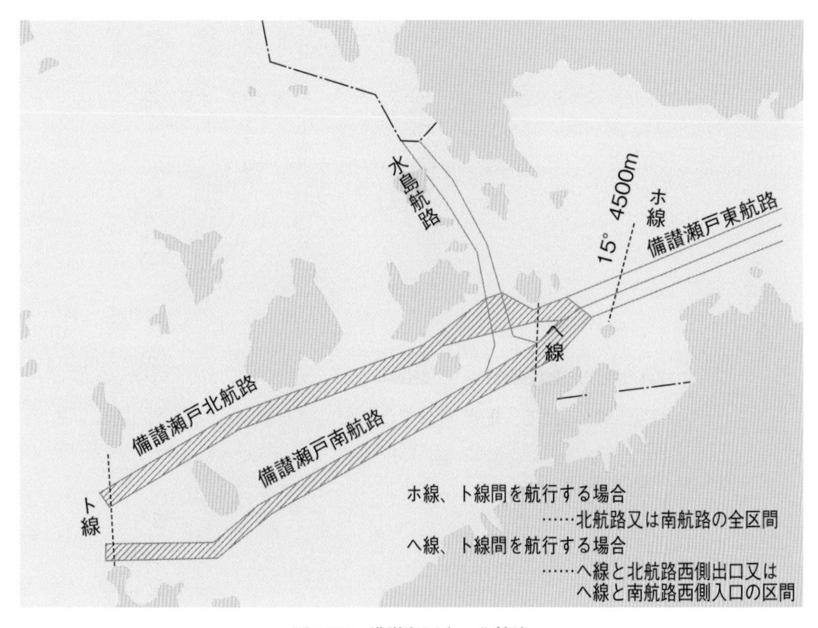
水島航路
15°
4500m
ホ線
備讃瀬戸東航路
ヘ線
備讃瀬戸北航路
備讃瀬戸南航路
ト線
ホ線、ト線間を航行する場合
……北航路又は南航路の全区間
ヘ線、ト線間を航行する場合
……ヘ線と北航路西側出口又は
ヘ線と南航路西側入口の区間

図 2-17　備讃瀬戸南・北航路

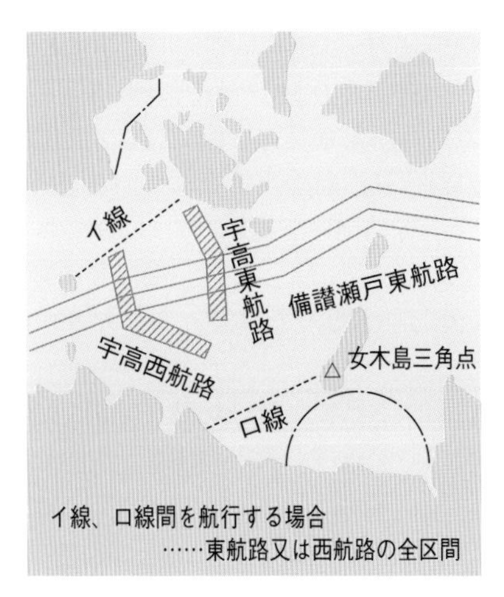

図 2-18　宇高東・西航路

第５条　速力の制限

第５条　国土交通省令で定める航路の区間においては，船舶は，当該航路を横断する場合を除き，当該区間ごとに国土交通省令で定める速力[1]（対水速力をいう。以下同じ。）を超える速力で航行してはならない。ただし，海難を避けるため又は人命若しくは他の船舶を救助するためやむを得ない事由があるときは，この限りでない。

1）速力……対水速力 12 ノット（規則第 4 条）

立法趣旨

航路の一定区間について，船舶交通がふくそうする航路，航路が屈曲し見通しが悪い航路，航路同士が交差する航路について，航行速力を制限し，ほぼ同一速力で航行することにより船舶交通を整流し，安全を図るもの。

また，航路が設定されている海域では，好漁場となっている海域もあり，船舶の高速航行に伴った航走波による，汽艇等の小型船舶への転覆防止等にも考慮したもの。

解説 ❶ 速力制限の速力

規則第4条により，対水速力12ノットに制限されている。

本法が施行された当時，対地速力を瞬時に得ることができる速力計はまれであり，一般には対水速力計が用いられていたため，対水速力での制限となっている。

航路が設定されている海域によっては，潮流等の影響があるので，対水速力は12ノットよりも早くなったり遅くなったりするので，注意が必要である。

航路の全体が速力制限されていない航路（備讃瀬戸東航路）においては，フェリー等の速力の速い船舶は，速力制限区域に入る前に急減速をするので注意が必要である。

❷ 速力制限のある航路及び区間

航路名	速力制限の航路の区間	参照海図
浦賀水道航路	航路の全区間（図2-19参照）	1081A，1062，90
中ノ瀬航路	航路の全区間（図2-19参照）	
伊良湖水道航路	航路の全区間（図2-20参照）	1064，1053，1051
備讃瀬戸東航路	男木島灯台から353度に引いた線と航路の西側の出入口の境界線との間の航路の区間（図2-21参照）	1121，1122，137A，137B，153
備讃瀬戸北航路	航路の東側の出入口の境界線と本島ジョウケンボ鼻から牛島北東端まで引いた線との間の航路の区間（図2-21参照）	
備讃瀬戸南航路	牛島ザトーメ鼻から160度に引いた線と航路の東側の出入口の境界線との間の航路の区間（図2-21参照）	
水島航路	航路の全区間（図2-21参照）	1127A，1122，1116，137B，153

❸ 航路の交差部分の速力

備讃瀬戸東航路の速力制限区間と速力制限がない宇高東航路及び宇高西航路が交差している。この場合，宇高東航路及び宇高西航路を航行している船舶は，備讃瀬戸東航路を横断する際に速力制限に従わなくてもよい。一方，備讃瀬戸東航路を航行している船舶は，宇高東航路及び宇高西航路を横断する際には，速力制限に従わなければならない。

❹ 航路横断時の速力

速力が制限されている航路の区間においても，航路を横断する船舶は，航行速力の制限に従わなくてもよい。

航路を横断する船舶が速力制限を受けない理由は，航路を横断する船舶が航路内に留まる時間をできる限り短時間にして，航路を航行している船舶との関係を速やかに解消することより，衝突の危険を減少させるため。

❺ 速力制限の適用除外

・海難を避けるため又は人命若しくは他の船舶を救助するためやむを得ない事由があるとき（本条ただし書き）
・消防船その他の政令で定める緊急用務を行うための船舶が，当該緊急用務を行うためやむを得ない必要がある場合において，政令で定めるところにより灯火又は標識を表示しているとき（法第 24 条第 1 項）

罰則　違反となるような行為をした者― 50 万円以下の罰金（法第 52 条）

図解　速力制限区間（図 2-19～21）

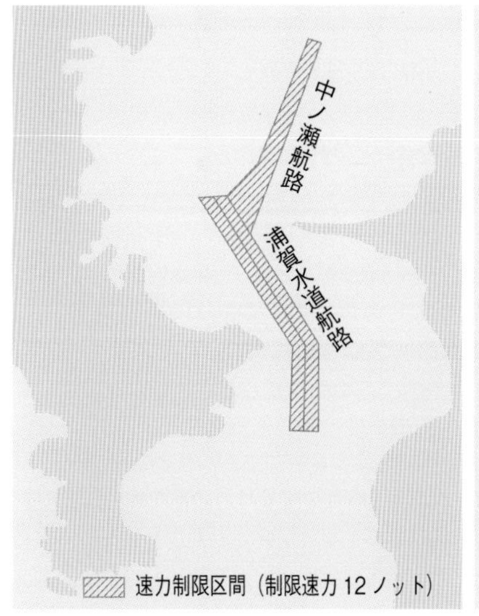

図 2-19　浦賀水道航路及び中ノ瀬航路

図 2-20　伊良湖水道航路

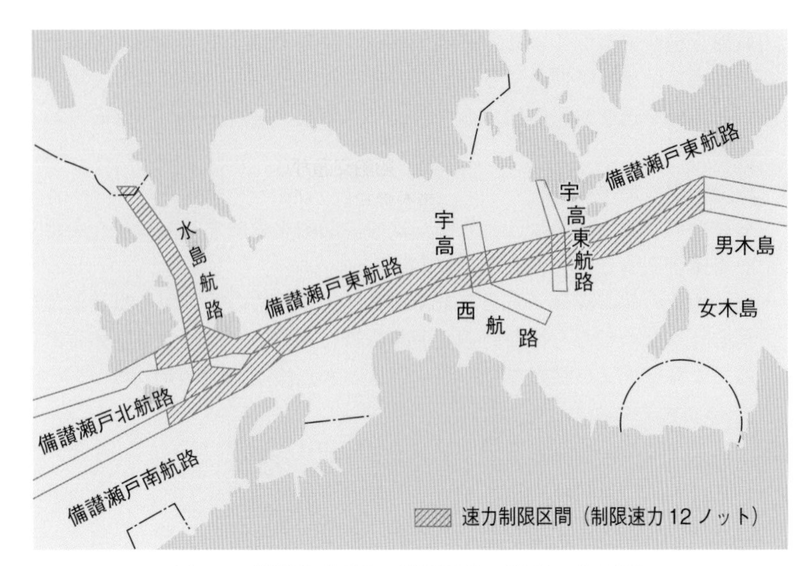

図 2-21　備讃瀬戸東航路，備讃瀬戸南・北航路，水島航路

第６条　追越しの場合の信号

第６条　追越し船（海上衝突予防法第13条第２項又は第３項の規定による追越し船をいう。）で汽笛を備えているものは，航路において他の船舶を追い越そうとするときは，国土交通省令[1]で定めるところにより信号を行わなければならない。ただし，同法第９条第４項前段の規定による汽笛信号を行うときは，この限りでない。

1）規則第５条

第５条　法第６条の規定により行わなければならない信号は，船舶が他の船舶の右げん側を航行しようとするときは汽笛を用いた長音１回に引き続く短音１回とし，船舶が他の船舶の左げん側を航行しようとするときは汽笛を用いた長音１回に引き続く短音２回とする。

立法趣旨

船舶は，航行中，常に周囲に十分な注意を払って航行しなければならない。しかし，船尾方向に対する注意は，他の方向に比較しておろそかになりがちである。このため，航行水域が制限され，船舶交通がふくそうする航路において，追越しの意思を先行船に知らせ，注意を喚起し，船舶交通の安全を図るもの。

解説 ❶ 追越し船が行わなければならない信号

・他の船舶の右舷側を航行して追い越そうとする場合
　汽笛を用いて長音１回，短音１回を吹鳴（－・）

・他の船舶の左舷側を航行して追い越そうとする場合
　汽笛を用いて長音１回，短音２回を吹鳴（－・・）

「汽笛」とは，短音及び長音を吹鳴できる装置のこと。（予防法第32条第１項）

「短音」とは，約１秒間継続する吹鳴をいう。（予防法第32条第２項）

「長音」とは，４秒以上６秒以下の時間継続する吹鳴をいう。（予防法第32条第３項）

なお，**追越し船が航路内を航行している限り，追い越される船が航路外にあっても「航路において他の船舶を追い越す」場合に該当するので，所定の信号を行わなければならない。**

本条の規定により信号を行わなければならないのは，「汽笛を備えている船舶」であり，法令上，汽笛の装備義務の有無にかかわらず，汽笛を備えている限り，どのような小型船舶であっても信号を行わなければならない。

❷ 追越し信号を行う時期及び回数

追越し信号を行う時期については，追い越す船舶と追い越される船舶の２船の速力差，船型等によって異なるが，概ね，追越し船の追越し動作が困難になる以前が望ましい。もちろん，安全にかわりゆく余地がない場合は，追越しをしてはならない。

追越し信号を行う回数については，追越し信号を行っても追い越される船舶が気づいていないと思われる場合は，繰り返して行うことが望ましい。

❸ 海上衝突予防法に規定する追越し信号との相違

安全法に規定されている追越し信号は，自船の追越しの意図を他の船舶に知らせ，注意喚起をするものである。

一方，予防法に規定されている追越し信号は，自船の追越しの意図を他の船舶に知らせ，かつ，他の船舶に協力動作を要求するものである。

航路内において，追越しをする場合，他の船舶に協力動作を要求するか否かにより，予防法の追越し信号と本条の追越し信号を使い分ける必要がある。なお，予防法の追越し信号を行った場合は，本条に規定する信号を行わなくてもよい（本条ただし書き）。

❹ 本条の適用除外

本条の規定は，汽笛を備えていない船舶には適用されない。

図解 追越しの信号（図 2-22）

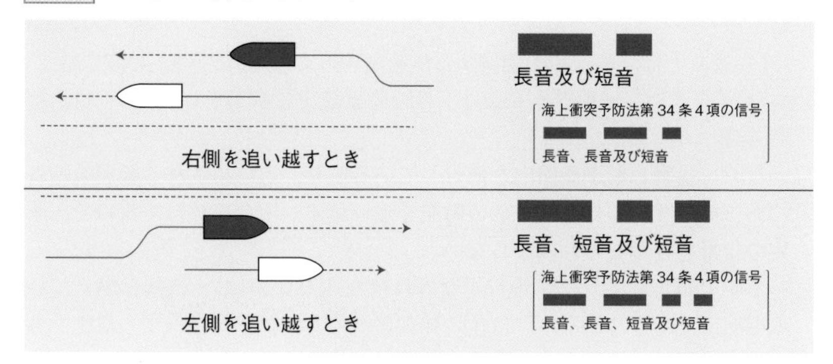

図 2-22 追越しの信号

● ● ● ● 第 6 条の 2 追越しの禁止 ● ● ● ●

第 6 条の 2 国土交通省令[1)]で定める航路の区間をこれに沿って航行している船舶は，当該区間をこれに沿って航行している他の船舶（漁ろう船等その他著しく遅い速力で航行している船舶として国土交通省令[2)]で定める船舶を除く。）を追い越してはならない。ただし，海難を避けるため又は人命若しくは他の船舶を救助するためやむを得ない事由があるときは，この限りでない。

1）規則第５条の２第１項

法第６条の２の国土交通省令で定める航路の区間は，来島海峡航路のうち，今治船舶通航信号所（北緯 34 度 5 分 25 秒東経 132 度 59 分 16 秒）から 46 度へ引いた線と津島潮流信号所（北緯 34 度 9 分 7 秒東経 132 度 59 分 30 秒）から 208 度へ引いた線との間の区間とする。

2）規則第５条の２第２項

法第６条の２の国土交通省令で定める船舶は，海上交通安全法施行令（昭和 48 年政令第５号。以下「令」という。）第５条に規定する緊急用務を行うための船舶であつて，当該緊急用務を行うために航路を著しく遅い速力で航行している船舶，順潮の場合にその速力に潮流の速度を加えた速度が４ノット未満で航行している船舶及び逆潮の場合にその速力から潮流の速度を減じた速度が４ノット未満で航行している船舶とする。

立法趣旨

航路の形状や潮流の影響等にある場所において，無理な追越しをすると船舶交通の安全を阻害するような場合があるので，航路の一部の区間における追越しを禁止し，衝突等の事故を防止するため。

解説 ❶ 追越し禁止区間

追越しを禁止する航路の区間は，来島海峡航路の馬島周辺の一部分である（図 2-23 参照）。

同部分の水域は，潮流が強く，また航路が大きく屈曲していることから，無理な追越しをすると，衝突等の事故が発生する可能性があるため，追越し禁止としている。

❷ 適用除外

来島海峡航路を航行する全ての船舶を一律に追越し禁止とすると，航路内がふくそうし，かえって船舶交通の安全を阻害することが懸念されることか

図解 追越しの禁止（図 2-23）

図 2-23　追越しの禁止

ら，以下の船舶を追い越すことができることとなっている。
・漁ろうに従事している船舶（法第２条第２項第３号イ）
・許可を受けて工事作業に従事する船舶（法第２条第２項第３号ロ）
・緊急用務を行うため速力の遅い船舶（規則第５条の２第２項）
・対地速力４ノットを確保できない船舶（規則第５条の２第２項）
・海難を避けるため又は人命若しくは他の船舶を救助するための船舶（法６条の２）

●●● 第７条　進路を知らせるための措置 ●●●

第７条　船舶（汽笛を備えていない船舶[1]その他国土交通省令で定める船舶を除く。）は，航路外から航路に入り，航路から航路外に出，又は航路を横断しようとするときは，進路を他の船舶に知らせるため，国土交通省令[2]で定めるところにより，信号による表示その他国土交通省令で定める措置を講じなければならない。

1）規則第６条総トン数100トン未満の船舶
2）規則第６条各項，別表第２

立法趣旨

航路に出入りする船舶又は航路を横断する船舶に進路を表示させることにより，航路及びその周辺海域を航行している他の船舶が，当該船舶の行動予測を容易にし，衝突等の事故を防止するため。

解説　❶　進路を知らせる措置

国際信号旗又は汽笛によるものとAIS（Automatic identification System）による目的地に関する情報の送信の２種類がある。

国際信号旗及び汽笛による信号（基本形）
・第一代表旗：航路の途中から
・第二代表旗：航路を端まで航行したのち
・S旗：右転
・P旗：左転
・C旗：横断

航行の種類	国際信号旗による行先表示	汽笛信号（長音—，短音・）
航路の途中から右転する	第一代表旗＋S 旗	— — ・ —
航路の途中から左転する	第一代表旗＋P 旗	— — ・ ・ —
航路を抜けた後，右転する	第二代表旗＋S 旗	— — — ・
航路を抜けた後，左転する	第二代表旗＋P 旗	— — — ・ ・
航路を横断する	第一代表旗＋C 旗	— — — —
航路を横断して他の航路へ入り，さらに途中から右転する	第一代表旗＋C 旗＋S 旗	— — — —（備讃瀬戸北航路横断時）のち， — — ・ —（備讃瀬戸南航路を出るとき）

各航路については，図 2-24～2-27 を参照

AIS による目的地に関する情報の送信内容は①仕向港を示す記号，②その他経由ルート等を示す記号である。

項目	①仕向港を示す記号	②その他の経由ルート等を示す記号
記号	>JP　YOK　K/	NNX
解説	日本の横浜港	途中，東京湾の中ノ瀬海域でびょう泊

参照：「海上交通安全法施行規則第 6 条第 4 項の規定による仕向港に関する情報及び進路を知らせるために必要な情報を示す記号を定める告示」（平成 22 年海上保安庁告示第 95 号）

罰則　違反となるような行為をした者— 30 万円以下の罰金（法第 53 条第 1 項第 1 号）

図解　進路を知らせるための措置（図 2-24～27）

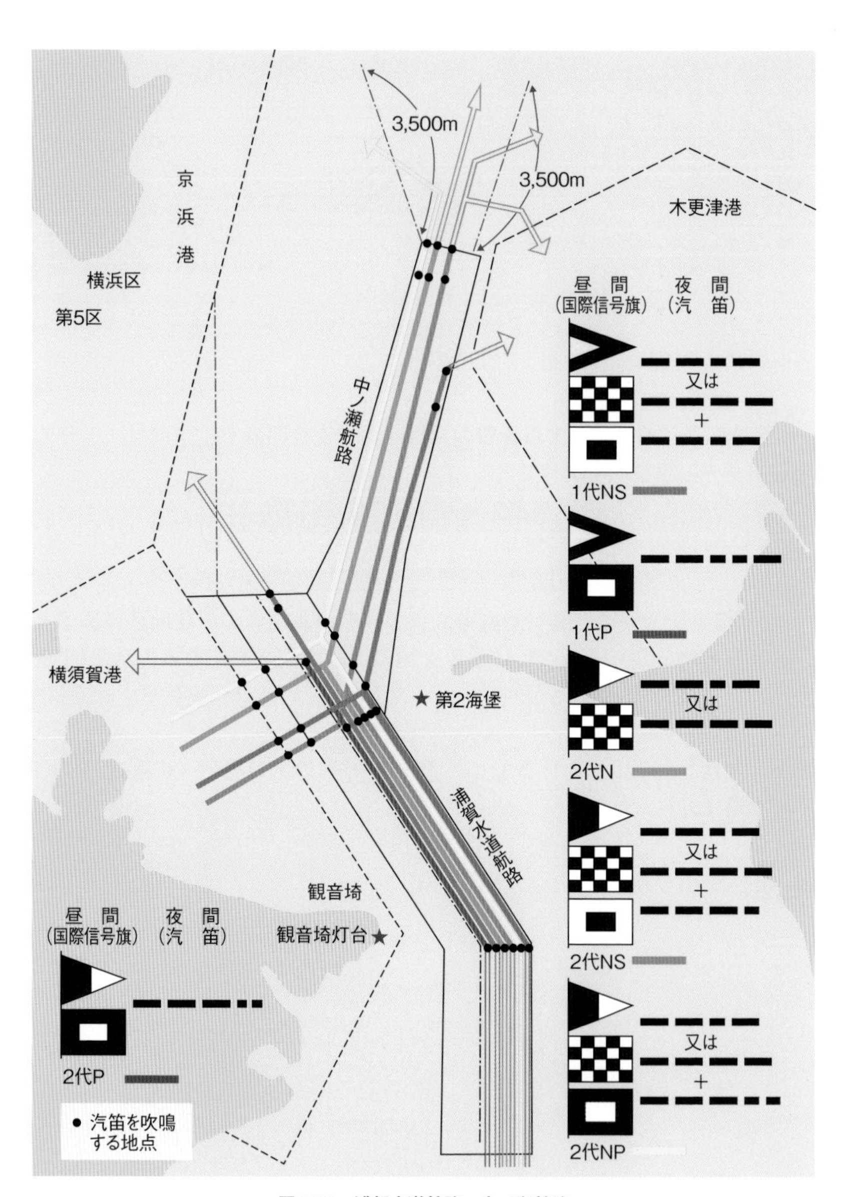

図 2-24　浦賀水道航路，中ノ瀬航路

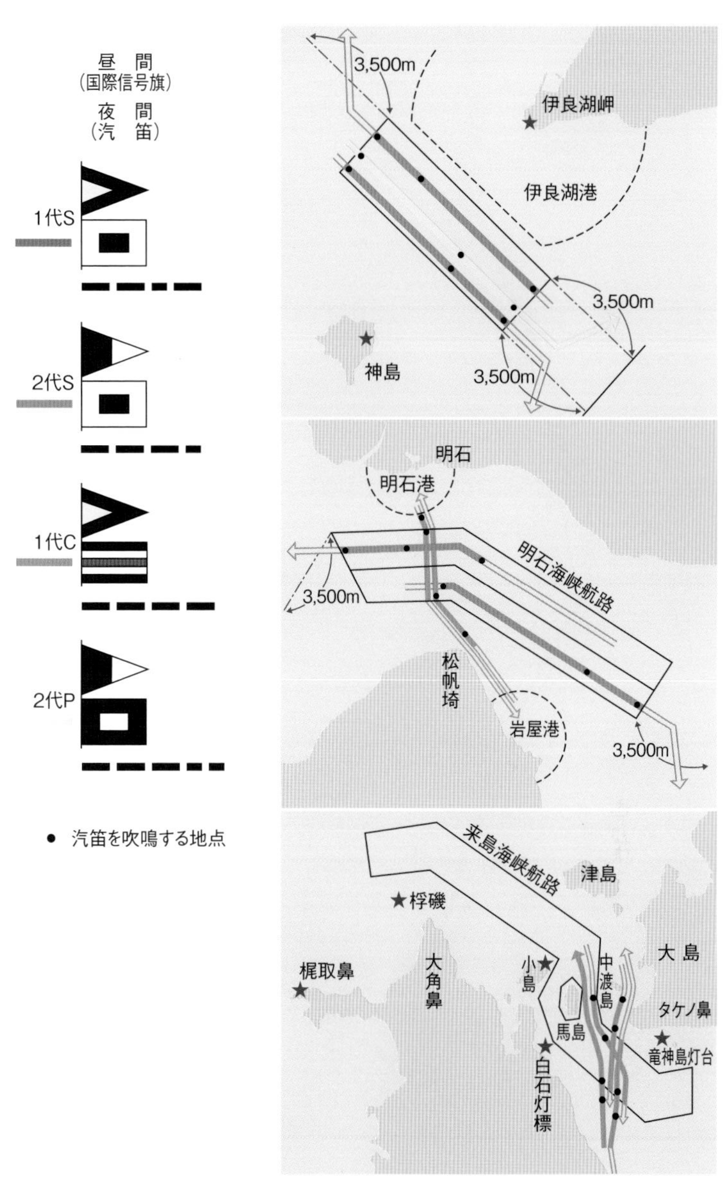

図 2-25　伊良湖水道航路（上），明石海峡航路（中），来島海峡航路（下）

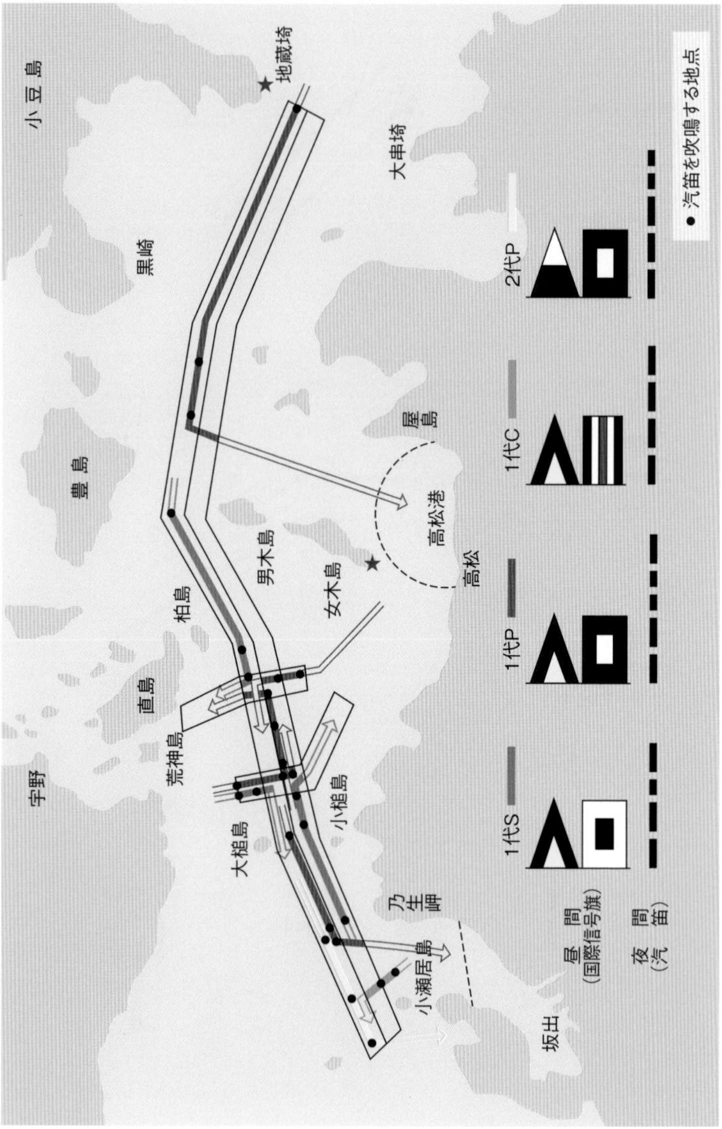

図 2-26　備讃瀬戸東航路，宇高東・西航路

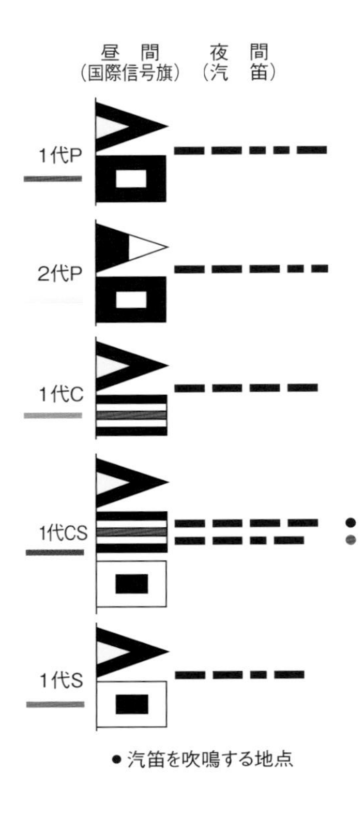

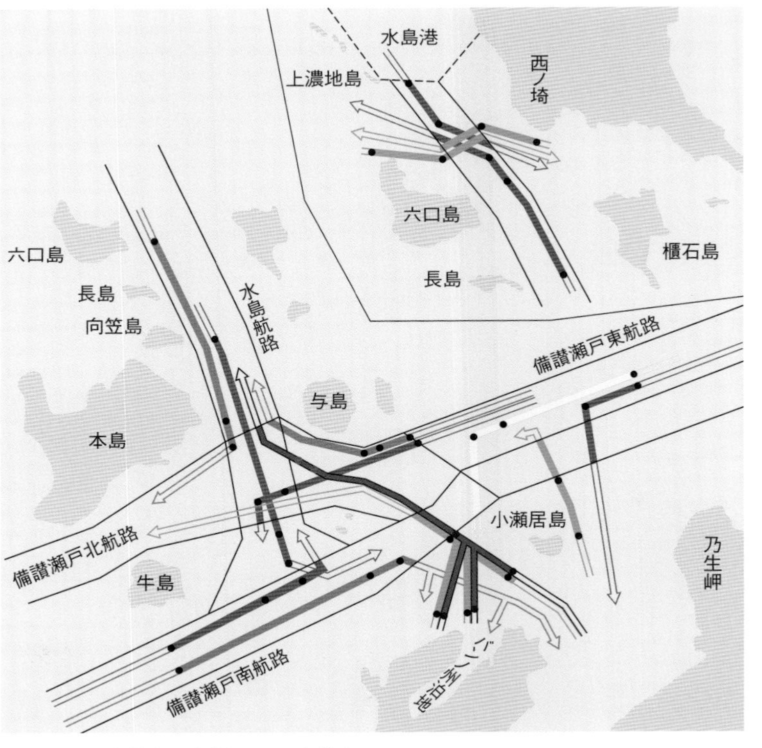

図 2-27　水島航路，備讃瀬戸北・南航路

第８条　航路の横断の方法

第８条　航路を横断する船舶は，当該航路に対しできる限り直角に近い角度で，すみやかに横断しなければならない。
2　前項の規定は，航路をこれに沿って航行している船舶が当該航路と交差する航路を横断することとなる場合については，適用しない。

立法趣旨

航路航行船舶と航路横断船舶の衝突の危険を防止するため，航路横断船舶が航路内にいる時間をできる限り短縮し，また，航路航行船舶に対して自船が航路を横断する船舶であることを明確にして安全を図るもの。

解説　❶　横断方法（本条第１項）

横断しようとする航路に対して，できる限り直角に近い角度ですみやかに横断しなければならない。また，航路航行船舶と衝突のおそれがある場合，航路横断船舶は，航路航行船舶を避けなければならない（法第３条１項）。

❷　航路交差部の適用除外（本条第２項）

航路と航路が交差しているような場合，その交差角は，必ずしも直角に近い角度で交差しているわけではない。また，船舶交通のふくそうする航路と航路が交差する海域において，一方の航路に速力制限がある場合及び速力制限がない場合であっても，交差する航路部分を横断するために，すみやかに航行する（増速をして航行する）ことは衝突の危険を増大させるので，適用除外としている。

航路と航路が交差している場所は，以下の３か所で，それぞれの航路航行船の横断時の速力については，備讃瀬戸東航路，備讃瀬戸北航路及び水島航路については，速力制限区域となっていることから，他の航路を横断する際は対水速力 12 ノットを超えない速力で，交差する他の航路を横断しなければならない。一方，宇高東航路及び宇高西航路については，速力

制限がないことから，安全な速力（予防法第６条）で他の航路を横断しなければならない。（図 2-28）

① 備讃瀬戸東航路と宇高東航路

② 備讃瀬戸東航路と宇高西航路

③ 備讃瀬戸北航路と水島航路

● ● 第９条 航路への出入又は航路の横断の制限 ● ●

第９条 国土交通省令[1]で定める航路の区間においては，船舶は，航路外から航路に入り，航路から航路外に出，又は航路を横断する航行のうち当該区間ごとに国土交通省令[2]で定めるものをしてはならない。ただし，海難を避けるため又は人命若しくは他の船舶を救助するためやむを得ない事由があるときは，この限りでない。

1)，2) 規則第７条

立法趣旨

航路における見通しの悪い場所等においては，航路を出入・横断する船舶は航路を航行している船舶の状況や動向を十分に把握して，出入・横断することが困難である。また，航路を航行する船舶にとっても，航行の安全に対して著しい支障をきたすことになるので，航路への出入・横断を禁止するもの。

解説 横断制限のある航路及び区間

航路名	横断制限の航路の区間	参照海図
備讃瀬戸東航路	・備讃瀬戸東航路内にある宇高東航路の東側の側方 1000 mと西側の側方 500m ・備讃瀬戸東航路内にある宇高西航路の東側の側方 500m と西側の側方 1000m （図 2-28 参照）	137A，153
来島海峡航路	大島地蔵鼻から来島白石灯標まで引いた線（A 線）と大島高山山頂から 265 度に引いた線（B 線）との間の航路の区間（A 線又は B 線を横切る場合に限る）（図 2-29 参照）	132, 104, 153, 1108

図解　航路横断禁止区間（図 2-28・29）

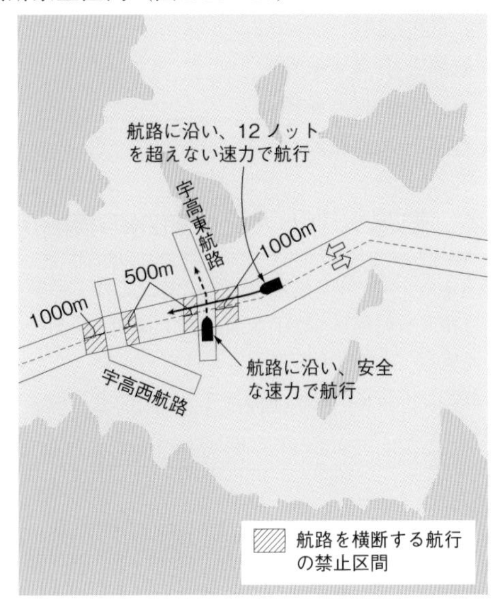

図 2-28　備讃瀬戸東航路

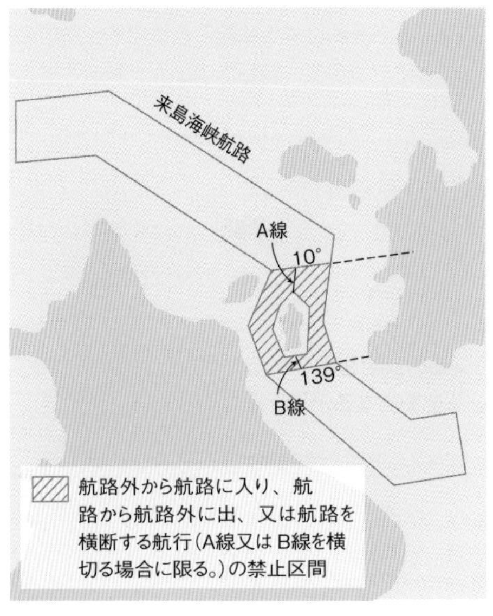

図 2-29　来島海峡航路

第2章　交通方法（第9条）

図解　禁止されている横断（図 2-30）

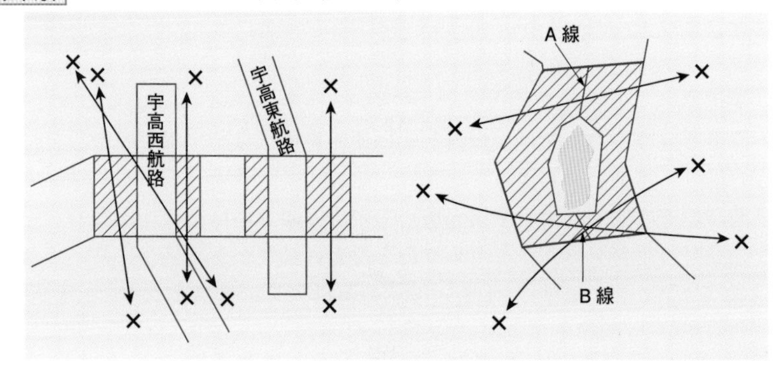

図 2-30

罰則　違反となるような行為をした者ー50 万円以下の罰金（法第 52 条）

● ● ● ● ● 第 10 条　びょう泊の禁止 ● ● ● ● ●

第 10 条　船舶は，航路においては，びょう泊（びょう泊をしている船舶にする係留を含む。以下同じ。）をしてはならない。ただし，海難を避けるため又は人命若しくは他の船舶を救助するためやむを得ない事由があるときは，この限りではない。

立法趣旨

航路は船舶交通が一定の流れとなってふくそうしている海域であり，かつ，航行可能水域も限られていることから，航路内にびょう泊している船舶が存在することは船舶交通の安全を阻害することとなるので，原則としてびょう泊（びょう泊している船舶にする係留を含む。）を禁止したもの。

解説　❶　航路付近でのびょう泊している船舶

びょう泊をしている船舶の船体が航路内にある場合は，たとえ錨が航路外にある場合でも本条で禁止している航路内でのびょう泊にあたるので，航路付近でびょう泊する場合は，錨鎖の長さや船体の振れ回りを十分考慮して，船体が航路内に入らないようにしなければならない。また，他の海域でびょう泊できるのであれば，船舶交通の安全を確保できるので，航路付近にはびょう泊しない方がよい。

❷ 適用除外

- 海難を避けるため又は人命若しくは他の船舶を救助するためやむを得ない場合（本条ただし書き）
- 消防船その他の政令（令第5条）で定める緊急用務を行うための船舶で，当該緊急用務を行うことためやむを得ない必要がある場合において，政令（令第6条，規則第21条）で定める灯火又は標識を表示している場合（法第24条第1項）図2-31参照
- 許可（法第36条第1項）を受けて工事又は作業を行っている船舶で，当該工事又は作業を行うためやむを得ない必要がある場合において，省令（則第2条第2項）で定める灯火又は標識を表示している場合（法第24条第3項） 図2-32参照

図解 緊急用務船，工事・作業船の灯火・形象物（図2-31・32）

夜間：紅色の灯火（少なくとも2海里離れた周囲から視認される性能を有し、一定の間隔で毎分180回以上200回以下のせん光を発する紅色の全周灯）

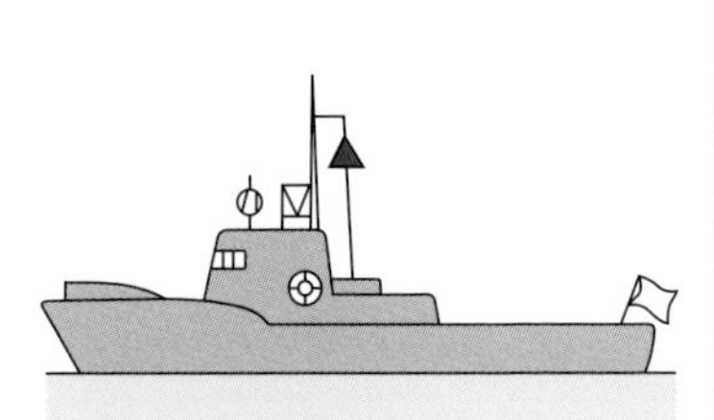

昼間：紅色の標識（頂点を上にした紅色の円すい形の形象物でその底の直径が0.6m以上、その高さが0.5m以上であるもの）

図2-31 緊急船舶の灯火・標識

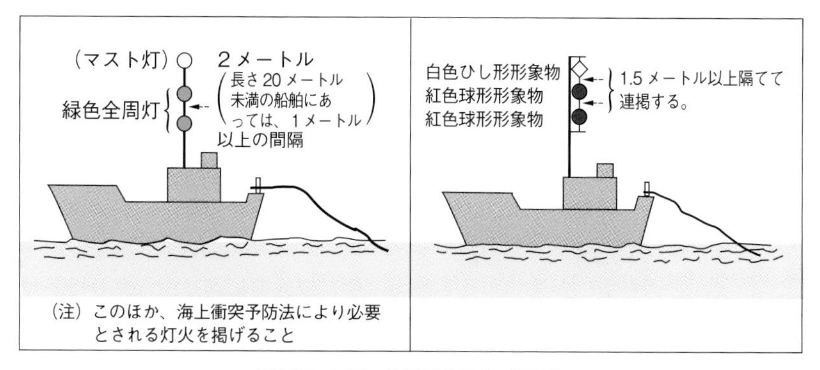

図 2-32　工事・作業船の灯火・形象物

罰則　違反となるような行為をした者―3月以下の懲役又は30万円以下の罰金（法第51条第1項第1号）

● ● ●　第10条の2　航路外での待機の指示　● ● ●

第10条の2　海上保安庁長官は，地形，潮流その他の自然的条件及び船舶交通の状況を勘案して，航路を航行する船舶の航行に危険を生ずるおそれのあるものとして航路ごとに国土交通省令[1)]で定める場合において，航路を航行し，又は航行しようとする船舶の危険を防止するため必要があると認めるときは，当該船舶に対し，国土交通省令[2)]で定めるところにより，当該危険を防止するため必要な間航路外で待機すべき旨を指示することができる。

1）規則第8条第1項，第2項

2）規則第8条第2項，第3項

立法趣旨

東京湾，伊勢湾，瀬戸内海に設定されている航路において，霧等で見通しが悪化した場合，航路外での待機を指示し，航路内の船舶交通の安全を図るためのもの。

解説 ❶ 待機指示の条件

・視程が悪化した場合（規則第8条第1項）
・巨大船との行会いが予想される場合（伊良湖水道航路及び水島航路，規則第8条第2項）
・潮流の速力を超えて4ノットの速力以上を維持できない場合（来島海峡航路，規則第9条第1項）

❷ 航路毎の航路外待機指示の基準及び対象船舶

航路名	視界制限時の基準及び対象船舶		その他
	視程2000メートル以下の場合	視程1000メートル以下の場合	
浦賀水道航路 中ノ瀬航路	・巨大船（＊1） ・特別危険物積載船（＊2） ・長大物件えい航船等（＊3）	・長さ160m以上200m未満の船舶 ・総トン数1万トン以上の危険物積載船（特別危険物積載船を除く。）	
伊良湖水道航路	・巨大船 ・特別危険物積載船 ・長大物件えい航船等	・総トン数1万トン以上の危険物積載船（特別危険物積載船を除く。）	・長さ130m以上200m未満の船舶が**巨大船との行会いが予想される場合**（＊4）
明石海峡航路	・巨大船 ・特別危険物積載船 ・長大物件えい航船等	・長さ160m以上200m未満の船舶 ・危険物積載船（特別危険物積載船を除く。） ・160m以上200m未満の物件えい航船等	
備讃瀬戸東航路 宇高東航路 宇高西航路 備讃瀬戸北航路 備讃瀬戸南航路	・巨大船 ・特別危険物積載船 ・長大物件えい航船等	・長さ160m以上200m未満の船舶 ・危険物積載船（特別危険物積載船を除く。）	
水島航路	・巨大船 ・特別危険物積載船 ・長大物件えい航船等	・長さ160m以上200m未満の船舶 ・危険物積載船（特別危険物積載船を除く。）	・長さ70m以上200m未満の船舶が**巨大船との行会いが予想される場合**

来島海峡航路	・巨大船 ・特別危険物積載船 ・長大物件えい航船等	・長さ160m以上200m未満の船舶 ・危険物積載船（特別危険物積載船を除く。） ・100m以上200m未満の物件えい航船等	・潮流の速力を超えて4ノット以上の速力を確保できない船舶

＊1　巨大船：長さ200m以上の船舶
＊2　特別危険物積載船：総トン数5万トン（積載している危険物が液化ガスである場合には総トン数2万5千トン）以上の危険物積載船
＊3　長大物件えい航船等：引き船の船首から当該引き船の引く物件の後端又は押し船の船尾から物件の先端までの距離が200m以上である船舶，いかだ，その他の物件を引き，又は押して航行する船舶
＊4　伊良湖水道航路では，巨大船若しくは長さ130m以上200m未満の船舶のどちらかが危険物積載船の場合，又は，漁業活動等により航路の可航幅が概ね3分の2以下に減少した場合において，航路外待機指示を行っている。

❸　航路外待機の指示者及び指示方法

本条に基づく指示を行う権限を有するのは，海上保安庁長官であるが，法第43条（権限の委任）及び規則第32条（権限の委任）により，航路を担当する海上交通センターの長に委任されている。

待機指示の方法は，規則第8条に規定する信号の方法（個別航路の条文解説参照）により行われるとともに，海上保安庁告示に基づき，VHF又は電話で行われる。

罰則　本条の規定による指示の違反となるような行為をした者―3月以下の懲役又は30万円以下の罰金（法第51条第1項第2号）

第2節　航路ごとの航法

●●●　第11条　浦賀水道航路及び中ノ瀬航路　●●●

第11条　船舶は，浦賀水道航路をこれに沿って航行するときは，同航路の中央から右の部分を航行しなければならない。
2　船舶は，中ノ瀬航路をこれに沿って航行するときは，北の方向に航行しなければならない。

解説　❶　航路の航法及び特徴

➢　浦賀水道航路（第1項）

浦賀水道航路は，航路幅が約1400メートル（屈曲部より以南は約1750メートル）あるので，同航路をこれに沿って航行する船舶は，航路の中央から右の部分を航行しなければならない。

同航路の中央を示すため，安全水域標識（No.1～No.6）及び航路側端境界を示すため右舷標識（No.2, No.4, No.6），左舷標識（No.1, No.3, No.5, No.7）が設置されている（法第41条）。

同航路の南端入口付近の海域は，各方面から東京湾内へ向かう船舶及び東京湾内から湾外へ向かう船舶との出合いが生じるので，注意が必要である。

また，同航路の海域は，好漁場となっていることから，多数の漁ろうに従事する船舶，遊漁船，プレジャーボート等が存在しているので注意が必要である。

➢　中ノ瀬航路（第2項）

中ノ瀬航路の西側には，中ノ瀬が存在し，十分な航路幅を確保することができないため，航路幅約700メートルとし，浦賀水道航路から北の方向へ向かう一方通航の航路としている。

同航路の航路側端境界を示すため示すため右舷標識（No.2, No.4, No.6, No.8），左舷標識（No.1, No.3, No.5, No.7）が設置されている（法第41条）。

❷　速力制限（法第5条及び規則第4条）

浦賀水道航路及び中ノ瀬航路の全区間が対水速力12ノットに制限されている（図2-33斜線部分）。

図解　中ノ瀬航路および浦賀水道航路（図2-33）

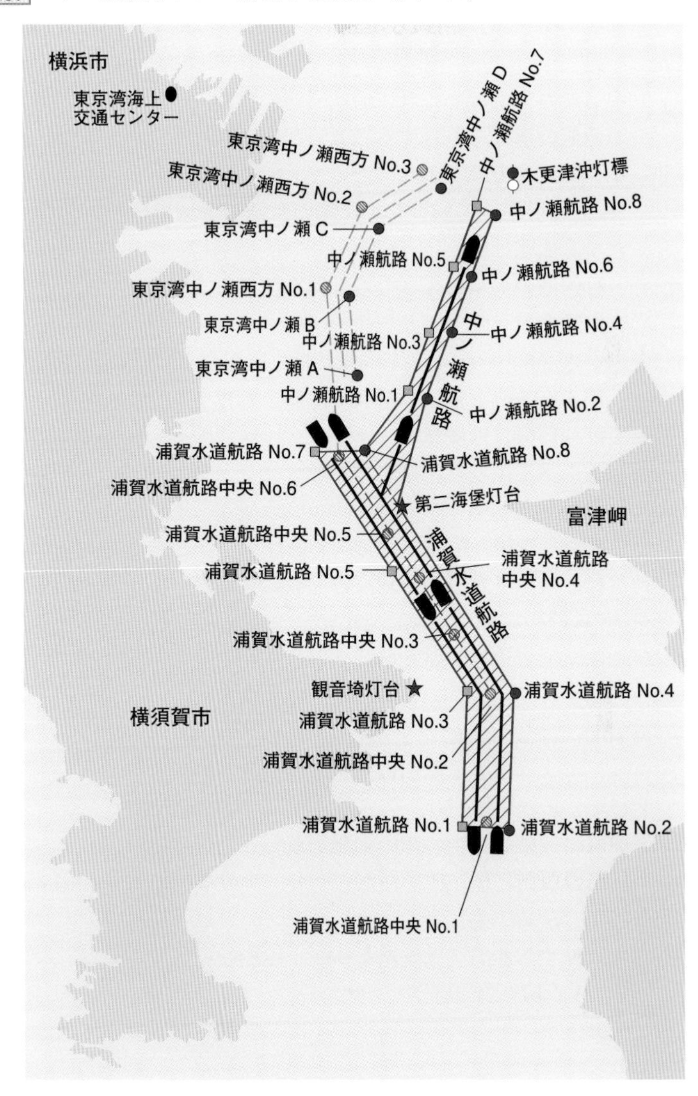

図2-33　浦賀水道航路及び中ノ瀬航路

❸ 航路付近における航行方法（経路指定　第4節航路以外の海域における航法　第25条）

➢ 中ノ瀬西方海域

対象船舶：中ノ瀬西方海域を航行する船舶

経　　路：

ⅰ．中ノ瀬西方海域をこれに沿って南の方向に航行する船舶は，A線の西側の海域を航行すること。

ⅱ．中ノ瀬西方海域をこれに沿って北の方向に航行しようとする船舶（B線を横切って航行し，B線の西側の海域に向けて航行しようとする船舶は除く。）は，

・目的港の港域に入るため針路を転じるまでの間，A線の東側の海域を航行すること

・喫水20メートル以上の船舶は，C線から中ノ瀬西方海域の内側400メートル以上離れた海域を航行すること

➢ 木更津港沖灯標付近海域

対象船舶：木更津港を出港する船舶

経　　路：

A線を横切った後，B線を横切って航行しようとする船舶は，木更津港沖灯標が設置されている地点を左舷に見て航行すること。

➢ 東京湾口付近

対象船舶：浦賀水道航路を航行する南航船及び北航船

経　　路：

南航船：浦賀水道航路を航行し，引き続きE線を横切って航行しようとする船舶は，中心線の西側を航行

北航船：E線を横切り，引き続き浦賀水道航路を航行しようとする船舶は，中心線の東側を航行

❹ 行先の表示（法第7条）

航路に出入りする船舶又は航路を横断する船舶は進路を表示しなければならない。（44頁図2-24参照）

図解　経路指定および入域通報海域（図 2-34～37）

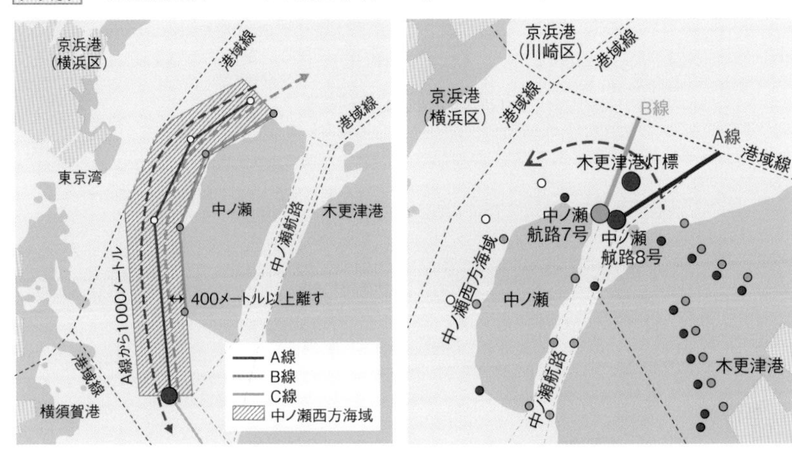

図 2-34　中ノ瀬西方海域　　　　図 2-35　木更津港沖灯標付近海域

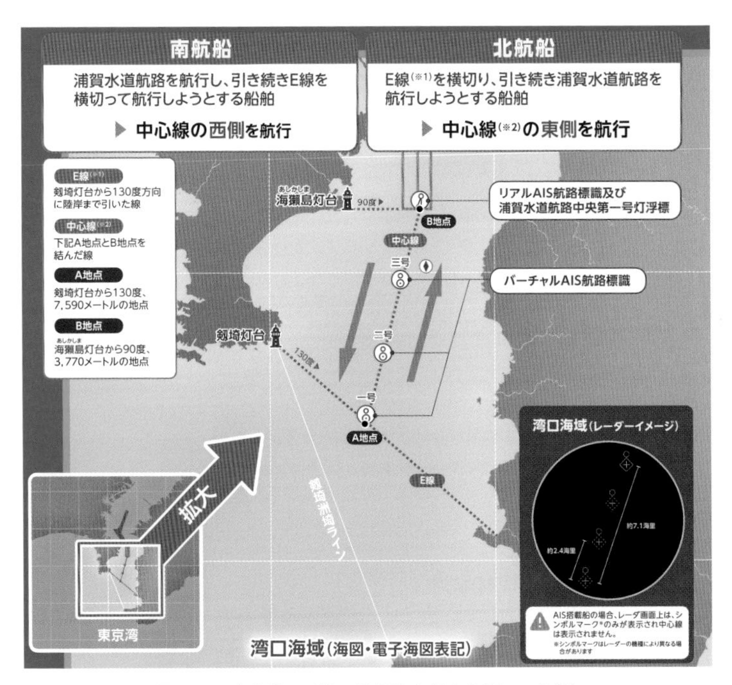

図 2-36　東京湾口（第三管区海上保安本部ＨＰより）

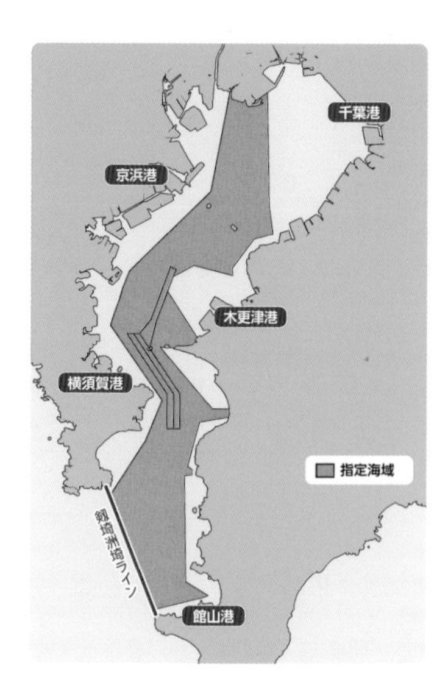

●対象船舶
長さ50メートル以上の船舶
（AISを作動させている船舶を除く※）
※簡易型AISを作動させている船舶は通報対象船舶です。
※総トン数100トン以上で30人以上搭載している船舶も通報をお願いします。
（AISを作動させている船舶を除く）

●通報事項
1 船舶の名称
2 呼出符号
3 通報地点における船舶の位置
4 仕向港の定まっている船舶にあっては、仕向港（岸壁・錨地）
5 船舶の長さ
6 船舶の喫水

●通報位置
1. 入湾時
・剱埼洲埼ライン
2. 出港時
指定海域に入るとき　又は　入る前
・各港の著名な物標等付近
・周囲に著名物標がないときは北緯東経を通報

通報位置（例）
・○○航路・水路出航中、○○沖抜錨中、○○ブイ通過中、○○防波堤通過中などのタイミング
・入湾時においては、剱埼灯台と洲埼灯台を結んだ線を通過時に「剱埼洲埼ラインを通過中」

図 2-37　入域通報（第三管区海上保安本部ＨＰより）

❺ 入域通報（法第 32 条）

長さ 50 メートル以上の船舶で指定海域に入域する船舶は，剱埼洲埼ライン（東京湾入湾時）に達した時及び指定海域に入るとき又は入る前（出港時）に，東京湾海上交通センターに入域通報を行わなければならない。ただし，AIS を搭載し，適切に運用している船舶については，AIS による情報の送信によって入域通報に代えることができる。（図 2-37）

❻ 航路通報

巨大船等が浦賀水道航路及び中ノ航路を航行しようとする場合，航路通報を東京湾海上交通センター所長に行わなければならない（法第 22 条 101 頁参照）。

❼ VHF 等による情報聴取義務

長さ 50 メートル以上の船舶は，東京湾内を航行する場合，東京湾海上交通センターが提供する情報を聴取しなければならない。（法第 30 条 132 頁参照）

図解 情報聴取海域（図 2-38）

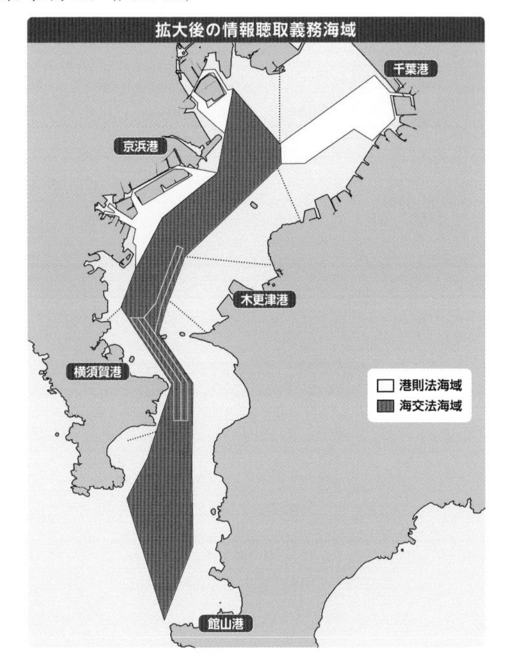

●情報聴取の対象船舶
- 海上交通安全法適用海域では、長さ50メートル以上の船舶
- 港則法適用海域では、総トン数500トンを超える船舶

●情報提供等
- 情報聴取義務海域において、東京湾海上交通センターが船舶の安全な航行を支援するための情報提供や勧告などを行います。

図 2-38　情報聴取義務海域（第三管区海上保安本部ＨＰより）

❽ 航路外での待機の指示

霧等で見通しが悪化した場合，航路内の船舶交通の安全を図るため，東京湾海上交通センター又は海上保安部から，主として VHF 又は船舶電話や信号等の方法で行われる。視界制限時の基準及び対象船舶については，法第 10 条の 2 を参照（53 頁）。

罰則　違反となるような行為をした者― 50 万円以下の罰金（法第 52 条）

● ● ●　第12条　浦賀水道航路及び中ノ瀬航路　● ● ●

> **第12条**　航行し，又は停留している船舶（巨大船を除く。）は，浦賀水道航路をこれに沿って航行し，同航路から中ノ瀬航路に入ろうとしている巨大船と衝突するおそれがあるときは，当該巨大船の進路を避けなければならない。この場合において，第3条第1項並びに海上衝突予防法第9条第2項及び第3項，第13条第1項，第14条第1項，第15条第1項前段並びに第18条第1項（第3号及び第4号に係る部分に限る。）の規定は，当該巨大船について適用しない。
>
> 2　第3条第3項の規定は，前項の規定を適用する場合における浦賀水道航路をこれに沿って航行する巨大船について準用する。

解説　❶　航行又は停留している巨大船以外の船舶と浦賀水道航路から中ノ瀬航路へ入ろうとしている巨大船との避航関係（第1項）

➢　航行又は停留している巨大船以外の船舶と浦賀水道航路から中ノ瀬航路へ入ろうとしている巨大船とが衝突の危険がある場合，巨大船以外の船舶が当該巨大船を避けなければならない。

➢　以下の規定は，浦賀水道航路から中ノ瀬航路へ入ろうとしている巨大船には，適用されない。（同項後段）

海上交通安全法

・第3条第1項　航路出入船（漁ろう船等を除く）と航路航行船の避航関係（航路航行船優）

海上衝突予防法

・第9条第2項　狭い水道等における動力船と帆船との航法
・第9条第3項　狭い水道等における漁ろう船と他の船舶との航法
・第13条第1項　追越し船の航法
・第14条第1項　行会い船の航法
・第15条第1項前段　横切り船の航法
・第18条第1項3号及び第4号　一般動力船と漁ろうに従事する船舶との航法，動力船と帆船との航法

浦賀水道航路を航行し，中ノ瀬航路に入ろうとしている巨大船は，浦賀

水道航路から見れば航路から航路外へ，中ノ瀬航路から見れば航路外から航路内へ航行する船舶となる。安全法第３条第１項の規定に従えば，上記のような場合，当該巨大船が航路内で航路をこれに沿って航行している船舶と衝突する危険がある場合は，当該船舶の進路を避けなければならないことになる。また，航路に沿って航行していない船舶との関係においても予防法の規定に従って対応することになる。浦賀水道航路と中ノ瀬航路の接続部のような可航水域の限られた水域において巨大船に避航義務を課すことは船舶交通の安全上，適切ではないことから，当該水域において，航行又は停留している巨大船以外の船舶が巨大船の進路を避けなければならないとしたもの。

このような場合，巨大船側も避航してもらえる権利があるとしても，相手船の行先を，行先信号（国際信号旗及び AIS 情報）で確認，又は VHF で交信し，積極的に衝突の危険の回避に努めなければならない。

❷ 第３条第３項（航路をこれに沿って航行している船舶でないもの）の準用（第５項）

浦賀水道航路を航路の中央から右の部分を航行していない等及び中ノ瀬航路を北の方向に航行していない等の巨大船について，当該巨大船は航路をこれに沿って航行しているものではないものとするものである。この場合，当該巨大船は，他の船舶を避航しなければならない。

図解 浦賀水道航路と中ノ瀬航路の接続部の航法（図 2-39）

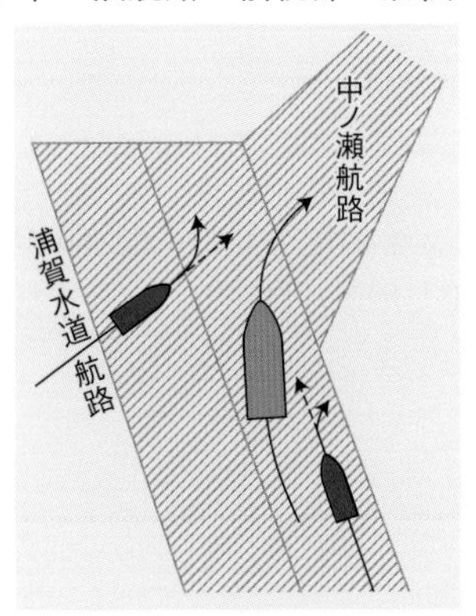

図 2-39　浦賀水道航路及び中ノ瀬航路

第13条　伊良湖水道航路

> **第13条**　船舶は，伊良湖水道航路をこれに沿って航行するときは，できる限り，同航路の中央から右の部分を航行しなければならない。

解説　❶　航路の航法及び特徴

伊良湖水道航路は，航路の東側に朝日礁，西側に丸山出し，コズカミ礁等が存在し，航路幅が約1200メートルに限定されている。同航路を中央で二分した場合，大型船舶の安全航行に必要な最低限の航路幅である700メートルを確保できないため，通航方法については，できる限り航路の中央から右側の部分を航行（右寄り通航）とされている。

また，大型船舶が当該航路を航行する場合，やむを得ない場合において，航路の中央から左側の部分にはみ出して航行することが認められている。そのため，法第14条において，巨大船と巨大船以外の船舶との避航関係の規定が定められている（法第14条69頁参照）。

この航路の海域は，伊勢湾及び三河湾への船舶の主要航路筋となっているため，航路の北口付近及び南口付近に，船舶交通の安全を図るため経路が指定されている。

この海域は，好漁場となっていることもあり，多数の漁ろうに従事する船舶，遊漁船，プレジャーボート等が存在している。特に，小女子（こうなご）漁（2双曳漁）が操業している時期（最盛期は3月初旬から下旬）は，航路内，航路付近に多数の漁船が操業しているので注意が必要である。

❷　速力制限

航路の全区間が法第5条及び規則第4条により対水速力12ノットに制限されている。

図解 伊良湖水道航路付近海域（図 2-40）

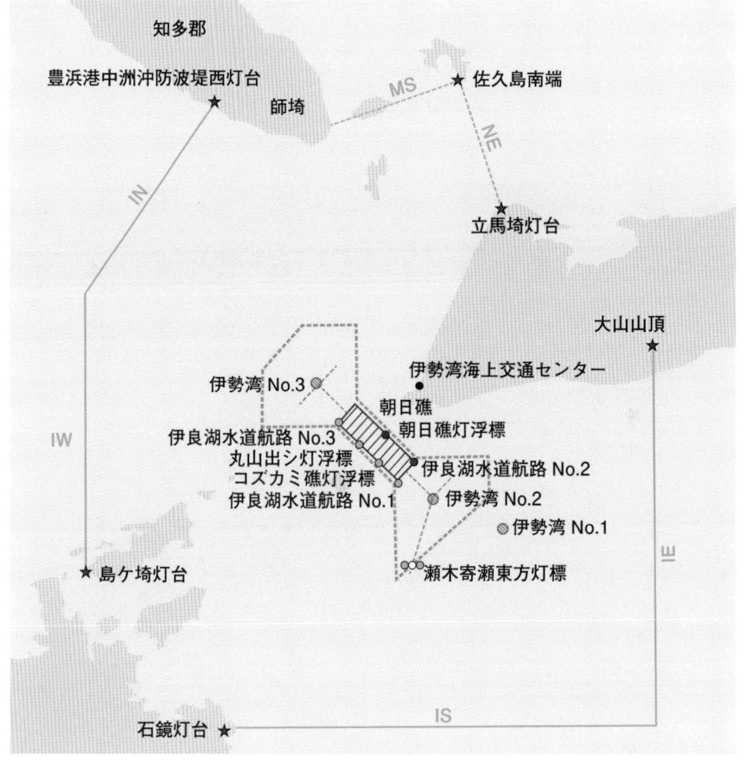

図 2-40

❸ 航路付近における航行方法（経路指定　第 4 節航路以外の海域における航法　第 25 条）

➢ 航路北口付近海域

　ⅰ．北側から伊良湖水道航路に入航しようとする船舶は，a 線の西側を航行するとともに，c 線を横切って航行すること。

　ⅱ．伊良湖水道航路を出て北航する船舶は，a 線の東側を航行するとともに，f 線を横切って航行すること。

➢ 航路南口付近海域

　ⅰ．伊良湖水道航路を出て南航する船舶は，b 線の西側を航行するとともに，d 線を横切って航行すること。

ii．南側から伊良湖水道航路に入航しようとする船舶は，b 線の東側を航行するとともに，e 線を横切って航行すること。

図解　経路指定（図 2-41）

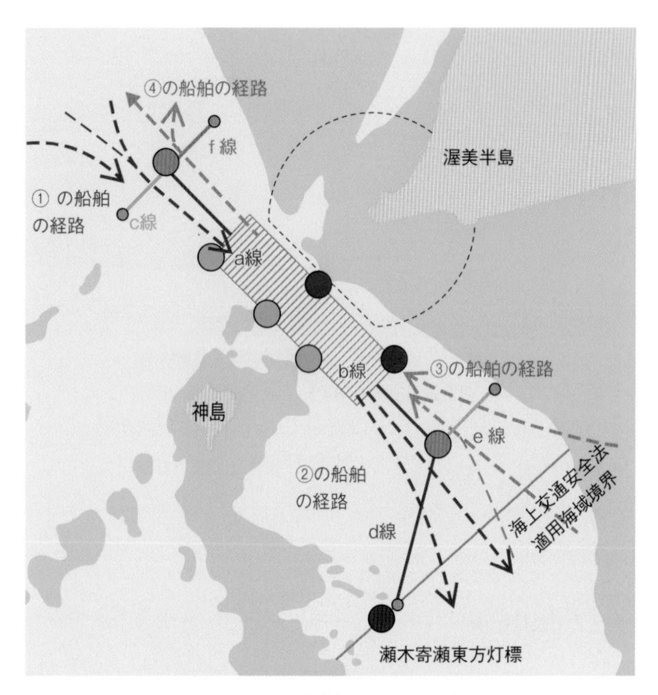

図 2-41　伊良湖水道航路出入口付近海域

❹　行先の表示（法第 7 条）

航路に出入りする船舶又は航路を横断する船舶は進路を表示しなければならない。（45 頁図 2-25 参照）

❺　位置通報

長さ 50 メートル以上の船舶及び長さ 100 メートル以上の物件えい航船等（引き船の船首から当該引く物件の後端まで，又は押し船の船尾から物件の先端までの距離が 100 メートル以上である船舶，いかだ，その他の物件を引き又は押して航行する船舶）の船舶は，最初の位置通報ラインに達した時に，伊勢湾海上交通センターに位置通報を行わなければならない。ただし，AIS を搭載し，適切に運用している船舶については，AIS による情報の送信によって位置通報に代えることができる。

❻ 航路通報

巨大船等が伊良湖水道航路を航行しようとする場合，航路通報を伊勢湾海上交通センター所長に行わなければならない（法第 22 条 101 頁参照）。

❼ VHF 等による情報聴取義務

長さ 50 メートル以上の船舶は，伊良湖水道航路及びその周辺海域を航行する場合，伊勢湾海上交通センターが提供する情報を聴取しなければならない。（法第 30 条 132 頁参照）

❽ 航路外での待機の指示

霧等で見通しが悪化した場合，航路内の船舶交通の安全を図るため，伊勢湾海上交通センター又は海上保安部から，主として VHF 又は船舶電話や信号等の方法で行われる。視界制限時の基準及び対象船舶については，法第 10 条の 2 を参照（53 頁）。

長さ 130 メートル以上 200 メートル未満（以下，「準巨大船」という。）の船舶が当該航路内で巨大船との行会いが予想される場合，行会いが危険な場合に航路外待機が指示される。航路外待機は，伊勢湾海上交通センターにおいて，管制信号板による電光表示または海上保安庁の船舶上の国際信号旗による旗りゅう信号により表示される当該航路を通航する場合，以下の信号に従う義務がある。

ただし，危険物積載船を除く巨大船と準巨大船の行き会いが認められている（漁業活動等により航路の可航幅が概ね 3 分の 2 以下に減少した場合，行き会いは制限される）。

表 2-1　伊良湖水道航路における管制信号（規則第 8 条第 2 項及び第 3 項）

	信号の方法		信号の意味
信号所等の名称及び位置	昼間	夜間	
伊良湖水道航路管制信号所（北緯 34 度 34 分 50 秒，東経 137 度 1 分）	135 度及び 293 度方向に面する管制信号板		
	N の文字の点滅		伊良湖水道航路を南東の方向に航行しようとする長さ 130 メートル以上 200 メートル未満の船舶は航路外で待機しなければならない。
	S の文字の点滅		伊良湖水道航路を北西の方向に航行しようとする長さ 130 メートル以上 200 メートル未満の船舶は航路外で待機しなければならない。
	N の文字と S の文字の交互点滅		伊良湖水道航路を航行しようとする長さ 130 メートル以上 200 メートル未満の船舶は航路外で待機しなければならない。
	情報信号板の矢印で巨大船の進行方向を示す。		
	毎 4 秒の点滅		1 時間以内に巨大船が航行する。
	毎 2 秒の点滅		15 分以内に巨大船が航行する。
	毎 8 秒の順次点滅（例：→　→　←）		巨大船が約 15 分以内に航行し，出航後 15 分以内に反対方向へ他の巨大船が航行する。
信号装置の故障その他の事由により上記の信号の方法が使用できない場合の信号方法			
海上保安庁の船舶が信号を行う位置	昼間 国際信号旗の掲揚	夜間 発光信号によるモールス符号	信号の意味
神島灯台から 340 度 3540 メートルの地点付近	第 1 代表旗＋L 旗	R　Z　S （・－・　——・・　・・・）	伊良湖水道航路を南東の方向に航行しようとする長さ 130 メートル以上 200 メートル未満の船舶は航路外で待機しなければならない。
伊良湖岬灯台から 160 度 3500 メートルの地点付近	第 2 代表旗＋L 旗	R　Z　N （・－・　－—・・　－・）	伊良湖水道航路を北西の方向に航行しようとする長さ 130 メートル以上 200 メートル未満の船舶は航路外で待機しなければならない。
神島灯台から 340 度 3540 メートルの地点付近及び伊良湖岬灯台から 160 度 3500 メートルの地点付近	第 3 代表旗＋L 旗	R　Z　S　N （・－・　——・・　・・・　－・　）	伊良湖水道航路を航行しようとする長さ 130 メートル以上 200 メートル未満の船舶は航路外で待機しなければならない。

●●●●● 第14条　伊良湖水道航路 ●●●●●

> **第14条**　伊良湖水道航路をこれに沿って航行している船舶（巨大船を除く。）は，同航路をこれに沿って航行している巨大船と行き会う場合において衝突するおそれがあるときは，当該巨大船の進路を避けなければならない。この場合において，海上衝突予防法第9条第2項及び第3項，第14条第1項並びに第18条第1項（第3号及び第4号に係る部分に限る。）の規定は，当該巨大船について適用しない。
>
> 2　第3条第3項の規定は，前項の規定を適用する場合における伊良湖水道航路をこれに沿って航行する巨大船について準用する。

解説　❶　巨大船と巨大船以外の船舶との避航関係（第1項）

伊良湖水道航路では，地形の制約により航路幅が約1200メートルしか確保できないので，航路の通航方式を右寄り通航と定めている（法第13条）。このため，巨大船等の大型船舶が，当該航路を航行する場合，やむを得ない場合，航路の中央から左側にはみ出して航行することが認められている。上記のような理由により，巨大船等と反航する他の船舶が航路内で行き会い，衝突の危険が生じる場合がある。可航幅の狭い当該航路において，巨大船等の大型船舶に他の船舶を避けるため針路，速力の変更をさせることは，船舶交通の安全上，適当ではないので，巨大船以外の船舶に避航義務を課したものである。

❷　第3条第3項（航路をこれに沿って航行している船舶でないもの）の準用（第2項）

伊良湖水道航路の航路の左端に寄って航行している巨大船について，当該巨大船は航路をこれに沿って航行してるものではないものとするものである。この場合，当該巨大船は，他の船舶を避航しなければならない。

●●●●● 第15条　明石海峡航路 ●●●●●

第15条　船舶は，明石海峡航路をこれに沿って航行するときは，同航路の中央から右の部分を航行しなければならない。

解説　❶　航路の航法及び特徴

明石海峡航路は，航路幅が約1500メートルと比較的広いので，同航路をこれに沿って航行する船舶は，航路の中央から右の部分を航行しなければならない。

同航路の中央を示すため，安全水域標識が設置されている（法第41条）。

この航路の海域は，瀬戸内海を東西に航行する船舶の主要航路筋となっているため，航路の東側では阪神港方面及び紀伊水道方面から，また航路の西側では，播磨灘方面及び東播磨港方面からの船舶が合流するため，船舶交通の安全を図るため経路が指定されている。

この海域は，好漁場となっていることもあり，多数の漁ろうに従事する船舶，遊漁船，プレジャーボート等が存在している。特に，いかなご漁が操業している時期（概ね2月下旬から3月中旬）は航路内，航路付近に多数のいかなご漁の漁船が操業しているので注意が必要である。

図解　明石海峡航路付近海域（図2-42）

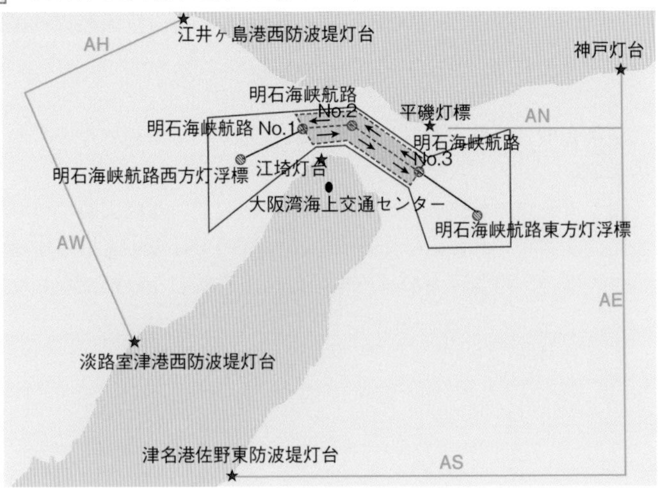

図2-42

第2章　交通方法（第15条）

❷ 航路付近における航行方法（経路指定　第4節航路以外の海域における航法　第25条）

対象船舶：長さ50メートル以上の船舶

経　　路：

➢ 航路東側出入口付近海域

ⅰ．明石海峡航路をこれに沿って西の方向に航行しようとする長さ50メートル以上の船舶は，

・A線の北側の海域を航行すること

・B線を横切って航行すること

ⅱ．明石海峡をこれに沿って東の方向に航行した長さ50メートル以上の船舶は，

・A線の南側の海域を航行すること

・明石海峡航路東方灯浮標の設置されている地点から200メートル以上離れた海域を航行すること

対象船舶：総トン数5000トン以上の船舶

経　　路：

➢ 航路西側出入口付近海域

ⅰ．明石海峡航路をこれに沿って西の方向に航行した総トン数5000トン以上の船舶は，A線の北側の海域を航行すること

ⅱ．明石海峡航路をこれに沿って東の方向へ航行しようとする総トン数5000トン以上の船舶は，A線の南側の海域を航行すること

図解　経路指定（図 2-43・44）

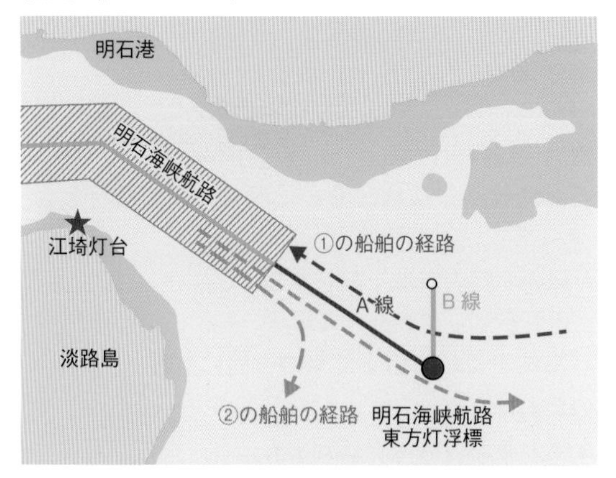

図 2-43　明石海峡航路東側出入口付近海域

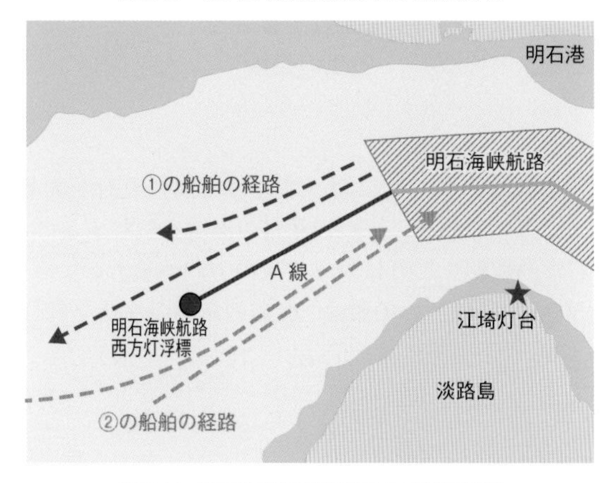

図 2-44　明石海峡航路西側出入口付近海域

❸　航路外での待機の指示

霧等で見通しが悪化した場合，航路内の船舶交通の安全を図るため，大阪湾海上交通絵センター又は海上保安部から，主として VHF 又は船舶電話や信号等の方法で行われる。視界制限時の基準及び対象船舶については，法第 10 条の 2 を参照（53 頁）

罰則　違反となるような行為をした者— 50 万円以下の罰金（法第 52 条）

● 第 16 条　備讃瀬戸東航路，宇高東航路及び宇高西航路 ●

> 第 16 条　船舶は，備讃瀬戸東航路をこれに沿って航行するときは，同航路の中央から右の部分を航行しなければならない。
> 2　船舶は，宇高東航路をこれに沿って航行するときは，北の方向に航行しなければならない。
> 3　船舶は，宇高西航路をこれに沿って航行するときは，南の方向に航行しなければならない。

解説　❶　航路の航法及び特徴

➢　備讃瀬戸東航路（第 1 項）

備讃瀬戸東航路は，航路幅が約 1400 メートルあるので，同航路をこれに沿って航行する船舶は，航路の中央から右の部分を航行しなければならない。

同航路の中央を示すため，安全水域標識（No.1～No.7）が設置されている（法第 41 条）。なお，瀬戸内海の水源（宇高航路を除く。宇高航路の水源は宇野港）が阪神港となっている点に注意が必要。

同航路の東端入口付近の海域は，同航路を東向きに航行してきた船舶及び播磨灘方面からの船舶と鳴門海峡方面からの船舶との出合いが生じるので，注意が必要である。

また，同航路の海域は，好漁場となっていることから，多数の漁ろうに従事する船舶，遊漁船，プレジャーボート等が存在している。特に 2 月～8 月の間は，こませ網漁が航路の内外で操業，4 月下旬から 7 月中旬と 9 月初旬から 11 月末ごろまでの間は，さわら流刺し網漁も操業し（主として夜間）ているので注意が必要である。

同航路の東部は高松―小豆島間の定期フェリーや高速艇が多数横断している。同航路の西部は，宇高東航路（北航）と宇高西航路（南航）と交差している（交差部の航法については法第 17 条 77 頁参照）。

➢　宇高東航路（第 2 項）及び宇高西航路（第 3 項）

宇野と高松間の海域は，多くの浅瀬（オーソノ瀬，カマ瀬東ノ洲，カマ瀬中ノ洲等）が存在し，十分な航路幅を確保することができないため，北航（宇高東航路）及び南航（宇高西航路）に分離して一方通航の航路としている。

航路側端及び出入口を示すため，航路標識が設置されている。宇高航路の水源は宇野港となっている点に注意が必要。

図解 備讃瀬戸東航路付近海域（図 2-45）

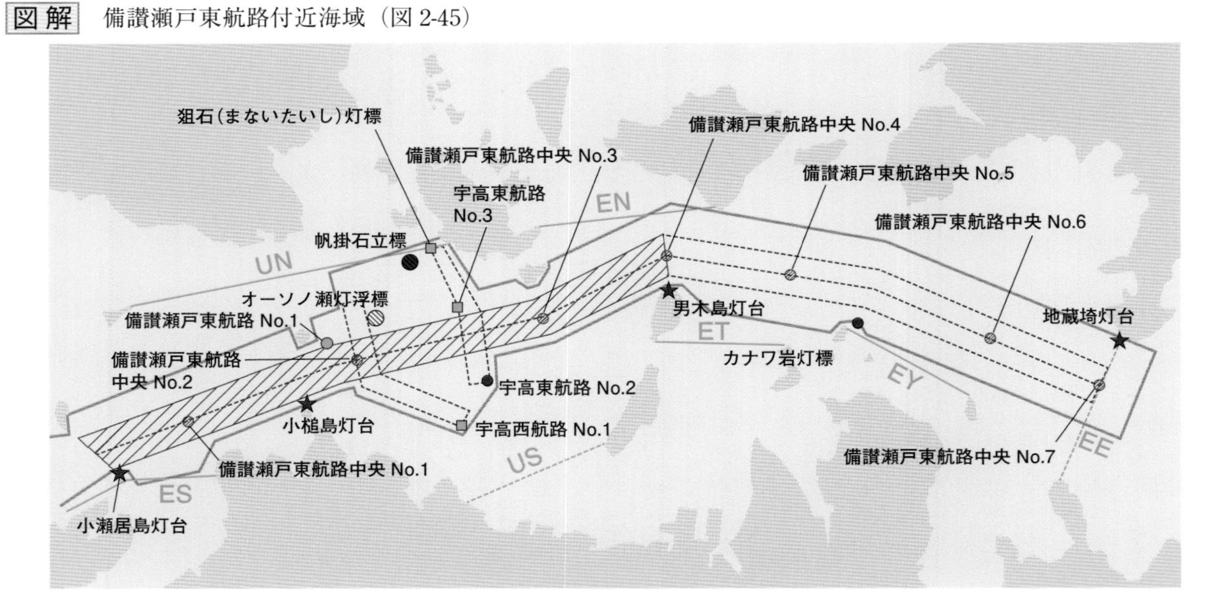

図 2-45

❷ 速力制限（法第5条及び規則第4条）

備讃瀬戸東航路の西部の男木島灯台から353度に引いた線と航路の西側出入口の境界線との間が対水速力12ノットに制限されている。

❸ 航路横断の制限（法第9条及び規則第7条）

備讃瀬戸東航路と宇高東航路及び宇高西航路が交差する備讃瀬戸東航路の一部分が航路横断禁止となっている（法第9条49頁参照）。

❹ 行先の表示（法第7条）

航路に出入りする船舶又は航路を横断する船舶は進路を表示しなければならない（46頁図2-26参照）。

❺ 位置通報

長さ50メートル以上の船舶及び長さ100メートル以上の物件えい航船等（引き船の船首から当該引く物件の後端まで，又は押し船の船尾から物件の先端までの距離が100メートル以上である船舶，いかだ，その他の物件を引き又は押して航行する船舶）の船舶は，最初の位置通報ラインに達した時に，備讃瀬戸海上交通センターに位置通報を行わなければならない。ただし，AISを搭載し，適切に運用している船舶については，AISによる情報の送信によって位置通報に代えることができる。

❻ 航路通報

巨大船等が備讃瀬戸東航路，宇高東航路及び宇高西航路を航行しようとする場合，航路通報を備讃瀬戸海上交通センター所長に行わなければならない（法第22条101頁参照）。

❼ VHF等による情報聴取義務

長さ50メートル以上の船舶は，備讃瀬戸東航路，宇高東航路，宇高西航路及びその周辺海域を航行する場合，備讃瀬戸海上交通センターが提供する情報を聴取しなければならない（法第30条132頁参照）。

❽ 航路外での待機の指示

霧等で見通しが悪化した場合，航路内の船舶交通の安全を図るため，備讃瀬戸海上交通センター又は海上保安部から，主としてVHF又は船舶電話や信号等の方法で行われる。視界制限時の基準及び対象船舶については，法第10条の2を参照（53頁）。

罰則　違反となるような行為をした者— 50万円以下の罰金（法第52条）

● 第17条　備讃瀬戸東航路，宇高東航路及び宇高西航路 ●

第17条　宇高東航路又は宇高西航路をこれに沿って航行している船舶は，備讃瀬戸東航路をこれに沿って航行している巨大船と衝突するおそれがあるときは，当該巨大船の進路を避けなければならない。この場合において，海上衝突予防法第9条第2項及び第3項，第15条第1項前段並びに第18条第1項（第3号及び第4号に係る部分に限る。）の規定は，当該巨大船について適用しない。

2　航行し，又は停留している船舶（巨大船を除く。）は，備讃瀬戸東航路をこれに沿って航行し，同航路から北の方向に宇高東航路に入ろうとしており，又は宇高西航路をこれに沿って南の方向に航行し，同航路から備讃瀬戸東航路に入ろうとしている巨大船と衝突するおそれがあるときは，当該巨大船の進路を避けなければならない。この場合において，第3条第1項並びに海上衝突予防法第9条第2項及び第3項，第13条第1項，第14条第1項，第15条第1項前段並びに第18条第1項（第3号及び第4号に係る部分に限る。）の規定は，当該巨大船について適用しない。

3　第3条第3項の規定は，前2項の規定を適用する場合における備讃瀬戸東航路をこれに沿って航行する巨大船について準用する。

解説　❶　備讃瀬戸東航路を航行する巨大船と宇高東航路又は宇高西航路を航行している船舶との避航関係（第1項前段）

備讃瀬戸東航路をこれに沿って航行している巨大船と宇高東航路又は宇高西航路をこれに沿って航行している船舶が航路交差部で出会った場合，宇高東航路又は宇高西航路をこれに沿って航行している船舶が，巨大船を避航しなければならない。

❷　他の航法規定との関係（第１項後段）

以下の海上衝突予防法の規定は，備讃瀬戸東航路をこれに沿って航行している巨大船には，適用されない。

・第９条第２項　狭い水道等における動力船と帆船との航法
・第９条第３項　狭い水道等における漁ろうに従事している船舶と他の船舶との航法
・第15条第１項前段　横切り船の航法
・第18条第１項第３号及び第４号　一般動力船と漁ろうに従事する船舶との航法，動力船と帆船との航法

図解　他の航法との関係（図2-46）

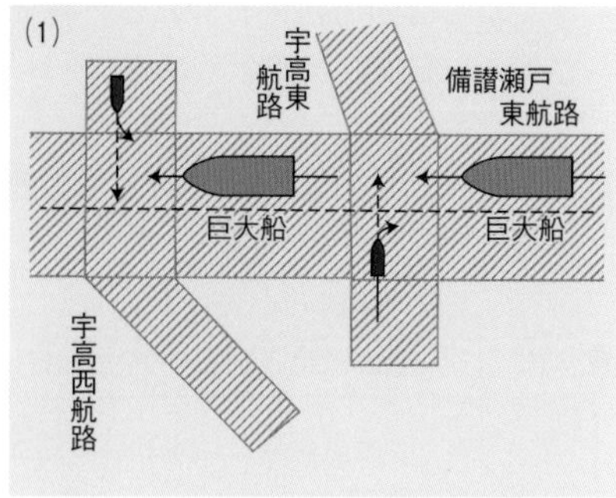

図2-46　備讃瀬戸東航路，宇高東・西航路

❸　備讃瀬戸東航路を航行している巨大船以外の動力船と宇高東航路及び宇高西航路を航行している巨大船以外の動力船との避航関係

法17条には，このような場合の避航関係についての規定はない。したがって，一般法である海上衝突予防法第15条が適用されることとなる。

図解　備讃瀬戸東航路を航行している巨大船以外の動力船と宇高東・西航路を航行している巨大船以外の動力船の関係（図2-47）

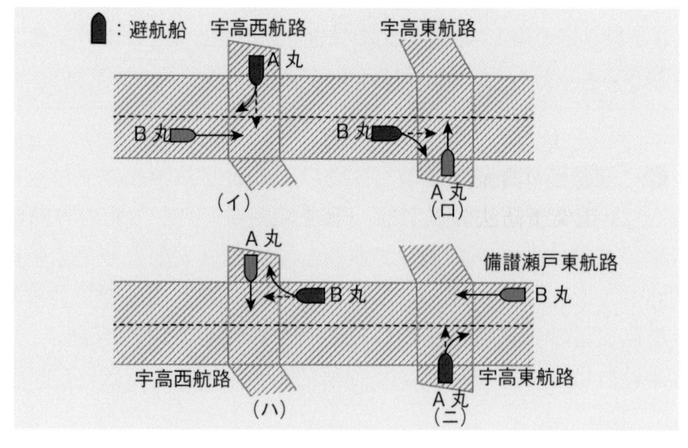

図2-47

❹　航行又は停留している巨大船以外の船舶と備讃瀬戸東航路から宇高東航路に入ろうとしている巨大船及び宇高西航路から備讃瀬戸東航路に入ろうとしている巨大船との避航関係（第２項前段）

備讃瀬戸東航路から北の方向に宇高東航路に入ろうとしている巨大船又は宇高西航路を南の方向に航行し備讃瀬戸東航路に入ろうとしている巨大船と航行又は停留している巨大船以外の船舶とが衝突の危険がある場合，巨大船以外の船舶が当該巨大船を避けなければならない。

図解　航行又は停留している巨大船以外の船舶と備讃瀬戸東航路から宇高東航路に入ろうとしている巨大船及び宇高西航路から備讃瀬戸東航路に入ろうとしている巨大船との避航関係（図 2-48）

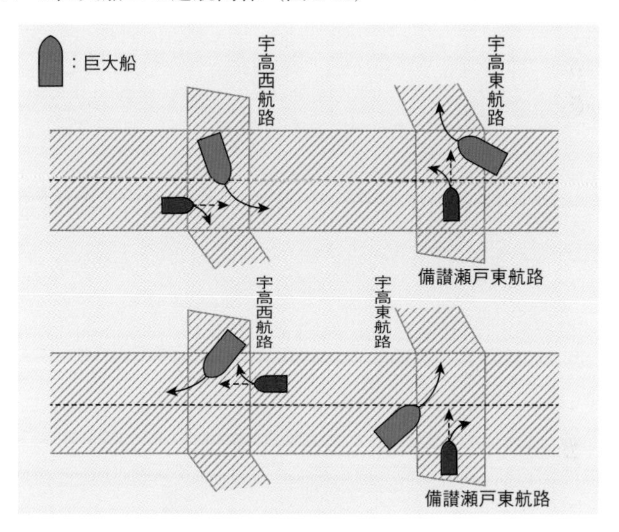

図 2-48

❺　他の航法規定との関係（第２項後段）

以下の海上衝突予防法の規定は，備讃瀬戸東航路から北の方向に宇高東航路に入り又は宇高西航路から備讃瀬戸東航路に入ろうとしている巨大船には，適用されない。

・第９条第２項　狭い水道等における動力船と帆船との航法
・第９条第３項　狭い水道等における漁ろうに従事している船舶と他の船舶との航法
・第 15 条第１項前段　横切り船の航法

・第18条第1項第3号及び第4号　一般動力船と漁ろうに従事する船舶との航法，動力船と帆船との航法

❻　第3条第3項（航路をこれに沿って航行している船舶でないもの）の準用（第2項）

備讃瀬戸東航路を航路の中央から右側の部分を航行していない巨大船，宇高東航路及び宇高西航路を定められた方向に航行していない巨大船について，当該巨大船は航路をこれに沿って航行しているものではないものとするものである。この場合，当該巨大船は，他の船舶を避航しなければならない。

●第18条　備讃瀬戸北航路，備讃瀬戸南航路及び水島航路●

第18条　船舶は，備讃瀬戸北航路をこれに沿って航行するときは，西の方向に航行しなければならない。

2　船舶は，備讃瀬戸南航路をこれに沿って航行するときは，東の方向に航行しなければならない。

3　船舶は，水島航路をこれに沿って航行するときは，できる限り，同航路の中央から右の部分を航行しなければならない。

4　第14条の規定は，水島航路について準用する。

解説　❶　航路の航法及び特徴

➢　備讃瀬戸北航路（第1項）及び備讃瀬戸南航路（第2項）

備讃瀬戸北航及び備讃瀬戸南航路は，坂出北方の小与島と小瀬居島との間から佐柳島亜又は粟島付近に至る備讃瀬戸西部に設置された航路で，両航路とも備讃瀬戸東航路と接続し，牛島，高見島，二面島等を間にした並行航路である。両航路とも路幅は約700メートル，備讃瀬戸北航路をこれに沿って航行する船舶は西の方向へ，備讃瀬戸南航路をこれに沿って航行する船舶は東の方向への一方通航である。

航路の航路側端及び出入口を示すため，航路標識が設置されている（法第41条）。なお，瀬戸内海の水源（宇高航路を除く。宇高航路の水源は宇野港）が阪神港となっている点に注意が必要。

また，両航路の海域は，好漁場となっていることから，多数の漁ろうに従事する船舶，遊漁船，プレジャーボート等が存在している。特に2月～

8月の間は，こませ網漁が航路の内外で操業，4月下旬から7月中旬と9月初旬から11月末ごろまでの間は，さわら流刺し網漁も操業し（主として夜間）ているので注意が必要である。

図解　備讃瀬戸北航路，備讃瀬戸南航路及び水島航路付近海域（図2-49）

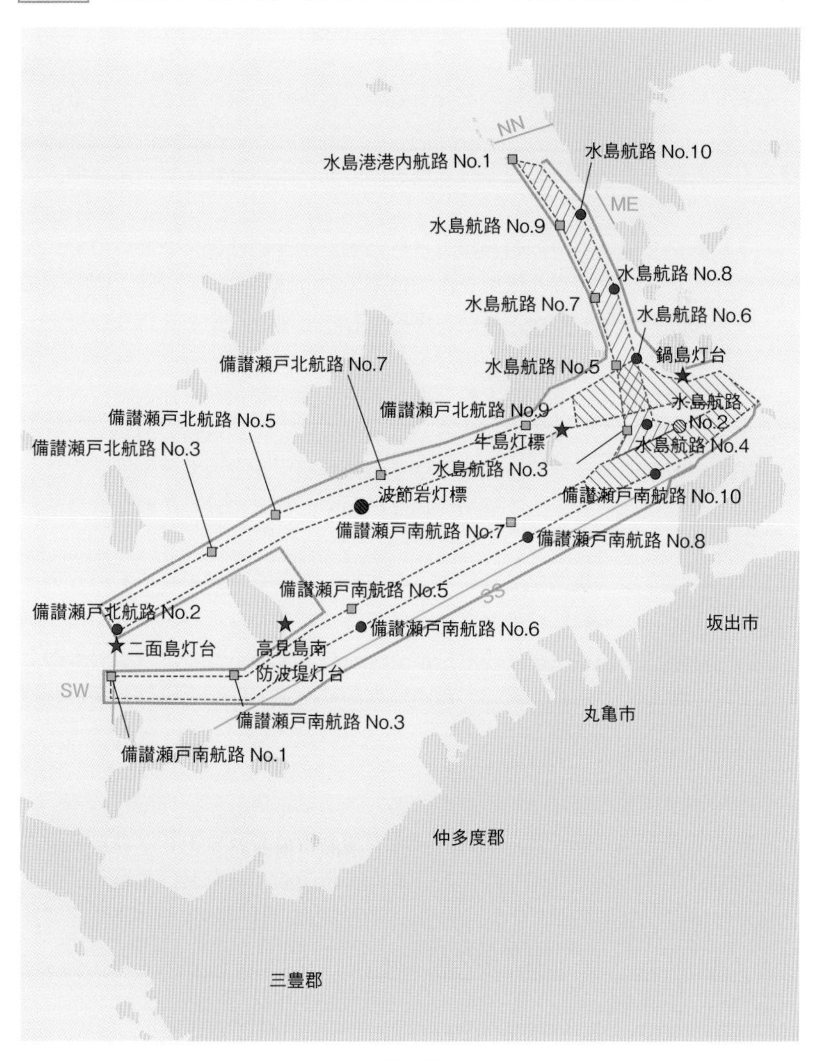

図2-49

備讃瀬戸北航路の東部は水島航路と交差，備讃瀬戸南航路の東部は水島航路と接続している（航法については法第 19 条 85 頁参照）。

➢ 水島航路（第 3 項）

浅瀬や島等が多数存在し，航路幅としては最狭部で約 600 メートルで，十分な航路幅を確保することができないため，通航方法については，できる限り航路の中央から右側の部分を航行（右寄り通航）とされている。

❷ 水島航路における巨大船と巨大船以外の船舶との避航関係（第 4 項，法 14 条の準用）

・水島航路では，地形の制約により航路幅が十分に確保できないので，航路の通航方式を右寄り通航をと定めている（法第 18 条 3 項）。このため，巨大船等の大型船舶が，当該航路を航行する場合，やむを得ない場合，航路の中央から左側にはみ出して航行することが認められている。上記のような理由により，巨大船等と反航する他の船舶が航路内で行き会い，衝突の危険が生じる場合がある。可航幅の狭い当該航路において，巨大船等の大型船舶に他の船舶を避けるため針路，速力の変更をさせることは，船舶交通の安全上，適当ではないので，**巨大船以外の船舶に避航義務**を課したものである。

・第 3 条第 3 項（航路をこれに沿って航行している船舶でないもの）の準用（第 2 項）水島航路の航路の左端に寄って航行している巨大船について，当該巨大船は航路をこれに沿って航行しているものではないものとするものである。この場合，当該巨大船は，他の船舶を避航しなければならない。

❸ 速力制限（法第 5 条及び規則第 4 条）

備讃瀬戸北航路の東側の出入口の境界線と本島ジョウケンボ鼻から牛島北東端まで引いた線との間の航路の区間，備讃瀬戸南航路は牛島ザトーメ鼻から 160 度に引いた線と航路の東側の出入口の境界線との航路の区間及び水島航路の全区間が**対水速力 12 ノット**に制限されている。

❹ 行先の表示（法第 7 条）

航路に出入りする船舶又は航路を横断する船舶は進路を表示しなければ

ならない（47頁図2-27参照）。

❺ 位置通報

長さ50メートル以上の船舶及び長さ100メートル以上の物件えい航船等（引き船の船首から当該引く物件の後端まで，又は押し船の船尾から物件の先端までの距離が100メートル以上である船舶，いかだ，その他の物件を引き又は押して航行する船舶）の船舶は，最初の位置通報ラインに達した時に，備讃瀬戸海上交通センターに位置通報を行わなければならない。ただし，AISを搭載し，適切に運用している船舶については，AISによる情報の送信によって位置通報に代えることができる。

❻ 航路通報

巨大船等が備讃瀬戸北航路，備讃瀬戸南航路及び水島航路を航行しようとする場合，航路通報を備讃瀬戸海上交通センター所長に行わなければならない（法第22条101頁参照）。

❼ VHF等による情報聴取義務

長さ50メートル以上の船舶は，備讃瀬戸北航路，備讃瀬戸南航路，水島航路及びその周辺海域を航行する場合，備讃瀬戸海上交通センターが提供する情報を聴取しなければならない（法第30条132頁参照）。

❽ 航路外での待機の指示

霧等で見通しが悪化した場合，航路内の船舶交通の安全を図るため，備讃瀬戸海上交通センター又は海上保安部から，主としてVHF又は船舶電話や信号等の方法で行われる。視界制限時の基準及び対象船舶については，法第10条の2を参照（53頁）。

長さ70メートル以上200メートル未満（以下，「準巨大船」という。）の船舶が当該航路内で巨大船との行会いが予想される場合，行会いが危険な場合に航路外待機が指示される。航路外待機は，備讃瀬戸海上交通センターにおいて，管制信号板による電光表示または海上保安庁の船舶上の国際信号旗による旗りゅう信号により表示される当該航路を通航する場合，以下の信号に従う義務がある。

表 2-2　水島航路における管制信号（規則第 8 条第 2 項及び第 3 項）

	信号の方法		信号の意味
信号所等の名称及び位置	昼間	夜間	
水島航路西ノ埼管制信号所（北　緯 34 度 26 分 9 秒，東　経 133 度 47 分 12 秒）	120 度，180 度及び 290 度方向に面する管制信号板		
	N の文字の点滅		水島航路を南の方向に航行しようとする長さ 70 メートル以上の船舶（巨大船を除く。）は航路外で待機しなければならない。
	S の文字の点滅		水島航路を北の方向に航行しようとする長さ 70 メートル以上の船舶（巨大船を除く。）は航路外で待機しなければならない。
水島航路三ツ子島管制信号所（北　緯 34 度 22 分 19 秒，東 経 133 度 49 分 23 秒及び北緯 34 度 22 分 18 秒，東　経 133 度 49 分 21 秒）	55 度及び 115 度方向に面する管制信号板並びに 225 度及び 300 度方向に面する管制信号板		
	N の文字の点滅		水島航路を南の方向に航行しようとする長さ 70 メートル以上の船舶（巨大船を除く。）は航路外で待機しなければならない。
	S の文字の点滅		水島航路を北の方向に航行しようとする長さ 70 メートル以上の船舶（巨大船を除く。）は航路外で待機しなければならない。
信号装置の故障その他の事由により上記の信号の方法が使用できない場合の信号方法			
海上保安庁の船舶が信号を行う位置	昼間 国際信号旗の掲揚	夜間 発光信号によるモールス符号	信号の意味
太濃地島三角点から 97 度 1400 メートルの地点付近	第 1 代表旗＋L 旗	R　Z　S （・−・　——・・・・・）	水島航路を南の方向に航行しようとする長さ 70 メートル以の船舶（巨大船を除く。）は航路外で待機しなければならない。
	第 2 代表旗＋L 旗	R　Z　N （・−・　−—・・−・）	水島航路を北の方向に航行しようとする長さ 70 メートル以上の船舶（巨大船を除く）は航路外で待機しなければならない。
綱島灯台から 230 度 1500 メートルの地点付近	第 1 代表旗＋L 旗	R　Z　S （・−・　——・・・・・）	水島航路を南の方向に航行しようとする長さ 70 メートル以の船舶（巨大船を除く。）は航路外で待機しなければならない。
	第 2 代表旗＋L 旗	R　Z　N （・−・　−—・・−・）	水島航路を北の方向に航行しようとする長さ 70 メートル以上の船舶（巨大船を除く）は航路外で待機しなければならない。

罰則　第 1 項又は第 2 項の規定の違反となるような行為をした者—50 万円以下の罰金（法第 52 条）

●第19条　備讃瀬戸北航路，備讃瀬戸南航路及び水島航路●

第19条　水島航路をこれに沿って航行している船舶（巨大船及び漁ろう船等を除く。）は，備讃瀬戸北航路をこれに沿って西の方向に航行している他の船舶と衝突するおそれがあるときは，当該他の船舶の進路を避けなければならない。この場合において，海上衝突予防法第9条第2項，第12条第1項，第15条第1項前段及び第18条第1項（第4号に係る部分に限る。）の規定は，当該他の船舶について適用しない。

2　水島航路をこれに沿って航行している漁ろう船等は，備讃瀬戸北航路をこれに沿って西の方向に航行している巨大船と衝突するおそれがあるときは，当該巨大船の進路を避けなければならない。この場合において海上衝突予防法第9条第2項及び第3項，第15条第1項前段並びに第18条第1項（第3号及び第4号に係る部分に限る。）の規定は，当該巨大船について適用しない。

3　備讃瀬戸北航路をこれに沿って航行している船舶（巨大船を除く。）は，水島航路をこれに沿って航行している巨大船と衝突するおそれがあるときは，当該巨大船の進路を避けなければならない。この場合において，海上衝突予防法第9条第2項及び第3項，第15条第1項前段並びに第18条第1項（第3号及び第4号に係る部分に限る。）の規定は，当該巨大船について適用しない。

4　航行し，又は停留している船舶（巨大船を除く。）は，備讃瀬戸北航路をこれに沿って西の方向に若しくは備讃瀬戸南航路をこれに沿って東の方向に航行し，これらの航路から水島航路に入ろうとしており，又は水島航路をこれに沿って航行し，同航路から西の方向に備讃瀬戸北航路若しくは東の方向に備讃瀬戸南航路に入ろうとしている巨大船と衝突するおそれがあるときは，当該巨大船の進路を避けなければならない。この場合において，第3条第1項並びに海上衝突予防法第9条第2項及び第3項，第13条第1項，第14条第1項，第15条第1項前段並びに第18条第1項（第3号及び第4号に係る部分に限る。）の規定は，当該巨大船について適用しない。

5　第3条第3項の規定は，前2項の規定を適用する場合における水島航路をこれに沿って航行する巨大船について準用する。

解説　❶　水島航路を航行している船舶（巨大船及び漁ろう船等を除く。）と備讃瀬戸北航路を航行している船舶との避航関係（第1項）

➢ 水島航路をこれに沿って航行している船舶と備讃瀬戸北航路をこれに沿って航行している船舶が航路交差部で出会った場合，水島航路をこれに沿って航行している船舶が，備讃北航路をこれに沿って航行している船舶を避航しなければならない。（同項前段）

➢ 他の航法規定との関係（同項後段）

以下の海上衝突予防法の規定は，備讃瀬戸北航路をこれに沿って航行している船舶には，適用されない。

図解 水島航路と備讃瀬戸北航路の避航関係（図 2-50（1））

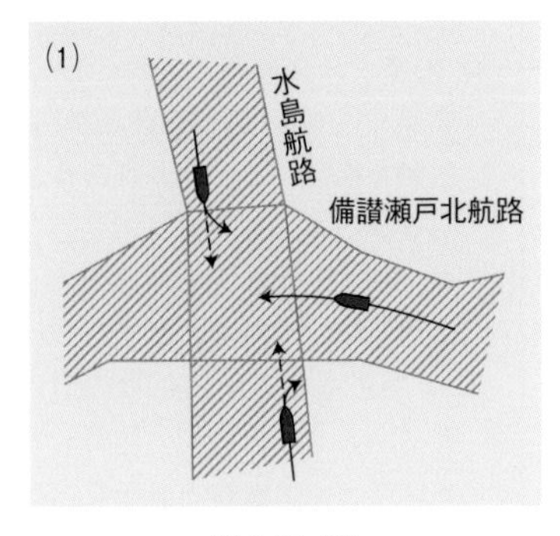

図 2-50（1）

・第 9 条第 2 項　狭い水道等における動力船と帆船との航法
・第 12 条第 1 項　帆船の航法
・第 15 条第 1 項前段　横切り船の航法
・第 18 条第 1 項第 4 号　動力船と帆船との航法

❷（第 2 項）

➢ 水島航路をこれに沿って航行している漁ろう船等と備讃瀬戸北航路をこれに沿って航行している巨大船が航路交差部で出会った場合，水島航路をこれに沿って航行している漁ろう船等が，備讃瀬戸北航路をこれに沿って航行している巨大船を避航しなければならない。（同項前段）

➢ 以下の海上衝突予防法の規定は，備讃瀬戸北航路をこれに沿って航行している船舶には，適用されない。（同項後段）

・第 9 条第 2 項　狭い水道等におけ

図解 水島航路を航行している漁ろう船等と備讃瀬戸北航路を航行している巨大船との避航関係（図 2-50（2））

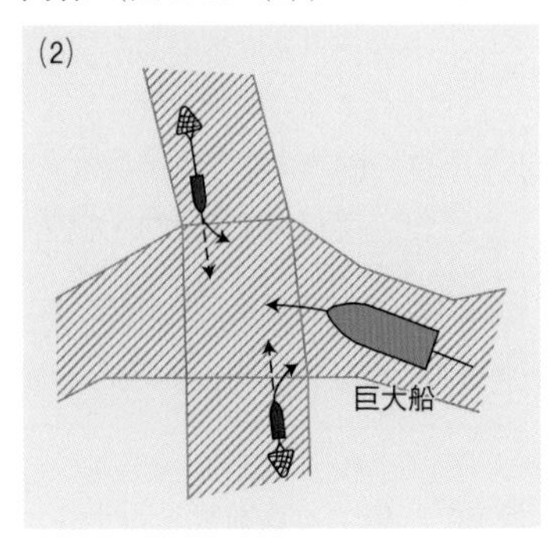

図 2-50（2）

る動力船と帆船との航法

・第9条第3項　狭い水道等における漁ろう船と他の船舶との航法
・第15条第1項前段　横切り船の航法
・第18条第1項3号及び第4号　一般動力船と漁ろうに従事する船舶との航法，動力船と帆船との航法

❸（第3項）

➢　備讃瀬戸北航路をこれに沿って航行している船舶と水島航路をこれに沿って航行している巨大船とが航路交差部で出会った場合，備讃瀬戸北航路をこれに沿って航行している船舶が，水島航路をこれに沿って航行している巨大船を避航しなければならない。（同項前段）

➢　以下の海上衝突予防法の規定は，水島航路をこれに沿って航行している巨大船には，適用されない。（同項後段）

図解　備讃瀬戸北航路を航行している船舶と水島航路を航行している巨大船との避航関係（図2-50（3））

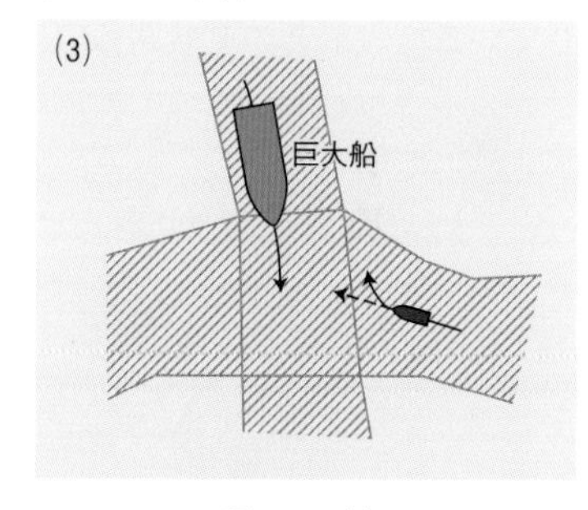

図2-50（3）

・第9条第2項　狭い水道等における動力船と帆船との航法
・第9条第3項　狭い水道等における漁ろう船と他の船舶との航法
・第15条第1項前段　横切り船の航法
・第18条第1項3号及び第4号　一般動力船と漁ろうに従事する船舶との航法，動力船と帆船との航法

❹（第4項）

➢　航行又は停留している巨大船以外の船舶と備讃瀬戸北航路から水島航路へ入ろうとしている巨大船及び備讃瀬戸南航路から水島航路へ入ろうとしている巨大船とが衝突の危険がある場合，巨大船以外の船舶が当該巨大船を避けなければならない。

➢　以下の海上衝突予防法の規定は，備讃瀬戸北航路から水島航路へ入ろうとしている巨大船及び備讃瀬戸南航路から水島航路へ入ろうとしている巨大船には，適用されない。（同項後段）

・第9条第2項　狭い水道等における動力船と帆船との航法
・第9条第3項　狭い水道等における漁ろう船と他の船舶との航法
・第13条第1項　追越し船の航法
・第14条第1項　行会い船の航法
・第15条第1項前段　横切り船の航法
・第18条第1項3号及び第4号　一般動力船と漁ろうに従事する船舶との航法，動力船と帆船との航法

図解　航行又は停留している巨大船以外の船舶と備讃瀬戸北航路から水島航路へ入ろうとしている巨大船及び備讃瀬戸南航路から水島航路へ入ろうとしている巨大船との避航関係（図2-51）

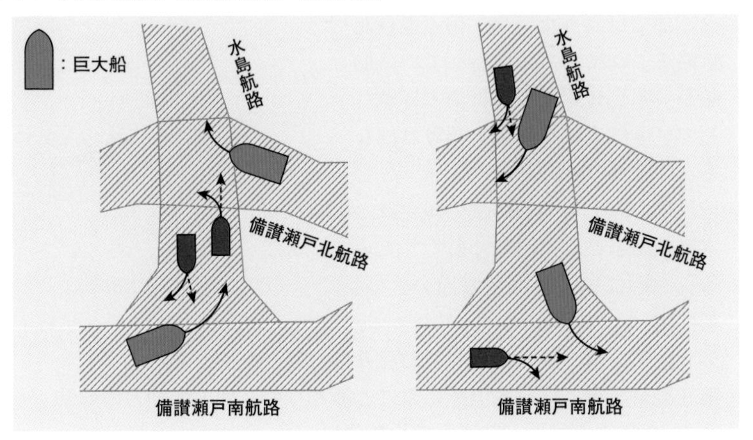

図2-51

❺　法19条には，このような場合の避航関係についての規定はない。したがって，一般法である海上衝突予防法第9条3項が適用されることとなる。具体的には，図2-52参照。

図解　水島航路を航行している漁ろう船等と備讃瀬戸北航路を航行している巨大船以外の船舶との避航関係（図2-52）

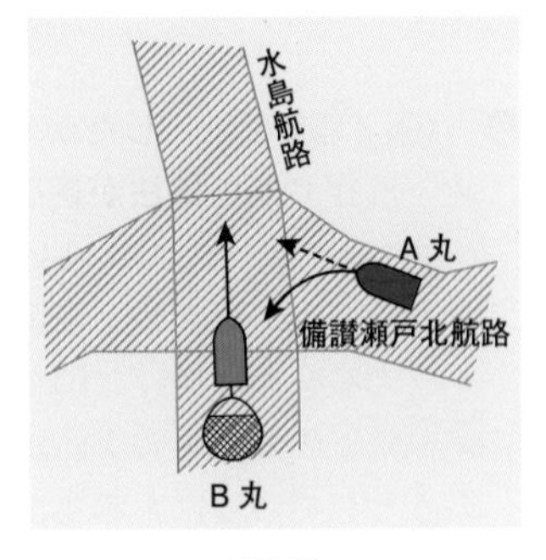

図2-52

第2章　交通方法（第19条）

❻ 水島航路と備讃瀬戸南航路の接続部における避航関係

法19条には，水島航路と備讃瀬戸南航路の接続部における巨大船以外の船舶の避航関係についての規定はない。したがって，海上交通安全法及び海上衝突予防法の規定が適用されることとなる。

➢ （法3条1項）

水島航路をこれに沿って航行してきた船舶は，航路外（水島航路）から航路内（備讃瀬戸南航路）に入ろうとしている船舶となるので，備讃瀬戸南航路をこれに沿って航行している船舶を避航しなければならない。

図解 備讃瀬戸南航路を航行している船舶と水島航路を航行している船舶との避航関係（図2-53）

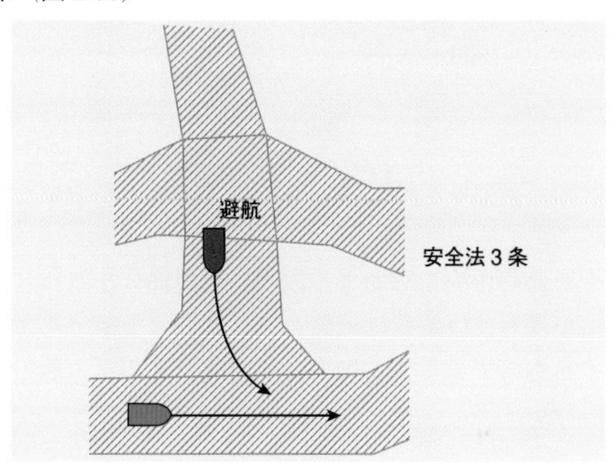

図2-53

➢ （予防法第15条1項）

このような場合，両船とも，航路外（航行してきた航路）から航路内（入ろうとしている航路）への航行となり，安全法にはこのような場合の規定はない。したがって，一般法である海上衝突予防法第15条第1項横切り船の航法が適用され，相手船を右舷側に見る水島航路を南下し備讃瀬戸南航路へ入ろうとしている船舶が，備讃瀬戸南航路から水島航路へ入ろうとしている船舶を避航しなければならない。

このような場合，相手船の行先を，行先信号（国際信号旗及びAIS情報）で確認，又はVHFで交信し，積極的に衝突の危険の回避に努めなければならない。

図解 備讃瀬戸南航路から水島航路へ入ろうとしている船舶と水島航路から備讃瀬戸南航路へ入ろうとしている船舶との避航関係（図 2-54）

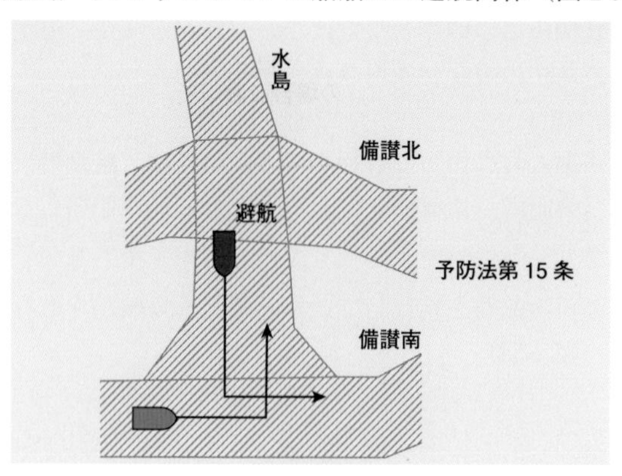

図 2-54

❼ 第 3 条第 3 項（航路をこれに沿って航行している船舶でないもの）の準用（第 5 項）

水島航路を航路の中央からできる限り右側の部分を航行していない等の巨大船について，当該巨大船は航路をこれに沿って航行しているものではないものとするものである。この場合，当該巨大船は，他の船舶を避航しなければならない。

第20条　来島海峡航路

第20条　船舶は，来島海峡航路をこれに沿って航行するときは，次に掲げる航法によらなければならない。この場合において，これらの航法によって航行している船舶については，海上衝突予防法第９条第１項の規定は，適用しない。

(1) 順潮の場合は来島海峡中水道（以下「中水道」という。）を，逆潮の場合は来島海峡西水道（以下「西水道」という。）を航行すること。ただし，これらの水道を航行している間に転流があった場合は，引き続き当該水道を航行することができることとし，また，西水道を航行して小島と波止浜との間の水道へ出ようとする船舶又は同水道から来島海峡航路に入って西水道を航行しようとする船舶は，順潮の場合であっても，西水道を航行することができることとする。

(2) 順潮の場合は，できる限り大島及び大下島側に近寄って航行すること。

(3) 逆潮の場合は，できる限り四国側に近寄って航行すること。

(4) 前２号の規定にかかわらず，西水道を航行して小島と波止浜との間の水道へ出ようとする場合又は同水道から来島海峡航路に入って西水道を航行しようとする場合は，その他の船舶の四国側を航行すること。

(5) 逆潮の場合は，国土交通省令[1]で定める速力以上の速力で航行すること。

2　前項第１号から第３号まで及び第５号の潮流の流向は，国土交通省令[2]で定めるところにより海上保安庁長官が信号により示す流向[3]による。

3　海上保安庁長官は，来島海峡航路において転流すると予想され，又は転流があった場合において，同航路を第１項の規定による航法により航行することが，船舶交通の状況により，船舶交通の危険を生ずるおそれがあると認めるときは，同航路をこれに沿って航行し，又は航行しようとする船舶に対し，同項の規定による航法と異なる航法を指示することができる。この場合において，当該指示された航法によって航行している船舶については，海上衝突予防法第９条第１項の規定は，適用しない。

4　来島海峡航路をこれに沿って航行しようとする船舶の船長（船長以外の者が船長に代わってその職務を行うべきときは，その者。以下同じ。）は，国土交通省令[4]で定めるところにより，当該船舶の名称その他の国土交通省令[5]で定める事項を海上保安庁長官に通報しなければならない。

1）規則第９条第１項

2）規則第９条第２項

3）潮流信号所についての告示　参照

4）規則第9条第3項

5）規則第9条第4項

図解　来島海峡航路付近海域（図2-55）

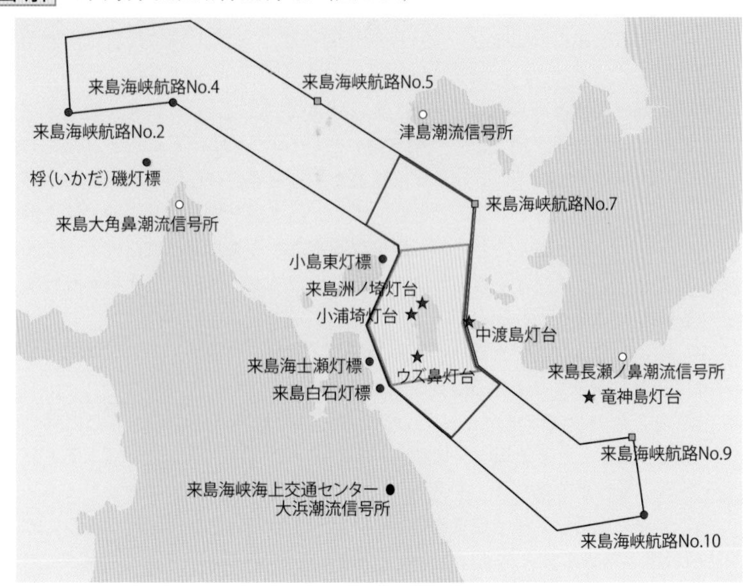

図2-55

解説　❶　航路の航法及び特徴

来島海峡は，瀬戸内海を燧灘と安芸灘をつなぐ要衝であり，東西に航行する船舶の常用航路筋である。同海峡は，小島，馬島，中渡島及び津島等の島々が存在するため，可航幅が狭く屈曲し見通しも悪い。更に潮流は強く複雑であり，潮流が操船に及ぼす影響が大きく，潮流を考慮した航法，信号等が規定されている。同海峡は，西水道，中水道，東水道及び小島・波止浜間の4つの水道がある。

航路の航路側端及び出入口の示すため，航路標識が設置されいる（法第41条）。なお，瀬戸内海の水源（宇高航路を除く。宇高航路の水源は宇野港）が阪神港となっているため，航路北側境界線の方が緑色の左舷標識，航路南側境界線の方が紅色の右舷標識となっている点に注意が必要。

➢ 航法

i．順中逆西（第１項第１号）

順潮の場合は中水道を，逆潮の場合は西水道を航行しなければならない。ただし，これらの水道を航行している間に転流があった場合，引き続き当該水道を航行することができる。

潮流が南流の場合，通常の右側航行とは異なり，左側航行となるため，航路の出入り口付近で，航路を航行してきた船舶と航路に入ろうとする船舶の進路が交差することから注意が必要である。

図解　南流時の航法（図 2-56）

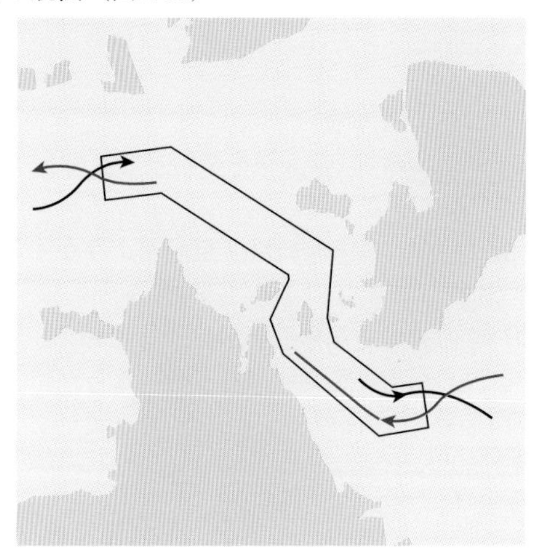

図 2-56

ii．順潮（中水道）の航法（第１項第２号）

中水道を航行する船舶は，できる限り大島及び大下島側に近寄って航行しなければならない。

iii．逆潮（西水道）の航法（第１項第３号）

西水道を航行する船舶は，できる限り四国側に寄って航行しなければならない。

iv．小島・波止浜間の航法（第１項第４号）

来島海峡付近に出入りする長さ 50 メートル未満の船舶のための航法である。

小島・波止浜間を航行する船舶は，その他の船舶の四国側を航行しなければならない。

ｖ．最低速力の維持（第１項第５号及び規則第９条第１項）

潮流が非常に強い（速い）ため，船舶交通の安全を図るため潮流に逆らって航行する場合の最低速力を規定したものである。具体的には，潮流の速力に４ノットを加えた速力以上で航行しなければならない。

❷ 来島海峡航路西口付近における航行方法（経路指定　第４節航路以外の海域における航法　第25条）

対象船舶：来島海峡航路をこれ沿って航行する船舶

経　　路：

➢ 航路西側出入口付近海域

ⅰ．来島海峡航路を西航し，a線を横切って航行しようとする船舶は，b線を横切ってはならない。

ⅱ．a線を横切り，来島海峡航路を東航しようとする船舶は，b線を横切ってはならない。

ⅲ．大下瀬戸または御手洗瀬戸を通航する船舶は，a線を横切らないため，経路の指定に従わずに航行することができる。

図解　北流時（図2-57），南流時（図2-58），大下瀬戸または御手洗瀬戸を通航する船舶（図2-59）

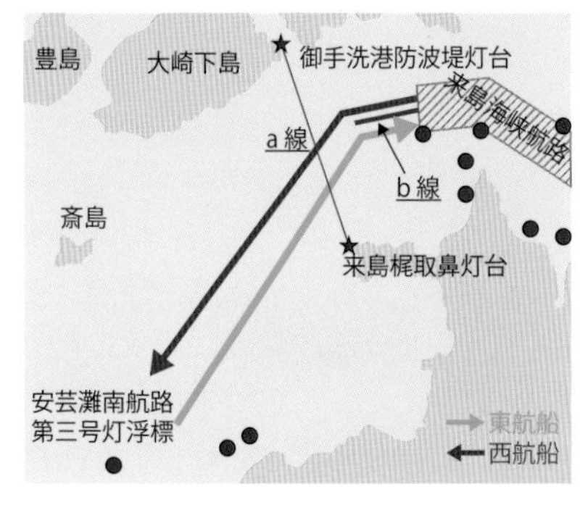

図2-57　北流時

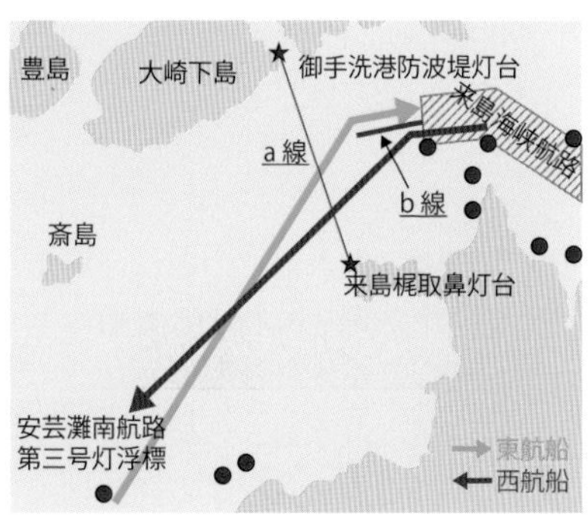

図2-58　南流時

（図2-57, 58, 59：第六管区海上保安本部ＨＰをもとに作成）

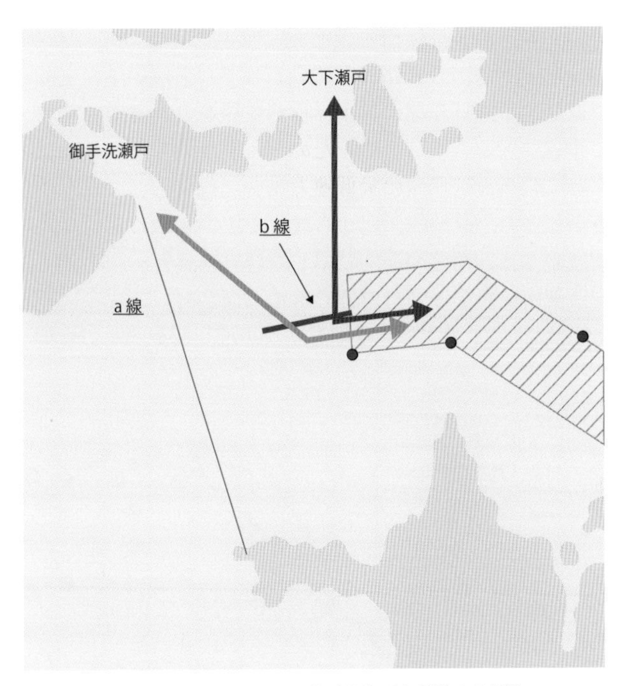

図 2-59　大下瀬戸または御手洗瀬戸を通航する船舶

経路両端の表示：

来島海峡航路西口の経路はバーチャル AIS 航路標識により東端と西端を表示。実際に灯浮標が設置されない。

図解　経路両端の表示（図 2-60）

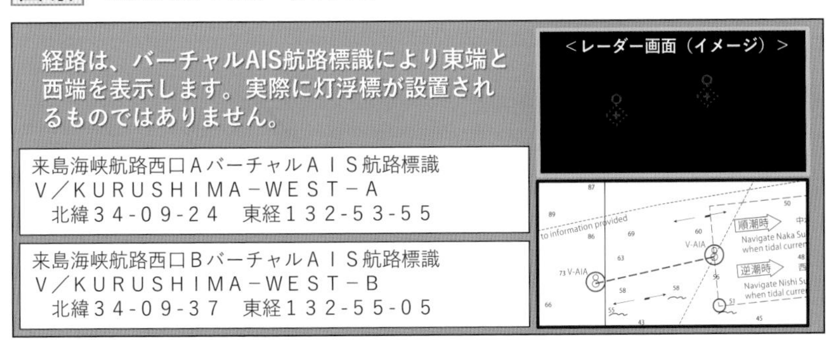

図 2-60　経路両端の表示（第六管区海上保安本部ＨＰより）

❸ 安芸灘南航路第４号灯浮標の廃止

➢ 来島海峡航路西口の経路指定に合わせて，通航船舶の支障となる安芸灘南航路第４号灯浮標は廃止，推薦航路を安芸灘南航路第３号灯浮標まで短縮。

➢ 南流時に来島海峡航路に入航する場合，航路内において右舷対右舷になることから，航路出入口から離れた広い水域において，十分に安全を確認のうえ，潮流の流向に応じた経路へ移行。

図解 安芸灘南航路第４号灯浮標の廃止（図 2-61）

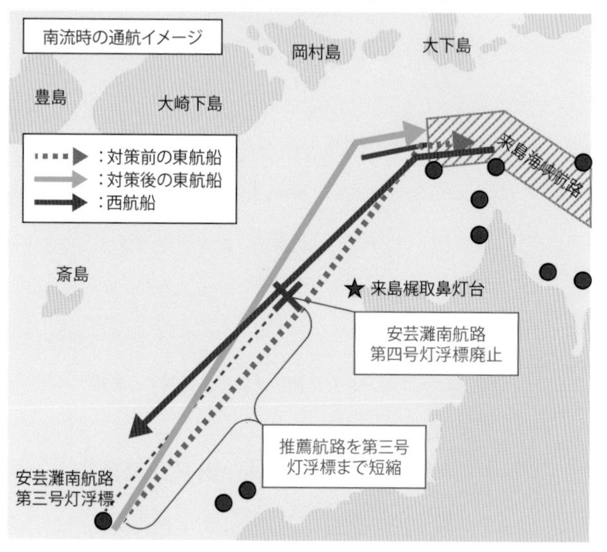

図 2-61　安芸灘南航路第４号灯浮標の廃止
（第六管区海上保安本部ＨＰをもとに作成）

❹ 潮流の流向の表示（第２項）

来島海峡における「順中逆西」という特殊な航法に対応するため，潮流の流向に従って船舶が航行しなければならない水道（西水道又は中水道）の潮流を電光表示方式で表示している。ただし，転流期（転流の 20 分前から転流して 20 分後までの間）は全ての潮流信号所において「中水道」の潮流情報が表示されている。

表 2-3　来島海峡の潮流信号所

名称	潮流情報の表示方向	
来島大角鼻潮流信号所	西向き	東航船への情報提供
津島潮流信号所	西向き	東航船への情報提供
	南向き	西航船への情報提供
大浜潮流信号所	北向き	東航船への情報提供
	東向き	西航船への情報提供
来島長瀬ノ鼻潮流信号所	東向き	西航船への情報提供

電光文字等	内　容	航行時に留意すべき事項
S	南流	
N	北流	
0～13	流速を数字で表示 ［単位：ノット（小数点第 1 位を四捨五入）］	逆潮の場合，最低速力 4 ノットを確保する必要がある。
↑	潮流が速くなる	
↓	潮流が遅くなる	
⤓	転流 1 時間前から転流まで	この表示が出ている場合は，転流前の入航通報が必要。
×	転流期 ［転流の 20 分前から転流して 20 分後まで］	

*潮流は，約 6 時間毎に流向が変わる。

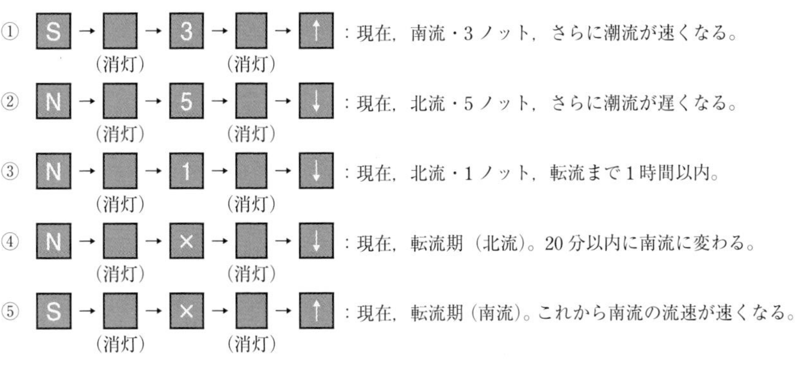

① S → (消灯) → 3 → (消灯) → ↑ ：現在，南流・3 ノット，さらに潮流が速くなる。
② N → (消灯) → 5 → (消灯) → ↓ ：現在，北流・5 ノット，さらに潮流が遅くなる。
③ N → (消灯) → 1 → (消灯) → ⤓ ：現在，北流・1 ノット，転流まで 1 時間以内。
④ N → (消灯) → × → (消灯) → ↓ ：現在，転流期（北流）。20 分以内に南流に変わる。
⑤ S → (消灯) → × → (消灯) → ↑ ：現在，転流期（南流）。これから南流の流速が速くなる。

図 2-62　表示パターン例

❺ 転流時における特別の通航方法の指示（第 3 項）

来島海峡海上交通センターから，来島海峡航路において転流が予想され，又は転流があった場合，前記 i と異なる通航方法が指示される場合がある。この場合において，当該指示された航法によって航行している船舶については，海上衝突予防法第 9 条第 1 項（狭い水道等における右側端航行）は適用しない。

❻　位置通報

転流前後における特別な航法の指示を行うため，転流前後に同航路を航行する船舶について把握する必要があることので，最初の位置通報ラインに達した時に来島海峡海上海上交通センターに船名等を通報する義務を規定したもの。

❼　航路横断の制限（法第 9 条及び規則第 7 条）

来島海峡航路の一部分が出入・航路横断禁止となっている（法第 9 条 49 頁参照）。

❽　追越しの禁止（法第 6 条の 2）

追越しを禁止する航路の区間は，来島海峡航路の馬島周辺の一部分である（法第 6 条の 2 40 頁参照）。

❾　行先の表示（法第 7 条）

航路を横断する船舶は進路を表示しなければならない（45 頁図 2-25 参照）。

❿　航路通報

巨大船等が来島海峡航路を航行しようとする場合，航路通報を備讃瀬戸海上交通センター所長に行わなければならない（法第 22 条 101 頁参照）。

⓫　VHF 等による情報聴取義務

長さ 50 メートル以上の船舶は，来島海峡航路及びその周辺海域を航行する場合，来島海峡海上交通センターが提供する情報を聴取しなければならない（法第 30 条 132 頁参照）。

⓬　航路外での待機の指示

霧等で見通しが悪化した場合，航路内の船舶交通の安全を図るため，来島海峡海上交通センター又は海上保安部から，主として VHF 又は船舶電話や信号等の方法で行われる。視界制限時の基準等及び対象船舶については，法第 10 条の 2 を参照（53 頁）。

第21条　来島海峡航路

第21条　汽笛を備えている船舶は，次に掲げる場合は，国土交通省令[1)]で定めるところにより信号を行わなければならない。ただし，前条第3項の規定により海上保安庁長官が指示した航法によって航行している場合は，この限りでない。
(1)　中水道又は西水道を来島海峡航路に沿って航行する場合において，前条第2項の規定による信号により転流することが予告され，中水道又は西水道の通過中に転流すると予想されるとき。
(2)　西水道を来島海峡航路に沿って航行して小島と波止浜との間の水道へ出ようとするとき，又は同水道から同航路に入って西水道を同航路に沿って航行しようとするとき。
2　海上衝突予防法第34条第6項の規定は，来島海峡航路及びその周辺の国土交通省令[2)]で定める海域において航行する船舶について適用しない。

1）規則第9条第5項
5　法第21条第1項の規定により次の各号に掲げる場合に行う信号は，当該各号に掲げる信号とする。
(1)　法第21条第1項第1号に掲げる場合（中水道に係る場合に限る。）津島一ノ瀬鼻又は竜神島に並行した時から中水道を通過し終る時まで汽笛を用いて鳴らす長音一回
(2)　法第21条第1項第1号に掲げる場合（西水道に係る場合に限る。）津島一ノ瀬鼻又は竜神島に並航した時から西水道を通過し終る時まで汽笛を用いて鳴らす長音二回
(3)　法第21条第1項第2号に掲げる場合　来島又は竜神島に並航した時から西水道を通過し終る時まで汽笛を用いて鳴らす長音三回

2）規則第9条第6項
6　法第21条第2項の国土交通省令で定める海域は，蒼社川口右岸突端（北緯34度3分34秒東経133度1分13秒）から大島タケノ鼻まで引いた線，大下島アゴノ鼻から梶取鼻及び大島宮ノ鼻まで引いた線並びに陸岸により囲まれた海域のうち航路以外の海域とする。

解説　❶　来島海峡における信号

来島海峡航路を航行する船舶は，順中逆西の原則（第20条）によらな

ければならないが，同航路航行中に転流があり，そのまま航行を続けるとき，及び西水道から小島と波止浜との間の水道まで，又は同水道から西水道までを航行するときは順中逆西の原則によらず航行することができる。このような船舶で汽笛を備えている船舶は次のような信号を行わなければならない。

(イ) 中水道を通過中に転流すると予想されるときは長音１回

(ロ) 西水道を通過中に転流すると予想されるときは長音２回

(ハ) 小島と波止浜との間の水道に出入する船舶は長音３回をそれぞれ鳴らすこと。

図解　来島海峡航路における信号（図 2-63）

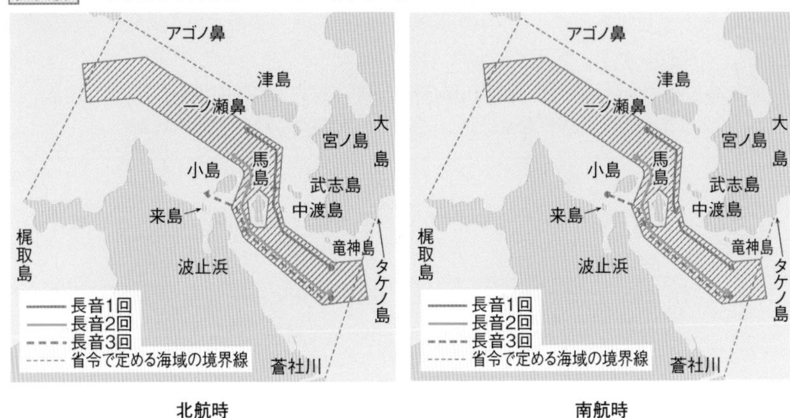

図 2-63　来島海峡航路

❷　海上衝突予防法の適用除外

海上衝突予防法第 34 条第 6 項に定められた狭水道の湾曲部において行う信号（長音１回）は，来島海峡航路及びその周辺の一定の海域では，適用しない。

第３節　特殊な船舶の航路における交通方法の特則

● ● ●　第22条　巨大船等の航行に関する通報　● ● ●

第22条　次に掲げる船舶が航路を航行しようとするときは，船長は，あらかじめ，当該船舶の名称，総トン数及び長さ，当該航路の航行予定時刻，当該船舶との連絡手段その他の国土交通省令で定める事項[1)]を海上保安庁長官に通報しなければならない。通報した事項を変更するときも，同様とする。

(1) 巨大船

(2) 巨大船以外の船舶であって，その長さが航路ごとに国土交通省令で定める長さ[2)]以上のもの

(3) 危険物積載船（原油，液化石油ガスその他の国土交通省令で定める危険物[3)]を積載している船舶で総トン数が国土交通省令で定める総トン数以上のものをいう。以下同じ。）[4)]

(4) 船舶，いかだその他の物件を引き，又は押して航行する船舶（当該引き船の船首から当該物件の後端まで又は当該押し船の船尾から当該物件の先端までの距離が航路ごとに国土交通省令で定める距離[5)]以上となる場合に限る。）

1)　規則第13条　通報事項

①　船舶の名称，総トン数及び長さ

②　航行しようとする航路の区間，航路外から航路に入ろうとする時刻（以下「航路入航予定時刻」という。）及び航路から航路外に出ようとする時刻

③　船舶局（電波法（昭和25年法律第131号）第6条第3項に規定する船舶局をいう。以下同じ。）のある船舶にあっては，その呼出符号又は呼出名称

④　船舶局のない船舶にあっては，海上保安庁との連絡手段

⑤　仕向港の定まっている船舶にあっては，仕向港

⑥　巨大船にあっては，その喫水

⑦　危険物積載船（(3) 参照）にあっては，積載している危険物（省令第11条第1項各号に掲げる危険物をいう。以下同じ。）の種類及び種類ごとの数量

⑧　物件えい航船等（法第22条第4号に掲げる船舶をいう。以下同じ。）にあっては，引き船の船首から当該引き船の引く物件の後端まで又は押し船の船尾から当該押し船の押す物件の先端までの距離及び当該物件の概要

2)　規則第10条　巨大船に準じて航行に関する通報を行う船舶（準巨大船）

航路の名称	長さ
浦賀水道航路	160 メートル
中ノ瀬航路	160 メートル
伊良湖水道航路	130 メートル
明石海峡航路	160 メートル
備讃瀬戸東航路	160 メートル
宇高東航路	160 メートル
宇高西航路	160 メートル
備讃瀬戸北航路	160 メートル
備讃瀬戸南航路	160 メートル
水島航路	70 メートル
来島海峡航路	160 メートル

3) 規則第 11 条第 1 項　危険物

① 火薬類（その数量が，爆薬にあっては 80 トン以上，次の表の左欄に掲げる火薬類にあってはそれぞれ同表の右欄に掲げる数量をそれぞれ爆薬 1 トンとして換算した場合に 80 トン以上であるものに限る。）

火　薬　類		爆薬 1 トンに換算される数量
火　薬		2 トン
火工品（弾薬を含む。以下この表において同じ。）	実包又は空包	200 万個
	信管又は火管	5 万個
	銃用雷管	1,000 万個
	工業雷管又は電気雷管	100 万個
	信号雷管	25 万個
	導爆線	50 km
	その他	その原料をなす火薬 2 トン又は爆薬 1 トン
爆薬，火薬及び火工品以外の物質で爆発性を有するもの		2 トン

② ばら積みの高圧ガスで引火性のもの

③ ばら積みの引火性液体類

④ 有機過酸化物（その数量が 200 トン以上であるものに限る。）

4) 規則第 11 条第 1 項，第 3 項

① 2) ②又は③の危険物をばら積みしている総 1,000 トン以上の船舶（荷御し後ガス検定を行い，火災又は爆発のおそれのないことを船長が確認していない船舶を含む。）

② 2) ①又は④の危険物を積載している総トン数 300 トン以上の船舶

③ ①又は②の船舶であっても積載している危険物が船舶の使用に供するもの（例えば，バンカーオイル）だけであるときは，危険物積載船にあたらない。

5) 規則第12条 国土交通省令で定める距離は，次の表の左欄に掲げる航路ごとに同表の右欄に掲げるとおりとする。

航路の名称	距　離
浦賀水道航路	200メートル
中ノ瀬航路	200メートル
伊良湖水道航路	200メートル
明石海峡航路	160メートル
備讃瀬戸東航路	200メートル
宇高東航路	200メートル
宇高西航路	200メートル
備讃瀬戸北航路	200メートル
備讃瀬戸南航路	200メートル
水島航路	200メートル
来島海峡航路	100メートル

〈参考〉 巨大船等の航行に関する通報の方法に関する告示（昭和48年海上保安庁告示第109号）

立法趣旨

巨大船や長大物件えい航（押し）船は機敏な針路や速力の変更が困難であり，航路内を航行する場合，できる限り他の船舶との危険な状況を発生させないような慎重さが求められる。また，避航についても，他の船舶の積極的な協力を必要とする。さらに，危険物積載船が航路で海難を起こした場合，自船のみならず付近を航行する船舶にも危険を及ぼすおそれがある。航路が設置されている海域は，多数の船舶が航行しているとともに，航路及び付近海域は好漁場となっている場合が多く，多数の漁ろうに従事する船舶等が操業していたり，工事・作業船が存在している。このような理由から，巨大船等が航行しようとしている航路のふくそう度，漁ろう船等や工事・作業船の状況，視界状況等を勘案し，巨大船等にはそれらの情報を提供し，漁ろう船等には巨大船等の航行の情報を周知し，船舶交通の安全を図るために，巨大船等の航路航行について，通報の義務を課している。

解説 ❶ 巨大船，準巨大船（水島航路を航行しようとする準巨大船を除く。）（規則第10条），積載している危険物が液化ガスである総トン数25,000トン以上の危険物積載船及び長大物件えい航船等にあっては航路入航予定日の前日の正午までに，それ以外の準巨大船，危険物積載船にあっては通航予定時刻の3時間前までに航路を担当する海上交通センターの長あて通航予定時刻等の一定の事項を通報しなければならない。通報は無線電信，電話等を用いて行うこととなっている。

❷ 通報した事項に変更を生じた場合は，巨大船，準巨大船（水島航路を航行しようとする準巨大船を除く。），積載している危険物が液化ガスである総トン数25,000トン以上の危険物積載船及び長大物件えい航船にあっては入航予定時刻の3時間前に（それ以後変更が生じたときはその都度），それ以外の準巨大船，危険物積載船にあってはその都度，航路を担当する海上交通センターの長あてその旨を通報しなければならない（規則第14条参照）。なお，通報を受けた海上交通センターの長は，巨大船の通航予定時刻を予め航路付近に出漁している漁ろう船等に周知し，その避航をスムーズに行わせることとなっている（規則第31条第2項参照）。

罰則　この規定に違反した者―30万円以下の罰金（法第53条第1項第2号）

〔通報の方法〕

(1) 通報の時期

① 巨大船は，航路入航予定日の前日正午（日本標準時による。）までに通報しなければならない。

最初に通報した事項に変更が生じたときは，航路入航予定時刻の3時間前に変更事項をまとめて通報しなければならない。

以後変更があったときは，直ちに通報しなければならない。

② 準巨大船は，水島航路を航行しようとする準巨大船を除き，巨大船の例により通報しなければならない。水島航路を航行しようとする準巨大船に限り，航路入航予定時刻の3時間前までに通報しなければならず，以後変更があったときは，直ちに通報しなければならない。

③ 危険物積載船は，積載している危険物が液化ガスであり，かつ，総トン数25,000トン以上である場合には，巨大船の例により通報しなければならない。それ以外の危険物積載船は，航路入航予定時刻の3時間前までに通報しなければならず，以後変更があったときは，直ちに通報しなければならない。

④ 物件えい航船等は，航路入航予定日の前日正午までに通報しなければならない。

⑤ 巨大船，危険物積載船及び長大物件えい航船等の船長は，航路を航行する必要が緊急に生じ通報期限までに通報することができないことがや

むを得ないと航路担当海上交通センターの長が認めたときは，①～④の通報の時期にかかわりなく通報することができる。

(2) 通報先と通報手段

通報は，原則として次の航路担当海上交通センターに対して直接行わなければならない。

浦賀水道航路，中ノ瀬航路については，東京湾海上交通センター
伊良湖水道航路については，伊勢湾海上交通センター
明石海峡航路については，大阪湾海上交通センター
備讃瀬戸東航路，宇高東航路，宇高西航路，備讃瀬戸北航路，備讃瀬戸南航路，水島航路については，備讃瀬戸海上交通センター
来島海峡航路については，来島海峡海上交通センター

最初の通報は，無線通信又は電話により行う。ただし海上保安庁から巨大船等への船長に伝達する者（代理店等）を選定できる場合は，書面，電報，ファクシミリ，電子情報処理組織により行うことができる。また，変更の通報は，無線通信又は電話のいずれかにより行わなければならない。

① 最初の通報

㋑ 無線通信による場合

航路ごとに第１表に掲げる海上保安庁の海岸局に通報する。ただし，航行しようとする航路について掲げられている海岸局と連絡することができない場合は，第１表のその他の海岸局又は第２表の海上保安庁の海岸局のいずれかに通報することができる。

（第１表）無線通信の通報先

海岸局の名称	横　浜	名古屋	神　戸	広　島
識別信号	JGC よこはまほあん (YOKOHAMA COAST GUARD RADIO) 004310301	JNT なごやほあん (NAGOYA COAST GUARD RADIO) 004310401	JGD こうべほあん (KOBE COAST GUARD RADIO) 004310501	JNE ひろしまほあん (HIROSHIMA COAST GUARD RADIO) 004310601
聴守周波数	156.8 MHz 2,189.5 kHz	156.8 MHz 2,189.5 kHz	156.8 MHz 2,189.5 kHz	156.8 MHz 2,189.5 kHz
通信周波数	156.6 MHz 2,177 kHz 2,150 kHz	156.6 MHz 2,177 kHz 2,150 kHz	156.6 MHz 2,177 kHz 2,150 kHz	156.6 MHz 2,177 kHz 2,150 kHz
担当する航路の名称	浦賀水道航路，中ノ瀬航路	伊良湖水道航路	明石海峡航路，備讃瀬戸東航路，宇高東航路，宇高西航路，備讃瀬戸北航路，備讃瀬戸南航路，水島航路，来島海峡航路	

(第2表)　無線通信の通報先（第1表の通報先に通報できない場合）

海岸局の名称	小　樽	塩　釜	門　司	鹿児島	那　覇
識別信号	JNL ほっかいどうほあん (HOKKAIDO COAST GUARD RADIO) 004310102	JNN しおがまほあん (SHIOGAMA COAST GUARD RADIO) 004310201	JNR もじほあん (MOJI COAST GUARD RADIO) 004310701	JNJ かごしまほあん (KAGOSHIMA COAST GUARD RADIO) 004311001	JNB おきなわほあん (OKINAWA COAST GUARD RADIO) 004311101
聴守周波数	156.8 MHz 2,189.5 kHz	156.8 MHz 2,189.5 kHz	156.8 MHz 2,189.5 kHz	156.8 MHz 2,189.5 kHz	156.8 MHz 2,189.5 kHz
通信周波数	156.6 MHz 2,177 kHz 2,150 kHz	156.6 MHz 2,177 kHz 2,150 kHz	156.6 MHz 2,177 kHz 2,150 kHz	156.6 MHz 2,177 kHz 2,150 kHz	156.6 MHz 2,177 kHz 2,150 kHz

(注) 第1表，第2表において，156.8 MHz が遭難通信に使用されているときは，156.6 MHz を聴守周波数とする。また（　）内の英語の呼出名称の使用は，外国の船舶の船舶局と海上保安庁所属の海岸局との間で通信を行う場合に限る。2,150 kHz は，デジタル選択呼出通信に引き続いて無線電話を使用する場合の通信周波数とする。

㋺　書面，電報，電話又はファクシミリによる場合

イ　書面による場合は，航路担当海上交通センターに，直接又は郵便により提出すること。なお，書面を郵送する場合は，郵便物の表面に航路通報と朱記しなければならない。

ロ　電報による場合は，航路担当海上交通センター宛に打つこと。

ハ　電話による場合は，航路担当海上交通センターの航路管制官に直接通報すること。

ニ　ファクシミリによる場合は，航路担当海上交通センターに通報すること。

ホ　電子情報処理組織による場合は，航路担当海上交通センターの長に通報すること。

（第3表） 書面，電報又は電話等の場合の通報先

航路		浦賀水道航路，中ノ瀬航路	伊良湖水道航路	明石海峡航路	備讃瀬戸東・北・南航路，宇高東・西航路，水島航路	来島海峡航路
通報先	名称	東京湾海上交通センター（運用管制課）	伊勢湾海上交通センター（運用管制課）	大阪湾海上交通センター（運用管制課）	備讃瀬戸海上交通センター（運用管制課）	来島海峡海上交通センター（運用管制課）
	住所	神奈川県横浜市中区北仲通5-57 〒231-8818	愛媛県田原市伊良湖町古山2814-38 〒441-3624	兵庫県津名郡北淡町野島江崎914-2 〒656-2451	香川県綾歌郡宇多津町字青の山3810-2 〒769-0200	愛媛県今治市湊町2-5-100 〒794-0003
	電話番号	千葉 045-225-9150 FAX 045-225-9153 東京 045-225-9151 FAX 045-225-9154 川崎／横浜 045-225-9152 FAX 045-225-9155	(0531) 34-2443 FAX (0531) 34-2444	(0799) 82-3030, 3032 FAX (0799) 82-3033	(0877) 49-2220～1 FAX (0877) 49-1413, 1156	(0898) 31-9000 FAX (0898) 31-9666

② 変更の通報

変更の通報をする場合は，第4表の通報先に無線通信又は電話により通報しなければならない。

（第4表） 変更の通報先

航路		浦賀水道航路，中ノ瀬航路	伊良湖水道航路	明石海峡航路	備讃瀬戸東・北・南航路，宇高東・西航路，水島航路	来島海峡航路
通報先	無線通信による場合（海岸局名）	横浜	名古屋	神戸又は広島		
	電話による場合	東京湾海上交通センター（運用管制課）	伊勢湾海上交通センター（運用管制課）	大阪湾海上交通センター（運用管制課）	備讃瀬戸海上交通センター（運用管制課）	来島海峡海上交通センター（運用管制課）

(3) 通報事項及び通報の例

① 最初の通報

㋑ 無線通信，電報又は電話により通報を行うときは，「コウロツウホウ」又は「コツホ」（英語を用いて通報を行う場合にあっては「NOTIFICATION」）を前置し，第5表に掲げる事項を，それぞれ冒頭に

記号を冠して，順次送信すること。

通報の名あての略語及び航路の名称の略号は，第６表のとおりである。

（第５表）　通報事項

通報事項	冒頭に冠する記号	通報しなければならない船舶			
		巨大船	準巨大船	危険物積載船	長大物件えい航船等
通報の名あての略語	(1)	○	○	○	○
船舶の名称及び総トン数	(2)	○	○	○	○
船舶の全長（単位メートル）	(3)	○	○	○	○
最大喫水（単位メートル，小数点以下２けたまで）	(4)	○	×	×	×
危険物の種類及び種類ごとの数量（単位トン）	(5)	×	×	○	×
長大物件えい航船等の全体の長さ	(6)	×	×	×	○
長大物件えい航船等の引き又は押す物件の概要（物件の種類，長さ，幅，高さ等）	(7)	×	×	×	○
仕向港（仕向港の定まっている船舶に限る。）	(8)	○	○	○	○
航路の名称の略語及び航行する区間	(9)	○	○	○	○
航路入航予定日時（時刻は24時制日本標準時による。）	(10)	○	○	○	○
航路出航予定日時（時刻は24時制日本標準時による。）	(11)	○	○	○	○
船舶局の呼出符号又は呼出名称（船舶局のある船舶に限る。）	(12)	○	○	○	○
海上保安庁との連絡方法（船舶局のない船舶に限る。）	(13)	○	○	○	○
伝達者の氏名又は名称及び住所（電報により通報する場合に限る。）	(14)	○	○	○	○

（備考）

1　通報事項のうち，該当しないものについては「ナシ」（英語を用いて通報を行う場合は「NOT APPLICABLE」又は「NA」）と通報する。

2　連続する航路について一括通報ができるときは，(1)，(9)，(10)，(11)の通報は，航行しようとする航路の順に通報する。

3　バラ積みの高圧ガス又は引火性液体類を荷卸し後ガス検定を行い船長が安全を確認していない危険物積載船は，危険物の種類ごとの数量を「0」と通報する。

4　航路を航行する区間が全区間の場合は，航路の名称の略語だけ通報する。

5　接続した２つ以上の航路を航行する場合には，途中の航路の出航日時を通報する必要なし。

（第6表）通報の名あて及び航路の名称の略語

航路の名称	航路の名称の略語	名　あ　て	名あての略語
浦賀水道航路	ウラガ（URAGA）	東京湾海上交通センター所長	トウキョウワン（TOKYOWAN）
中ノ瀬航路	ナカノセ（NAKANOSE）		
伊良湖水道航路	イラゴ（IRAGO）	伊勢湾海上交通センター所長	イセワン（ISEWAN）
明石海峡航路	アカシ（AKASI）	大阪湾海上交通センター所長	オオサカワン（OSAKAWAN）
備讃瀬戸東航路	ビサンヒガシ（BISAN EAST）	備讃瀬戸海上交通センター所長	ビサンセト（BISANSETO）
宇高東航路	ウコウヒガシ（UKO EAST）		
宇高西航路	ウコウニシ（UKO WEST）		
備讃瀬戸北航路	ビサンキタ（BISAN NORTH）		
備讃瀬戸南航路	ビサンミナミ（BISAN SOUTH）		
水島航路	ミズシマ（MIZUSIMA）		
来島海峡航路	クルシマ（KURUSIMA）	来島海峡海上交通センター所長	クルシマ（KURUSIMA）

（注）（　）内の略語は，英語を用いた通報に使用するものである。

㋺　無線通信又は電報による場合には，次の例を参考にすること。

（事　例）

安全丸（総トン数52,000トン，全長250 m，喫水15.20 m，呼出符号JNGW，原油80,000トンを積載）が明石海峡航路（11日9時30分入航，同日10時出航）を通った後引き続いて，備讃瀬戸東航路（11日13時入航），備讃瀬戸北航路（11日14時45分入航），水島航路（11日15時入航，同日16時出航）を通り水島港に入港する。海上保安庁から本船の船長への連絡を伝達する者として，日の本海運水島支店（岡山県倉敷市水島福崎町2の15　電話0864-44-9041）を選定する。

コツホ

（1）[1]オオサカワン，ビサンセト
（2）アンゼンマル，52,000
（3）250
（4）15.20
（5）ゲンユ80,000
（6）（7）ナシ
（8）ミズシマ
（9）アカシ，ビサンヒガシ，ビサンキタ，ミズシマ
（10）11ヒ」[2]0930, 1300, 1445, 1500
（11）11ヒ」[2]1000, 1600
（12）ヲタリヤ[3]
（13）ナシ
（14）[4]ヒノモトカイウンミズシマシテン，クラシキミズ

シマフクザキチョウ，デン

0864-44-9041

（注）1）電報による場合には，同文の電報を大阪湾海上交通センター及び備讃瀬戸海上交通センター宛打電すること。

2）以下の時刻が同日のときは日付の次に」を付する。

3）呼出符号のアルファベットは，これに対応する仮名で送信する。

4）無線通信による場合には不要。

㈧　文書により通報を行うときは，次の例を参考にすること。時刻の表示は，日本標準時によること。

文書による通報書式（東京湾の例）（第三管区海上保安本部ＨＰより）

東京湾海上交通センター

航 行 予 定 通 報

（航路通報・事前通報共通様式）

年　　月　　日

東京湾海上交通センター所長　殿

船長氏名
提出者氏名及び連絡先

「通航航路」※通航する航路全てに〇をしてください。

浦賀　中ノ瀬　千葉　市原　東京東　東京西　川崎　鶴見　横浜

(1) 船名	(2) 総トン数	(3) 船舶の長さ	(4) 最大喫水 (巨大船)
	トン	m	m　cm

(5) 曳(押)航全長	物件概要 (種類)　(長さ)	(6) 呼出符号	(7) 船舶電話等
m	m		

(8) 危険物の種類及び数量	(9) 仕向(入港する場合)仕出(出港する場合)
(種類)　(数量)　kl	(港名)　(保留施設名)

(10) 海上交通安全法の航路（入航日時）	
月　日　：	

(11) 港則法の航路	
①入航日時(入港する場合) 月　日　：	②離岸日時(出港する場合) 月　日　：
③入航日時(湾内シフト先での入航の場合) 月　日　：	(12) パイロットの手配 (該当に〇をしてください) 有　無
(13) 特別消防設備船の手配 (該当に〇をしてください) 有　無	(14) タグボートの手配 (該当に〇をしてください) 有　無

※この欄は、初めて東京西航路に入航する船舶のみ記載してください。

キールから最高点までの高さ	バラスト喫水 (前)	(後)
m　cm	m　cm	m　cm

(備考)代理店コード:

「注意」

港則法第38条の規定の基づき、各港内航路を航行する管制船舶は、入航しようとするときは航路入口付近に達する予定時刻を、出航しようとするときは運航開始予定時刻を、それぞれ入航予定日又は運航開始予定日の前日正午までに千葉または京浜港長（東京湾海上交通センター経由）に事前通報が必要となります。

海上交通安全法第22条の規定による通報「巨大船等から浦賀水道航行に関する海上保安庁長官（東京湾海上交通センター経由）あての通報」に併せて、当該船舶が停泊し、または停泊しようとする各管制水路の保留施設を通報したときは、この事前通報を省略できる場合があります。

② 変更の通報

㋑ 「コウロヘンコウ」又は「ヘンコウ」(英語を用いて通報を行う場合にあっては「AMENDMENT」) を前置して第7表に掲げる事項をそれぞれ冒頭に記号を冠して順次送信しなければならない。通報の名あて及び航路の名称の略語は第6表のとおりである。

なお，無線通信による場合はなるべく 156.8 MHz (チャンネル 16) によること。その場合には，航路管制官への接続を依頼すること。

(第7表) 変更の場合の通報事項

通　報　事　項	冒頭に冠する記号
通報の名あての略語及び航路の名称の略語	(1)
船舶の名称及び総トン数	(2)
最初に通報した事項のうち変更のあった事項	第5表においてその事項の冒頭に冠することとされている記号

㋺ 変更の通報を行う場合には，次の例を参考にすること。

(事　例)

安全丸の明石海峡航路通航が1時間遅れ，11日10時30分に入航し，同日11時に出航する。

ヘンコウ

(1) オオサカワン，アカシ

(2) アンゼンマル，52,000

(10) 11ヒ1030

(11) 11ヒ1100

● ● ● ● 第23条　巨大船等に対する指示 ● ● ● ●

第23条　海上保安庁長官は，前条各号に掲げる船舶 (以下「巨大船等」という。) の航路における航行に伴い生ずるおそれのある船舶交通の危険を防止するため必要があると認めるときは，当該巨大船等の船長に対し，国土交通省令で定めるところにより，航行予定時刻の変更，進路を警戒する船舶の配備その他当該巨大船等の運航に関し必要な事項[1]を指示することができる。

1) 規則第15条　必要な事項

① 航路入航予定時刻の変更

② 航路を航行する速力

③ 船舶局のある船舶にあっては，航路入航予定時刻の3時間前から当該航路から

航路外に出るときまでの間における海上保安庁との間の連絡の保持

④ 巨大船にあっては，余裕水深の保持

⑤ 長さ 250 m 以上の巨大船又は危険物積載船である巨大船にあっては，進路を警戒する船舶の配備

⑥ 巨大船又は危険物積載船にあっては，航行を補助する船舶の配備

⑦ 特別危険物積載船にあっては，消防設備を備えている船舶の配備

⑧ 長大物件えい航船等にあっては，側方を警戒する船舶の配備

⑨ 前各号に掲げるもののほか，巨大船等の運航に関し必要と認められる事項

立法趣旨

巨大船等の航路の航行に伴い生じるおそれのある船舶交通の危険防止を図るため，海上保安庁長官が当該巨大船等に対し，運航に関し必要な指示をすることができるものとしたもの。

解説 海上保安庁長官は，巨大船，準巨大船，危険物積載船又は長大物件えい航船等が航路を通航しようとするときは，航路のふくそう度，工事・作業の状況等を考慮して，これらの船舶の航行に伴い生ずるおそれのある船舶交通の危険を防止するために，航路通航予定時刻の変更，進路警戒船の配備等一定の事項を指示することができる。

罰則 指示に違反した者—3 月以下の懲役又は 30 万円以下の罰金（法第 47 条）

図解 進路警戒船等の灯火及び形象物（図 2-64）

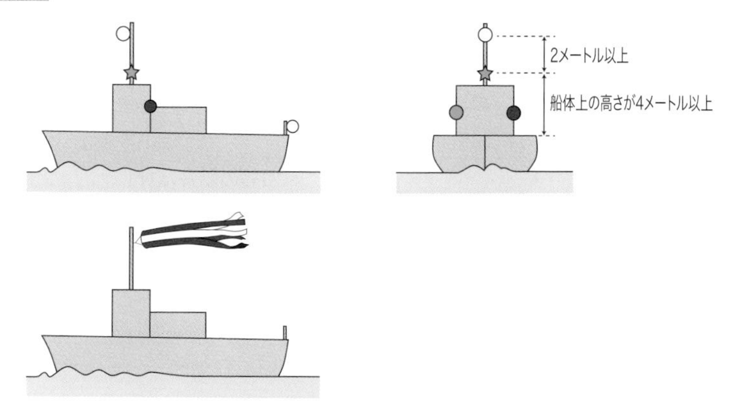

図 2-64　進路警戒船等の灯火及び形象物

● 第24条　緊急用務を行う船舶等に関する航法の特例 ●

第24条　消防船その他の政令[1)]で定める緊急用務を行うための船舶[2)]は，当該緊急用務を行うためやむを得ない必要がある場合において，政令[3)]で定めるところにより灯火又は標識を表示しているときは，第4条，第5条，第6条の2から第10条まで，第11条，第13条，第15条，第16条，第18条（第4項を除く。），第20条第1項又は第21条第1項の規定による交通方法に従わないで航行し，又はびょう泊をすることができ，及び第20条第4項の規定による通報をしないで航行することができる。

2　漁ろうに従事している船舶は，第4条，第6条から第9条まで，第11条，第13条，第15条，第16条，第18条（第4項を除く。），第20条第1項又は第21条第1項の規定による交通方法に従わないで航行することができ，及び第20条第4項又は第22条の規定による通報をしないで航行することができる。

3　第40条第1項の規定による許可（同条第8項の規定によりその許可を受けることを要しない場合には，港則法第31条第1項（同法第45条において準用する場合を含む。）の規定による許可）を受けて工事又は作業を行っている船舶は，当該工事又は作業を行うためやむを得ない必要がある場合において，第2条第2項第3号ロの国土交通省令で定めるところにより灯火又は標識を表示しているときは，第4条，第6条の2，第8条から第10条まで，第11条，第13条，第15条，第16条，第18条（第4項を除く。），第20条第1項又は第21条第1項の規定による交通方法に従わないで航行し，又はびょう泊することができ，及び第20条第4項の規定による通報をしないで航行することができる。

1）令第5条

第5条　法第24条第1項の政令で定める緊急用務を行うための船舶は，次に掲げる用務で緊急に処理することを要するものを行うための船舶で，これを使用する者の申請に基づきその者の住所地を管轄する管区海上保安本部長が指定したものとする。

(1) 消防，海難救助その他救済を必要とする場合における援助

(2) 船舶交通に対する障害の除去

(3) 海洋の汚染の防除

(4) 犯罪の予防又は鎮圧

(5) 犯罪の捜査

(6) 船舶交通に関する規制

(7) 前各号に掲げるもののほか，人命又は財産の保護，公共の秩序の維持その他の海上保安庁長官が特に公益上の必要があると認めた用務

2) 規則第16条～規則第20条

3) 令第6条，規則第21条

立法趣旨

緊急用務や漁ろうに従事する船舶，工事・作業に従事する船舶について，安全法に規定する交通方法に従うと，本来の作業が困難となるので，一定の航法規定について特例を定め適用を免除したもの。

解説 ❶ 緊急船舶の航法の特例

消防船，巡視船等で管区海上保安本部長の指定を受けた船舶が緊急の用務を行うために航路を航行する場合で所定の灯火又は標識（夜間は180～200回／分の一定周期でせん光を発する紅色の全周灯，昼間は頂点を上向きとした紅色円錐形の形象物）を掲げているときは，航路における交通ルールのうち一定のものに従わないで航行したり，びょう泊したりすることができる（緊急船舶の指定手続については，規則第16条～第20条参照）。

❷ 漁ろう船の航法の特例

漁ろうに従事している船舶（第2条の解説（2）参照）は，漁ろうの性格上本法の規定に従って航行することができない場合もあるので，航路における交通ルールのうち一定のものに従わずに航行し，長大物件えい航船等に該当する場合でも航路を通航する際の通報をしなくてもよいこととなっている。

❸ 工事・作業船の航法の特例

第30条の規定による許可（港則法第31条第1項（同法第37条の5において準用する場合を含む。）の規定による許可）を受けて工事又は作業を行う船舶で，第2条第2項第3号ロの灯火又は形象物を表示している船舶は，航路における交通方法のうち一定のものに従わないで航行し，又はびょう泊することができる。

表 2-4　適用除外規定一覧表

条項	緊急船舶	漁ろう船	工事・作業船
第 4 条　航路航行義務	○	○	○
第 5 条　速力の制限	○		
第 6 条　追越しの場合の信号		○	
第 7 条　行先の表示	○	○	
第 8 条　航路の横断の方法	○	○	○
第 9 条　航路への出入又は航路の横断の制限	○	○	○
第 10 条　びょう泊の禁止	○		○
第 11 条　浦賀水道航路及び中ノ瀬航路	○	○	○
第 13 条　伊良湖水道航路	○	○	○
第 15 条　明石海峡航路	○	○	○
第 16 条　備讃瀬戸東航路，宇高東航路及び宇高西航路　(航行方法等)	○	○	○
第 18 条第 1 項～第 3 項　備讃瀬戸北航路，備讃瀬戸南航路及び水島航路　(航行方法等)	○	○	○
第 20 条第 1 項　来島海峡航路　(航行方法等)	○	○	○
第 21 条第 1 項　来島海峡航路　(信号)	○	○	○
第 22 条巨大船等の航行に関する通報		○	

図解　(1) 緊急船舶の灯火・標識（図 2-65）

(2) 漁ろうに従事している船舶の灯火・標識…(法第 2 条の図解参照)

(3) 工事又は作業を行っている船舶の灯火・標識…(法第 2 条の図解参照)

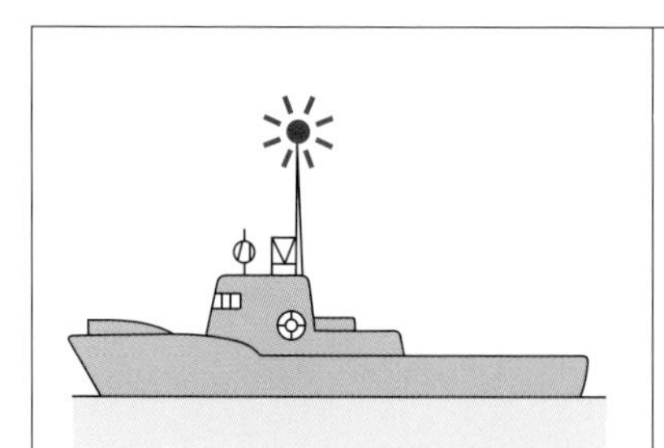

夜間：紅色の灯火（少なくとも2海里離れた周囲から視認される性能を有し、一定の間隔で毎分180回以上200回以下のせん光を発する紅色の全周灯）

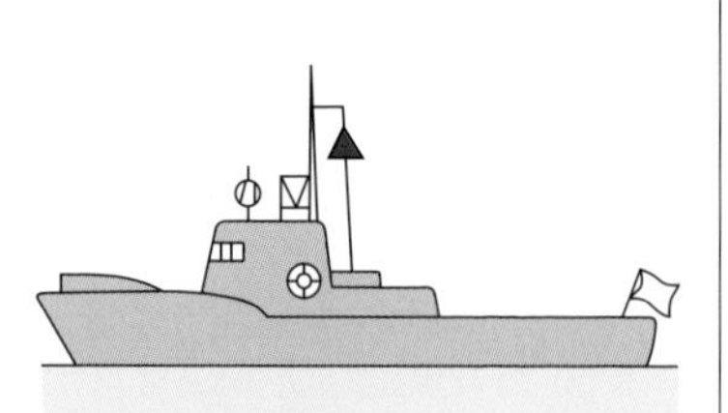

昼間：紅色の標識（頂点を上にした紅色の円すい形の形象物でその底の直径が0.6m以上、その高さが0.5m以上であるもの）

図 2-65　緊急船舶の灯火・標識

第４節　航路以外の海域における航法

第25条　航路以外の海域における航法

第25条　海上保安庁長官は，狭い水道（航路を除く。）をこれに沿って航行する船舶がその右側の水域を航行することが，地形，潮流その他の自然的条件又は船舶交通の状況により，危険を生ずるおそれがあり，又は実行に適しないと認められるときは，告示により，当該水道をこれに沿って航行する船舶の航行に適する経路（当該水道への出入の経路を含む。）を指定することができる。

2　海上保安庁長官は，地形，潮流その他の自然的条件，工作物の設置状況又は船舶交通の状況により，船舶の航行の安全を確保するために船舶交通の整理を行う必要がある海域（航路を除く。）について，告示により，当該海域を航行する船舶の航行に適する経路を指定することができる。

3　第１項の水道をこれに沿って航行する船舶又は前項に規定する海域を航行する船舶は，できる限り，それぞれ，第１項又は前項の経路によって航行しなければならない。

立法趣旨

海上交通安全法により航路が設定された狭水道以外の狭水道で地形潮流等の自然条件や船舶交通の実態等から，海上衝突予防法第９条（狭い水道等）第１項の規定「狭い水道では安全であり，かつ，実行に適する限り，狭い水道の右側端に寄って航行しなければならない。（常時，右側端航行）」に従って航行するだけでは，船舶交通の安全を十分に確保できない場合もある。また，航路出入口の海域，工作物が設置された海域等においても，現行の交通方法では船舶交通の安全を十分に確保できない場合もある。このようなことから，海上保安庁長官が特別の航行経路を指定し船舶交通の安全を確保することとしたもの。

解説　❶　狭い水道における経路（第１項）

2016年（平成28年）4月現在，以下の経路が指定されている。

➢　大畠瀬戸　大畠瀬戸における経路の指定に関する告示（昭和50年海上保安庁告示第59号，平成14年同告示第101号参照）

・大畠瀬戸の航法（参照海図　W 152）

1. 森重埼から 341 度に引いたA線を横切ったのち明神鼻，大磯灯標及び石神川口右岸突端を順次に結んだB線を横切って航行しようとする総トン数5トン以上の船舶は，

(1) 森重埼から 341 度 940 メートルの地点から 264 度 30 分にB線まで引いたC線以北の海域を航行すること。ただし，大島大橋の橋脚付近の海域においては，当該海域において他の船舶と行き会わないときは，この限りでない。

(2) 大島大橋の第3橋脚と第4橋脚との間を経て航行すること。

2. B線を横切ったのちA線を横切って航行しようとする総トン数5トン以上の船舶は，

(1) C線以南の海域を航行すること。ただし，大島大橋の橋脚付近の海域においては，当該海域において他の船舶と行き会わないときは，この限りでない。

(2) 大島大橋の第3橋脚と第4橋脚との間を経て航行すること。

(3) 戒善寺礁北方の海域を航行すること。

図解　大畠瀬戸における経路指定（図 2-66）

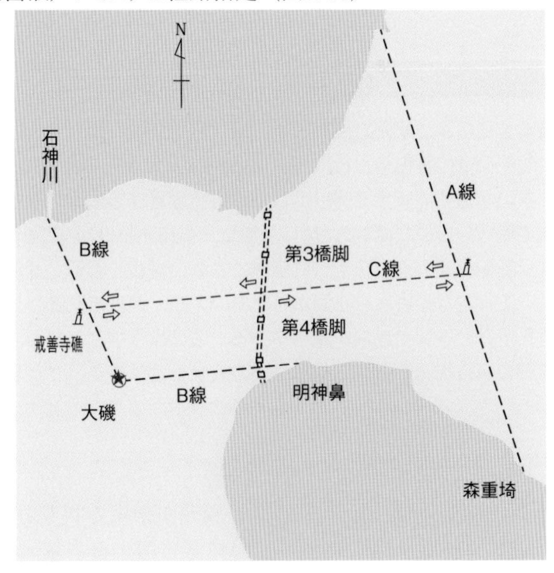

図 2-66　大畠瀬戸

❷　航路以外の海域における経路（第2項）

2016年（平成28年）4月現在，以下の11海域に経路が指定されている。

（「海上交通安全法第25条第2項の規定に基づく経路の指定に関する告示」（平成22年海上保安庁告示第92号）参照）

➢　東京沖灯浮標付近海域

対象船舶：図2-58に示す円内海域を航行する船舶

経　　路：

東京沖灯浮標が設置されている地点を中心とした半径1850メートル（約1海里）の円内海域（港則法の港の区域を除く。）を通過して航行する船舶は，同地点を左舷に見て航行すること。

➢　東京湾アクアライン東水路付近海域

対象船舶：東京湾アクアライン東水路を航行する船舶

経　　路：

(1)　東京湾アクアライン東水路を南の方向に通過航行する船舶は，

・A線の西側の海域を航行すること。

・千葉方面から航行するときは，A線に近寄って航行すること。

・東京方面から航行するときは，A線から遠ざかって航行すること。

(2)　東京湾アクアライン東水路を北の方向に通過航行する船舶は，

・A線の東側の海域を航行すること。

・千葉方面に向かって航行するときは，A線から遠ざかって航行すること。

・東京方面に向かって航行するときは，A線に近寄って航行すること。

図解 東京湾内における経路指定（図2-67・68）

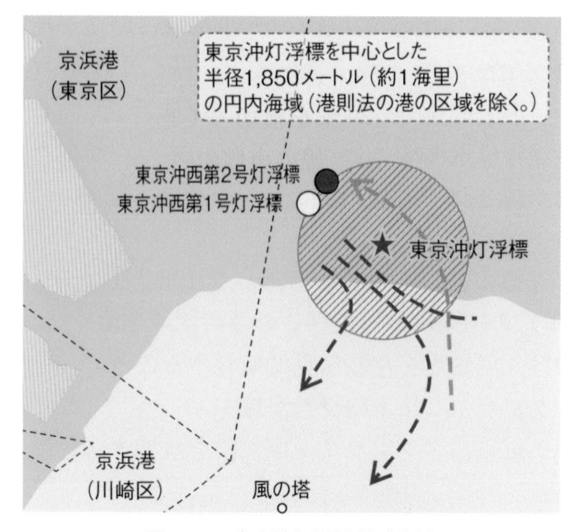

図 2-67　東京沖灯浮標付近海域

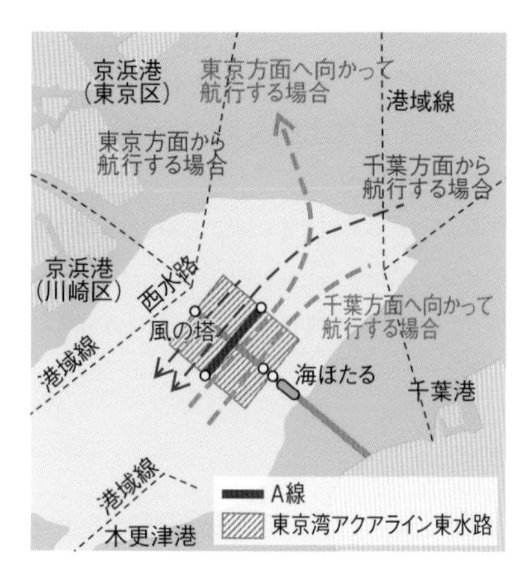

図 2-68　東京湾アクアライン東水路付近海域

- 木更津港沖灯標付近海域（法 11 条 56 頁参照）
- 中ノ瀬西方海域（法第 11 条 56 頁参照）
- 伊良湖水道航路出入口付近海域（法第 13 条 64 頁参照）
- 大阪湾北部海域

  対象船舶：総トン数 500 トン以上の船舶

経　　路：

(1) A線を横切った後，B線を横切って航行しようとする総トン数500トン以上の船舶は，C線の北側の海域を航行すること。

(2) B線を横切った後，A線を横切って航路しようとする総トン数500トン以上の船舶は，C線の南側の海域を航行すること。

図解　大阪湾北部海域における経路指定（図2-69）

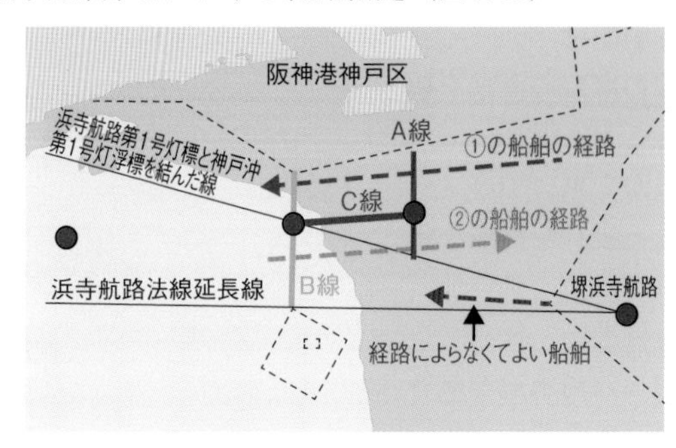

図2-69　大阪湾北部海域

➢ 洲本沖灯浮標及び由良瀬戸付近海域

対象船舶：友ケ島水道を航行する船舶
<洲本沖灯浮標付近海域>A線及びB線を横切って航行しようとする船舶
<由良瀬戸付近海域>B線及びC線を横切って航行しようとする船舶

経　　路：

(1) A線を横切って航行し，B線を横切って航行しようとする船舶，又はB線を横切った後，A線を横切って航行しようとする船舶は，

図解　由良瀬戸における経路指定（図2-70）

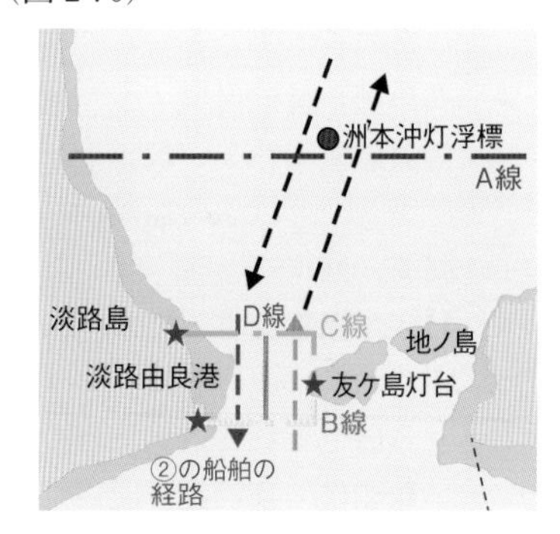

図2-70　洲本沖浮標及び由良瀬戸付近海域

洲本沖灯浮標の設置されている地点を左舷に見て航行すること。

(2) C線を横切った後，B線を横切って航行しようとする船舶は，

・D線の西側の海域を航行すること。

・D線から西に150メートル以上離れた海域を航行すること。

(3) B線を横切った後，C線を横切って航行しようとする船舶は，

・D線の東側の海域を航行すること。

・D線から東に150メートル以上離れた海域を航行すること。

➢ 釣島水道付近

対象船舶：釣島水道を航行する船舶

経　　路：

(1) 釣島水道をこれに沿って東の方向に航行する船舶は，A線の南側の海域を航行すること。

(2) 釣島水道をこれに沿って西の方向に航行する船舶は，A線の北側の海域を航行すること。

➢ 音戸瀬戸付近海域

対象船舶：総トン数5トン以上の船舶

経　　路：

(1) A線を横切って航行した，又は航行しようとする総トン数5トン以上の船舶は，音戸瀬戸北口灯浮標が設置されている地

図解 釣島水道における経路指定(図2-71)

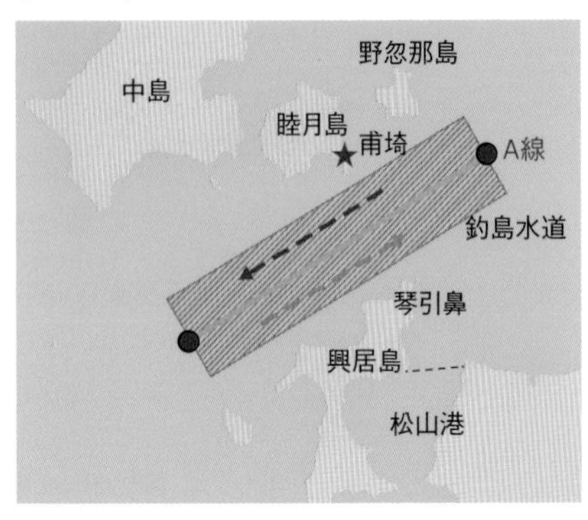

図2-71　釣島水道付近海域

図解 音戸瀬戸における経路指定(図2-72)

図2-72　音戸瀬戸付近海域

点を左舷に見て航行すること。

(2) B線を横切って航行した，又は航行しようとする総トン数5トン以上の船舶は，音戸瀬戸南口灯浮標が設置されている地点を左舷に見て航行すること。

第5節　危険防止のための交通制限等

第26条　危険防止のための交通制限等

第26条　海上保安庁長官は，工事若しくは作業の実施により又は船舶の沈没等の船舶交通の障害の発生により，船舶交通の危険が生じ，又は生ずるおそれがある海域について，告示により，期間を定めて，当該海域において航行し，停留し，又はびょう泊をすることができる船舶又は時間を制限することができる。ただし，当該海域において航行し，停留し，又はびょう泊をすることができる船舶又は時間を制限する緊急の必要がある場合において，告示により定めるいとまがないときは，他の適当な方法によることができる。

2　海上保安庁長官は，航路又はその周辺の海域について前項の処分をした場合において，当該航路における船舶交通の危険を防止するため特に必要があると認めるときは，告示（同項ただし書に規定する方法により同項の規定による処分をした場合においては当該方法）により，期間及び航路の区間を定めて，第4条，第8条，第9条，第11条，第13条，第15条，第16条，第18条（第4項を除く。），第20条第1項又は第21条第1項の規定による交通方法と異なる交通方法を定めることができる。

3　前項の場合において，海上保安庁長官は，同項の航路が，宇高東航路又は宇高西航路であるときは宇高西航路又は宇高東航路についても，備讃瀬戸北航路又は備讃瀬戸南航路であるときは備讃瀬戸南航路又は備讃瀬戸北航路についても同項の処分をすることができる。

立法趣旨

浚渫，沈船の引揚，架橋等の工事や作業が行われたり，船舶が沈没したり，工事やぐら等の仮設工作物が設けられたりして，船舶交通の危険が生じ，又は生ずるおそれのある海域について，海上保安庁長官は一定の船舶に対し一定の期間交通制限を行うことができるとしたもの。

解説　❶　危険の防止のための交通制限（第1項）

交通制限が航路又はその周辺の海域において実施される場合，期間を定めて航行できる船舶又は時間が制限される。

❷ 交通制限の周知

海上保安庁長官は，交通制限又は特別の交通方法を定めた場合には，水路通報その他適切な手段によって，関係者に対し，その周知を図ることになっている。（規則第 31 条第 1 項）

❸ 航路及びその周辺海域の交通制限（第 2 項）

交通制限が航路又はその周辺の海域において実施される場合，制限航路に定められている通航方法のうち，一定のものと異なる通航方法が定められる。

❹ 関連航路の交通制限（第 3 項）

宇高東航路と宇高西航路及び備讃瀬戸南航路と備讃瀬戸北航路は互いに並行しており，一方の航路で通交通制限した場合，他の並行する航路にも影響することがあるので，このような場合には並行する他の航路にも臨時の交通方法が定められる。

罰則　第 1 項の規定による長官の処分の違反となるような行為をした者―3 月以下の懲役又は 30 万円以下の罰金（法第 51 条第 1 項第 2 号）

第６節　灯火等

●●　第27条　巨大船及び危険物積載船の灯火等　●●

第27条　巨大船及び危険物積載船は，航行し，停留し，又はびょう泊をしているときは，国土交通省令で定めるところにより灯火又は標識[1)]を表示しなければならない。

2　巨大船及び危険物積載船以外の船舶は，前項の灯火若しくは標識又はこれと誤認される灯火若しくは標識を表示してはならない。

1）規則第22条

立法趣旨

他の船舶から巨大船及び危険物積載船であることを明確に認識できるようにしたもの。

解説　❶　灯火及び標識

巨大船及び危険物積載船は，岸壁に係留している場合を除き所定の灯火又標識を表示しなければならない。

表2-5　巨大船及び危険物積載船の灯火・標識（規則第22条）

船　舶	灯　　火	標　　　　識
巨大船	少なくとも2海里の視認距離を有し，一定の間隔で毎分180回以上200回以下のせん光を発する緑色の全周灯1個	その直径が0.6メートル以上であり，その高さが直径の2倍である黒色の円筒形の形象物2個で1.5メートル以上隔てて垂直線上に連掲されたもの（海上衝突予防法第28条の規定により円筒形の形象物1個を表示する巨大船については，その形象物と同一の垂直線上に連掲されないものに限る。）
危険物積載船	少なくとも2海里の視認距離を有し，一定の間隔で毎分120回以上140回以下のせん光を発する紅色の全周灯1個	縦に上から国際信号旗の第1代表旗1旒及びB旗1旒

図解 巨大船及び危険物積載船の灯火等（図 2-73）

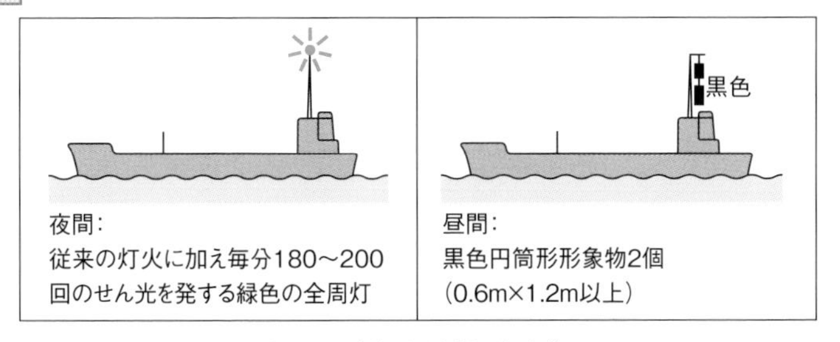

黒色
夜間：
従来の灯火に加え毎分180～200回のせん光を発する緑色の全周灯
昼間：
黒色円筒形形象物2個
（0.6m×1.2m以上）

図 2-73（1） 巨大船の灯火等

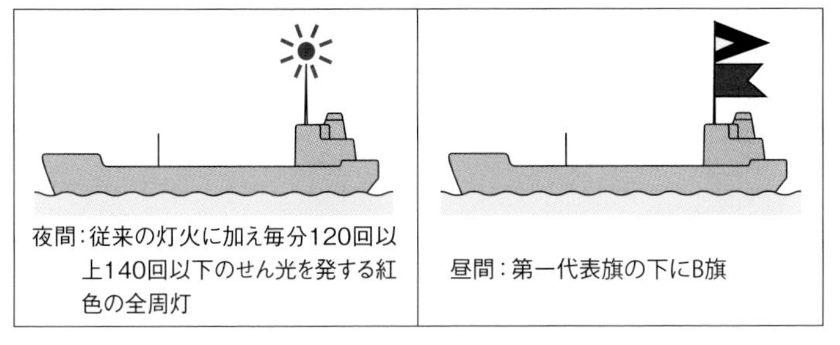

夜間：従来の灯火に加え毎分120回以上140回以下のせん光を発する紅色の全周灯
昼間：第一代表旗の下にB旗

図 2-73（2） 危険物積載船の灯火等

❷ 湖川港内を航行する危険物積載船の灯火及び標識

本条による灯火又は標識を掲げている危険物積載船は，湖川港内を航行する場合，危険物船舶運送及び貯蔵規則第５条の７による赤灯又は赤旗を掲げることを要しない。

罰則 第１項の規定の違反となるような行為をした者―30 万円以下の罰金（法第 53 条第１項第１号）

第28条　帆船の灯火等

第28条　航路又は政令[1)]で定める海域において航行し，又は停留している海上衝突予防法第25条第2項本文及び第5項本文に規定する船舶は，これらの規定又は同条第3項の規定による灯火を表示している場合を除き，同条第2項ただし書及び第5項ただし書の規定にかかわらず，これらの規定に規定する白色の携帯電灯又は点火した白灯を周囲から最も見えやすい場所に表示しなければならない。

2　航路又は前項の政令で定める海域において航行し，停留し，又はびょう泊をしている長さ12メートル未満の船舶については，海上衝突予防法第27条第1項ただし書及び第7項の規定は適用しない。

1）令第7条

第7条　法第28条第1項の政令で定める海域は，法適用海域のうち航路以外の海域とする。

立法趣旨

海上交通安全法の適用海域のように船舶交通のふくそうする海域では，衝突の危険を未然に防止するため，小型の船舶等の灯火について，常時表示させることにしたもの。（参照海図：ろかい船等の灯火表示海域一覧図6974号）

解説　❶　小型の帆船等の灯火

海上衝突予防法第25条では，長さ7メートル未満の帆船又はろかい船は，白色の携帯電灯又は点火した白灯を他の船舶が接近したときに衝突を防ぐために十分な時間表示すればよいこととされているが，本法の適用海域では常時周囲から最も見えやすい場所にこれらの灯火を表示しておかなければならない。港則法においても同様の規定がおかれている（港則法第27条参照）。

❷　小型の運転不自由船等の灯火

海上衝突予防法第27条では，長さ12メートル未満の船舶については，運転不自由船，操縦性能制限船としての灯火の表示義務を緩和しているが，本法の適用海域では本来の灯火を表示しなければならない。港則法においても同様の規定がおかれている（港則法第 27 条参照）。

図解 長さ 7 メートル未満の帆船及びろかい船の灯火（図 2-74）

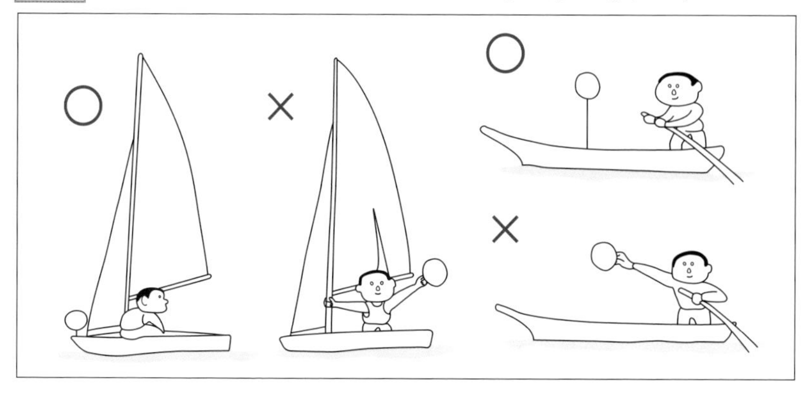

図 2-74 長さ 7 m 未満の帆船及びろかい船の灯火

参照海図
ろかい船等の灯火表示海域一覧図……6974 号

● ● ● 第 29 条 物件えい航船の音響信号等 ● ● ●

第 29 条 海上衝突予防法第 35 条第 4 項の規定は，航路又は前条第 1 項の政令で定める海域において船舶以外の物件を引き又は押して，航行し，又は停留している船舶（当該引き船の船尾から当該物件の後端まで又は当該押し船の船首から当該物件の先端までの距離が国土交通省令1) で定める距離以上となる場合に限る。）で漁ろうに従事しているもの以外のものについても準用する。

2 船舶以外の物件を押して，航行し，又は停留している船舶は，その押す物件に国土交通省令2) で定める灯火を表示しなければ，これを押して，航行し，又は停留してはならない。ただし，やむを得ない事由により当該物件に本文の灯火を表示することができない場合において，当該物件の照明その他の存在を示すために必要な措置を講じているときは，この限りでない。

1）規則第 23 条第 1 項……50 メートル

2）規則第23条第2項

2　法第29条第2項の国土交通省令で定める灯火は，次の表の上欄に掲げる緑灯及び紅灯（押す物件にこれらの灯火を表示することが実行に適しない場合にあっては，同表の上欄に掲げる緑紅の両色灯）でそれぞれ同表の下欄に掲げる要件に適合するものそれぞれ1個とする。

灯　火	要　件
緑灯	(1) 当該物件の右端にあること。 (2) コンパスの112度30分にわたる水平の弧を完全に照らす構造であること。 (3) 射光が当該物件の正先端方向から右側正横後22度30分の間を照らすように装置されていること。 (4) 少なくとも2海里の視認距離を有すること。
紅灯	(1) 当該物件の左端にあること。 (2) コンパスの112度30分にわたる水平の弧を完全に照らす構造であること。 (3) 射光が当該物件の正先端方向から左側正横後22度30分の間を照らすように装置されていること。 (4) 少なくとも2海里の視認距離を有すること。
緑紅の両色灯	(1) 当該物件の中央部にあること。 (2) 緑色又は紅色の射光がそれぞれ当該物件の正先端方向から右側又は左側正横後22度30分の間を照らすように装置されていること。 (3) 少なくとも1海里の視認距離を有すること。

立法趣旨

船舶交通のふくそうする本法適用海域において，視界制限状態において，物件を押し又は引いている船舶に対し，一般動力船と区別できるように海上衝突予防法第35条第4項の汽笛信号の吹鳴を課してもの。また，夜間，他の船舶の前方に物件が存在することを認識しやすくするために，押されている物件にも灯火の表示を課したもの。

解説　❶　視界制限状態における物件えい航船の音響信号（第1項）

視界制限時において，船舶以外の物件をえい航又は押航している船舶で，そのえい航列又は押航列の長さが50メートル以上であるもので，漁ろう船以外のものは，2分を超えない間隔で長音1回に引き続く短音2回を吹鳴しなければならない。

❷　押されている物件の灯火（第2項）

押航されている物件について，一定の灯火を表示しなければ，航行・停留することができない。灯火については，図 2-75 参照。

また上記の灯火の表示が困難な場合，当該物件を照射する等，当該物件の存在を示すために必要な措置をとらなければならない。

図解 押されている物件の灯火（図 2-75）

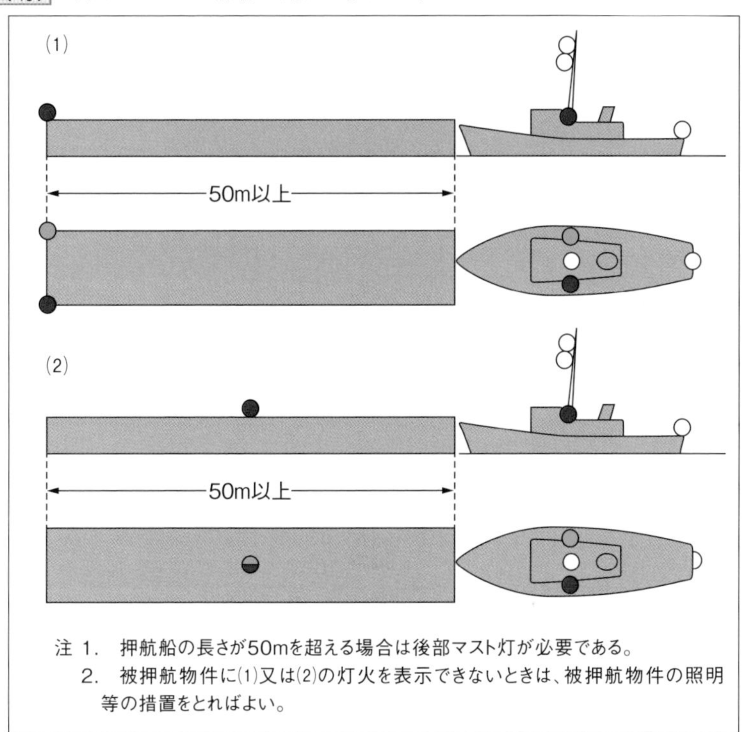

(1)
50m以上
(2)
50m以上
注 1. 押航船の長さが50mを超える場合は後部マスト灯が必要である。
2. 被押航物件に(1)又は(2)の灯火を表示できないときは、被押航物件の照明等の措置をとればよい。

図 2-75　物件を押している船舶及び当該物件に掲げる灯火

第7節　船舶の安全な航行を援助するための措置

● 第30条　海上保安庁長官が提供する情報の聴取 ●

第30条　海上保安庁長官は，特定船舶（第4条本文に規定する船舶であって，航路及び当該航路の周辺の特に船舶交通の安全を確保する必要があるものとして国土交通省令[1]で定める海域を航行するものをいう。以下この条及び次条において同じ。）に対し，国土交通省令[2]で定めるところにより，船舶の沈没等の船舶交通の障害の発生に関する情報，他の船舶の進路を避けることが容易でない船舶の航行に関する情報その他の当該航路及び海域を安全に航行するために当該特定船舶において聴取することが必要と認められる情報として国土交通省令[3]で定めるものを提供するものとする。

2　特定船舶は，航路及び前項に規定する海域を航行している間は，同項の規定により提供される情報を聴取しなければならない。ただし，聴取することが困難な場合として国土交通省令[4]で定める場合は，この限りでない。

1）規則第23条の2第1項

第23条の2　法第30条第1項の国土交通省令で定める海域は，別表第3の上欄に掲げる航路ごとに，同表の下欄に掲げる海域とする。

2）規則第23条の2第2項

2　法第30条第1項の規定による情報の提供は，海上保安庁長官が告示で定めるところにより，VHF無線電話により行うものとする。

3）規則第23条の2第3項

3　法第30条第1項の国土交通省令で定める情報は，次に掲げる情報とする。

(1)　特定船舶が航路及び第1項に規定する海域において適用される交通方法に従わないで航行するおそれがあると認められる場合における，当該交通方法に関する情報

(2)　船舶の沈没，航路標識の機能の障害その他の船舶交通の障害であって，特定船舶の航行の安全に著しい支障を及ぼすおそれのあるものの発生に関する情報

(3)　特定船舶が，工事又は作業が行われている海域，水深が著しく浅い海域その他の特定船舶が安全に航行することが困難な海域に著しく接近するおそれがある場合における，当該海域に関する情報

(4)　他の船舶の進路を避けることが容易でない船舶であって，その航行により特定船舶の航行の安全に著しい支障を及ぼすおそれのあるものに関する情報

(5)　特定船舶が他の特定船舶に著しく接近するおそれがあると認められる場合における，当該他の特定船舶に関する情報

(6)　前各号に掲げるもののほか，特定船舶において聴取することが必要と認められる情報

4）規則第23条の3

第23条の3　法第30条第2項の国土交通省令で定める場合は，次に掲げるものとする。

(1) VHF無線電話を備えていない場合

(2) 電波の伝搬障害等によりVHF無線電話による通信が困難な場合

(3) 他の船舶等とVHF無線電話による通信を行っている場合

立法趣旨

航路及び航路周辺の海域において，船舶交通の安全を確保するため，海上保安庁長官が情報を提供することとしたもの。また，長さ50メートル以上の船舶について，提供される情報の聴取を課したもの。

解説　❶　情報の提供

情報の提供は，VHFにより実施される。

情報の提供の権限は，海上保安庁長官が有しているが，本法第43条（権限の委任）の規定に基づき，海上交通センター所長に委任されており，海上交通センターから情報が提供（条文下の注参照）されている。

図解　情報聴取範囲（図 2-76～80）

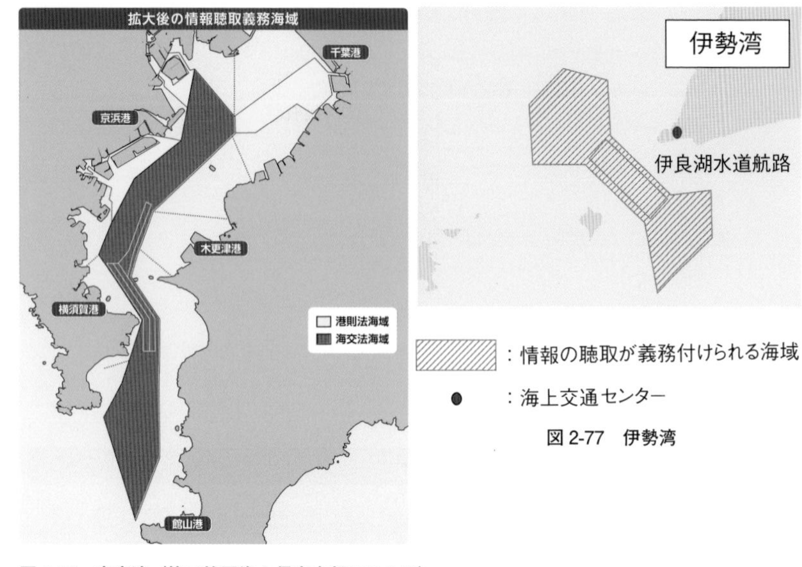

図 2-76　東京湾（第三管区海上保安本部ＨＰより）

図 2-77　伊勢湾

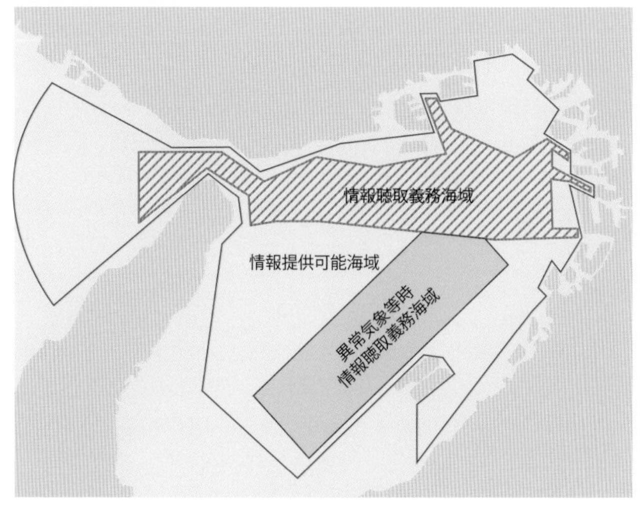

図 2-78　明石海峡
（海上保安庁「大阪湾海上交通センター利用の手引き」より作成）

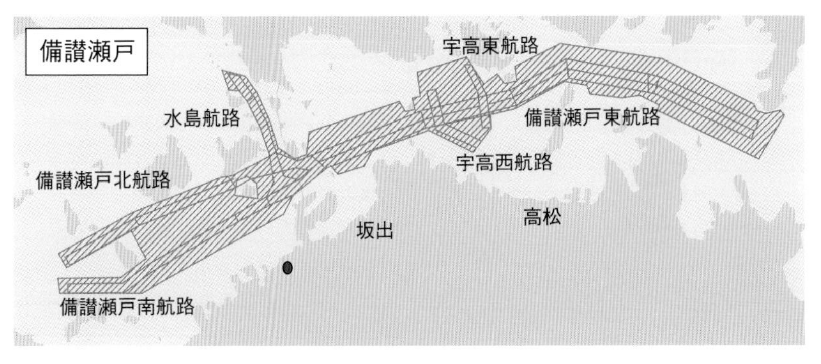

図 2-79　備讃瀬戸

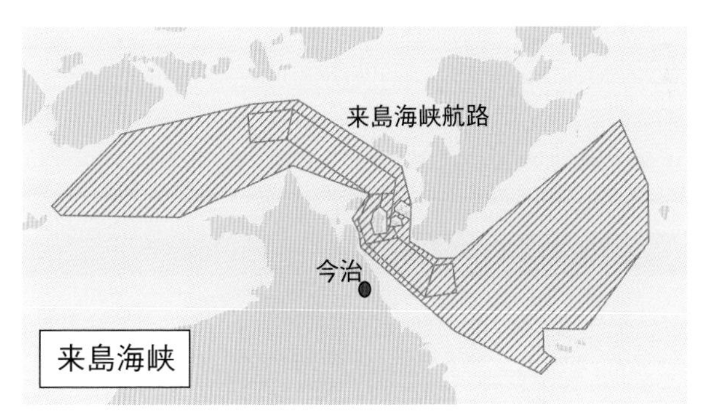

図 2-80　来島海峡

● 第 31 条　航法の遵守及び危険の防止のための勧告 ●

第 31 条　海上保安庁長官は，特定船舶が航路及び前条第 1 項に規定する海域において適用される交通方法に従わないで航行するおそれがあると認める場合又は他の船舶若しくは障害物に著しく接近するおそれその他の特定船舶の航行に危険が生ずるおそれがあると認める場合において，当該交通方法を遵守させ，又は当該危険を防止するため必要があると認めるときは，必要な限度において，当該特定船舶に対し，国土交通省令[1)]で定めるところにより，進路の変更その他の必要な措置を講ずべきことを勧告することができる。

2　海上保安庁長官は，必要があると認めるときは，前項の規定による勧告を受けた特定船舶に対し，その勧告に基づき講じた措置について報告を求めることができる。

1）規則第 23 の 4

法第 31 条の規定による勧告は，海上保安庁長官が告示で定めるところにより，VHF 無線電話その他の適切な方法により行うものとする。

立法趣旨

海上保安庁長官が提供する情報（第 30 条）のみでは，適切な運航上の判断が困難となるような場合，海上保安庁長官が一定の具体的な措置を講ずべきことを勧告することができることとしたもの。

解説　❶　勧告の方法

勧告は，VHF，電話又は海上保安庁の船舶からの呼びかけ等により実施される。

勧告の権限は，海上保安庁長官が有しているが，本法第 43 条（権限の委任）の規定に基づき，海上交通センター所長に委任されており，海上交通センターから勧告がなされる（条文下の注参照）。

❷　勧告を受けた措置の報告

海上保安庁長官は，勧告をした船舶等に対して，講じた措置の報告を求めることができる。その結果，当該報告の内容を踏まえて，更なる勧告を行うことにより，一層の安全確保を図ることが可能となっている。

第８節　異常気象等時における措置

●　●　第 32 条　異常気象等時における航行制限等　●　●

第 32 条　海上保安庁長官は，台風，津波その他の異常な気象又は海象（以下，「異常気象等」という。）により，船舶の正常な運航が阻害され，船舶の衝突又は乗揚げその他の船舶交通の危険が生じ，又は生ずるおそれがある海域について，当該海域における危険を防止するため必要があると認めるときは，必要な限度において，次に掲げる措置をとることができる。

(1)　当該海域に進行してくる船舶の航行を制限し，又は禁止すること。

(2)　当該海域の境界付近にある船舶に対し，停泊する場所若しくは方法を指定し，移動を制限し，又は当該境界付近から退去することを命ずること。

(3)　当該海域にある船舶に対し，停泊する場所若しくは方法を指定し，移動を制限し，当該海域内における移動を命じ，又は当該海域から退去することを命ずること。

2　海上保安庁長官は，異常気象等により，船舶の正常な運航が阻害され，船舶の衝突又は乗揚げその他の船舶交通の危険が生ずるおそれがあると予想される海域について，必要があると認められるときは，当該海域又は当該海域の境界付近にある船舶に対し，危険の防止の円滑な実施のために必要な措置を講ずべきことを勧告することができる。

立法趣旨

近年の台風等の異常気象等が頻発・激甚化に対応し，船舶交通の危険を防止するため，船舶交通がふくそうする湾外等の安全な海域への避難，びょう泊の制限等に係る勧告及び命令を海上保安庁長官ができることとしたもの。

解説　❶　湾外避難等の勧告・命令の対象となる台風

・対象海域への到達時に最大風速 40 m/s 以上の暴風域を伴う台風

・気象庁が発表する台風の５日間予報（位置，進路，速力，最大（瞬間）風速，暴風域の範囲等）に基づき，勧告を発出する必要性，時期等を判断

❷　湾外避難等の勧告・命令の対象となる海域
・地理的な一体性のほか，異常気象等による航行環境等の影響やそれに応じた避難行動の共通性を踏まえて設定
・具体的には，東京湾及び伊勢湾は各湾単位，瀬戸内海は3つの海域（大阪湾，中部（燧灘・備後灘・播磨灘），西部（周防灘・伊予灘・安芸灘））
・運用基準は，それぞれの区域で避難行動の内容，対象船舶，勧告発出時期を策定

❸　湾外避難等の勧告・命令の海域別の対象船舶
＊東京湾
・風の影響を受けやすいコンテナ船，自動車運搬船等（高乾舷船）及び事故発生時に船舶交通に重大な危険を及ぼす危険物積載船のうち，一定の大型船。
・特にびょう泊船による混雑が著しいと予想される海域であるので，台風による影響がある一定期間（強風域が到達する12時間前から暴風域が通過するまでの間），全ての船舶。

＊伊勢湾，瀬戸内海（大阪湾を含む）
・風の影響を受けやすいコンテナ船，自動車運搬船等（高乾舷船）及び事故発生時に船舶交通に重大な危険を及ぼす危険物積載船のうち，一定の大型船。
・強風を遮る島影等が多数ある等の海域もあることから，上記の船舶であっても，台風の影響の少ない海域内で安全に避泊・避難できる場合は，この限りでない。

❹　湾外避難等の勧告・命令の発出の流れ
・勧告の発出に当たっての協議会（法第35条）の開催（強風域到達の3日程度前），勧告の発出（強風域到達の2日程度前），勧告の解除（強風域通過後等）。
・港則法の特定港等における任意の協議会と緊密に連携し，港内にある湾外避難等の対象船舶については，管区本部長（海上保安庁長官から委任）が必要な港長（海上保安部署長）の権限を代行。

表 8-1　湾内及び港内における勧告発出の主な流れ（東京湾の例）

時系列	湾内（本部長の権限）	港内（港長の権限）
台風強風域到達 3 日程度前	東京湾台風等対策協議会 ・湾外避難等の勧告発出の必要性，発出日時等を協議	京浜港等の台風対策協議会 ・東京湾台風等対策協議会の方針を共有 ・港外避難等の勧告発出の必要性
台風強風域到達 2 日程度前	湾外避難等の解除発出	港外避難の勧告発出 ・湾外避難対象船舶：本部長が発出（権限代行）
台風強風域到達 十数時間前から 数時間程度前	〈参考〉 臨海部に立地する施設関連の勧告発出	〈参考〉 第一体制（避難準備）の勧告発出（港長） 第二体制（港外避難）の勧告発出（港長） 臨海部に立地する施設関連の勧告発出（港長）
台風強風域到達		
台風強風域通過後等	湾外避難等勧告の解除 〈参考〉 臨海部に立地する施設関連の勧告解除	港外避難の勧告の解除 ・湾外避難対象船舶：本部長が発出（権限代行） 〈参考〉 第二体制（港外避難）の勧告解除（港長） 臨海部に立地する施設関連の勧告解除（港長）

● 第33条　異常気象等時特定船舶に対する情報の提供等 ●

第33条　海上保安庁長官は，異常気象等により，船舶の正常な運航が阻害されることによる船舶の衝突又は乗揚げその他の船舶交通の危険を防止するため必要があると認めるときは，異常気象等時特定船舶（第4条本文に規定する船舶であって，異常気象等が発生した場合に特に船舶交通の安全を確保する必要があるものとして国土交通省令で定める海域において航行し，停留し，又はびょう泊をしているものをいう。以下この条及び次条において同じ。）に対し，国土交通省令で定めるところにより，当該異常気象等時特定船舶の進路前方にびょう泊をしている他の船舶に関する情報，当該異常気象等時特定船舶のびょう泊に異状が生ずるおそれに関する情報その他の当該海域において安全に航行し，停留し，又はびょう泊をするために当該異常気象等時特定船舶において聴取することが必要と認められる情報として国土交通省令で定めるものを提供するものとする。

2　前項の規定により情報を提供する期間は，海上保安庁長官がこれを公示する。

3　異常気象等時特定船舶は，第1項に規定する海域において航行し，停留し，又はびょう泊をしている間は，同項の規定により提供される情報を聴取しなければならない。ただし，聴取することが困難な場合として国土交通省令で定める場合は，この限りでない。

立法趣旨

湾内でびょう泊，航行する船舶に対して，船舶の走錨のおそれなどの事故防止に資する情報を提供し，一定の海域において，当該情報の聴取を義務化したもの。

解説　❶　情報提供等について

・各海域の海上交通センターから提供される。

・海上交通センターは，船舶同士の異常な接近，船舶の臨海部に立地する施設等への関院等を認めた場合，接近を回避する等の危険回避措置を勧告し，勧告を受けた船舶に対して講じた措置の報告を要請。

❷ 情報聴取義務海域

➢ 東京湾のアクアライン周辺海域及び京浜港の横浜・川崎沖（図 2-81）
- LNG バース及び南本牧はま道路周辺海域（図①の海域）：総トン数 500 トン超の船舶
- 東京湾アクアライン海ほたる灯及び東京湾アクアライン風の塔灯から半径 2 海里円内の海域（錨泊制限海域を除く）（図②の海域）：長さ 50 m 以上の船舶

➢ 関西国際空港周辺海域
- 長さ 50 m 以上の船舶

図解 情報聴取義務海域（図 2-81・82）

図 2-81 東京湾
（第三管区海上保安本部ＨＰより）

図 2-82 大阪湾
（第五管区海上保安本部ＨＰより）

第 34 条 異常気象等時特定船舶に対する危険の防止のための勧告

第 34 条 海上保安庁長官は，異常気象等により，異常気象等時特定船舶が他の船舶又は工作物に著しく接近するおそれその他の異常気象等時特定船舶の航行，停留又はびょう泊に危険が生ずるおそれがあると認める場合において，当該危険を防止するため必要があると認めるときは，必要な限度において，当該異常気象等時特定船舶に対し，国土交通省令で定めるところにより，進路の変更その他の必要な措置を講ずべきことを勧告することができる。

2 海上保安庁長官は，必要があると認めるときは，前項の規定による勧告を受けた異常気象等時特定船舶に対し，その勧告に基づき講じた措置について報告を求めることができる。

立法趣旨

湾内で航行，停留又はびょう泊する船舶に対して，船舶の走錨のおそれ等による事故の発生を防止するためのもの。

第35条　協議会

第35条　海上保安庁長官は，湾その他の海域ごとに，異常気象等により，船舶の正常な運航が阻害されることによる船舶の衝突又は乗揚げその他の船舶交通の危険を防止するための対策の実施に関し必要な協議を行うための協議会（以下この条において単に「協議会」という。）を組織することができる。

2　協議会は，次に掲げる者をもって構成する。

（1）海上保安庁長官

（2）関係地方行政機関の長

（3）船舶の運航に関係する者その他の海上保安庁長官が必要と認める者

3　協議会において協議が調った事項については，協議会の構成員は，その協議の結果を尊重しなければならない。

4　前3項に定めるもののほか，協議会の運営に関し必要な事項は，協議会が定める。

立法趣旨

湾内等で異常気象等により船舶の運航が阻害されることが予想される場合に，各管区本部長が主催し，多様な関係者により構成される協議会とし，勧告の運用ルールについて，あらかじめ協議・合意（構成員は協議結果の尊重義務）し，協議会を通じて勧告内容の円滑な実施の連絡調整等を図るためのもの。

解説 ❶ 勧告対象海域と協議会

勧告運用海域の名称	勧告発出権者	協議会の名称（仮称）	主催者
東京湾	三管区本部長	東京湾台風等対策協議会	三管区本部長
伊勢湾	四管区本部長	伊勢湾・三河湾台風等対策協議会	四管区本部長
大阪湾	五管区本部長	大阪湾・紀伊水道台風等対策協議会	五管区本部長
瀬戸内海中部	六・五管区本部長	瀬戸内海中部台風等対策協議会	六管区本部長
瀬戸内海西部	六・五管区本部長	瀬戸内海西部台風等対策協議会	六管区本部長

❷ 構成員

・船舶運航関係者：船主協会，内航総連，旅客船協会，外国船舶協会，水先人会，船長協会，海員組合等

・関係地方行政機関：地方運輸局，地方整備局，地方気象台等

・その他：港湾管理者，学識経験者，係留施設管理者，船舶代理店業協会，港湾荷役・運送事業団体，海難防止協会

第９節　指定海域における措置

●　●　第36条　指定海域への入域に関する通報　●　●

第36条　第４条本文に規定する船舶が指定海域に入域しようとするときは，船長は，国土交通省令で定めるところにより，当該船舶の名称その他の国土交通省令[1]で定める事項を海上保安庁長官に通報しなければならない。

1）規則第23条の5

立法趣旨

指定海域内における円滑な海上交通の維持及び非常災害時に指定海域内の混乱を防止し，船舶を適切な海域誘導するため，指定海域内に入域する船舶に対し，海上交通センターが管制を実施するために当該入域する船舶を把握するため，通報を課したもの。

解説　❶　指定海域への入域に関する通報（規則第23条の5第1項）

指定海域に入域しようとする長さ50メートル以上の船舶は，指定海域と他の海域との境界線を横切る時に，VHFその他の適切な方法により通報しなければならない。ただし，自動船舶識別装置を備えている場合において，適切にAISを作動させているときは，通報は必要ない。

❷　通報事項（規則第23条の5第2項）

通報しなければならない事項は

- 船舶の名称及び長さ
- 船舶の呼出符号
- 仕向港の定まっている船舶にあっては仕向港
- 船舶の喫水
- 通報の時点における船舶の位置

ただし，簡易型船舶自動識別装置（簡易AIS）を備えている船舶は，当該簡易AISにより送信される事項以外の事項を通報しなければならない。

❸ 通報位置

・入域時　剱埼洲埼ライン

・出港時　指定海域に入るとき又は入る前
　　○○航路・水路出航中，○○沖抜錨中，○○ブイ通過中，○○防波堤通過中等の著名な物標若しくは緯度経度を通報

❹ 指定海域（令第 4 条）

2018 年 3 月末現在，東京湾の安全法適用海域である。

図解　指定海域（図 2-83）

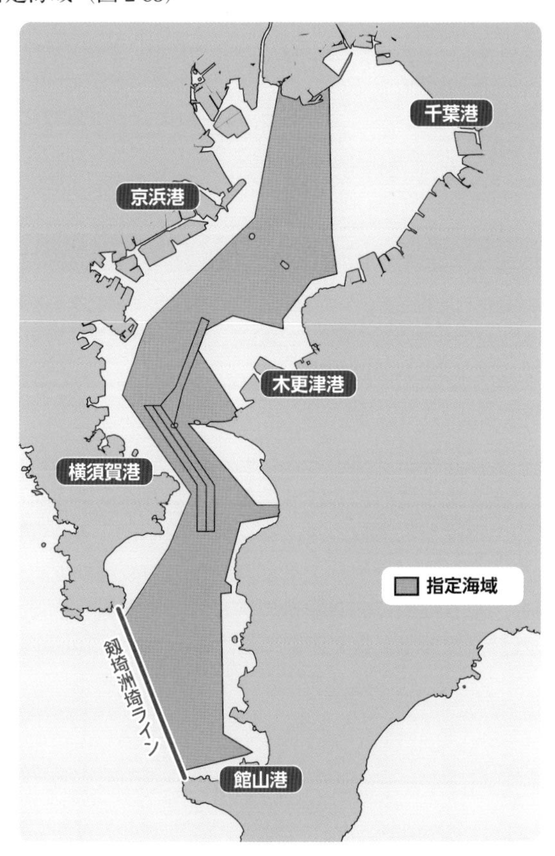

図 2-83　指定海域（第三管区海上保安本部ＨＰより）

第37条　非常災害発生周知措置等

第37条　海上保安庁長官は，非常災害が発生し，これにより指定海域において船舶交通の危険が生ずるおそれがある場合において，当該危険を防止する必要があると認めるときは，直ちに，非常災害が発生した旨及びこれにより当該指定海域において当該危険が生ずるおそれがある旨を当該指定海域及びその周辺海域にある船舶に対し周知させる措置（以下「非常災害発生周知措置」という。）をとらなければならない。

2　海上保安庁長官は，非常災害発生周知措置をとった後，当該指定海域において，当該非常災害の発生により船舶交通の危険が生ずるおそれがなくなったと認めるとき，又は当該非常災害の発生により生じた船舶交通の危険がおおむねなくなったと認めるときは，速やかに，その旨を当該指定海域及びその周辺海域にある船舶に対し周知させる措置（次条及び第39条において「非常災害解除周知措置」という。）をとらなければならない。

立法趣旨

非常災害が発生した場合に，指定海域及びその周辺海域にある船舶に対して，非常災害の発生及び非常災害の解除について，海上本庁長官に周知を課し，船舶交通の安全を確保するためのもの。

解説　❶　非常災害発生周知措置及び非常災害解除周知措置

指定海域である東京湾内に大津波警報が発表されるような場合や大型タンカーからの大規模な危険物の流出や火災発生など，その景況が東京湾内に及ぶような非常災害が発生し，東京湾内の船舶交通に危険が生ずるおそれのある場合，東京湾内にある船舶に対して，海上保安庁長官から非常災害が発生した旨又は非常災害の解除の旨をVHF等により周知される。

● 第38条　非常災害発生周知措置がとられた際に海上保安庁長官が提供する情報の聴取 ●

第38条　海上保安庁長官は，非常災害発生周知措置をとったときは，非常災害解除周知措置をとるまでの間，当該非常災害発生周知措置に係る指定海域にある第4条本文に規定する船舶（以下この条において「指定海域内船舶」という。）に対し，国土交通省令1)で定めるところにより，非常災害の発生の状況に関する情報，船舶交通の制限の実施に関する情報その他の当該指定海域内船舶が航行の安全を確保するために聴取することが必要と認められる情報として国土交通省令で定めるものを提供するものとする。

2　指定海域内船舶は，非常災害発生周知措置がとられたときは，非常災害解除周知措置がとられるまで間，前項の規定により提供される情報を聴取しなければならない。ただし，聴取することが困難な場合として国土交通省令2)で定める場合は，この限りでない。

1）規則第23条の6（非常災害発生周知措置がとられた際の海上保安庁長官による情報の提供）

2）規則第23条の7（非常災害発生周知措置がとられた際の情報の聴取が困難な場合）

立法趣旨

非常災害時に船舶交通の安全を確保するため，非常災害等に関し提供される情報の聴取を課したもの。

解説　❶　聴取対象船舶

長さ50メートル以上の船舶

❷　情報聴取義務海域

東京湾内の海上交通安全法が適用される海域

図解　情報聴取義務海域（図2-84）

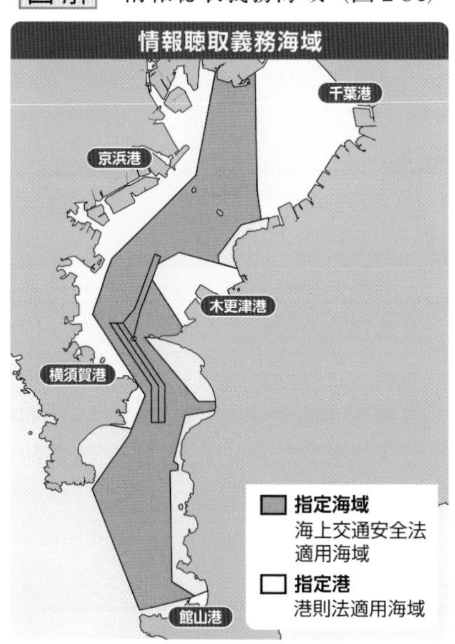

図2-84　情報聴取義務海域（第三管区海上保安本部ＨＰより）

第39条　非常災害発生周知措置がとられた際の航行制限等

第39条　海上保安庁長官は，非常災害発生周知措置をとったときは，非常災害解除周知措置をとるまで間，船舶交通の危険を防止するため必要な限度において，次に掲げる措置をとることができる。
(1) 当該非常災害発生周知措置に係る指定海域に進行してくる船舶の航行を制限し，又は禁止すること。
(2) 当該指定海域の境界付近にある船舶に対し，停泊する場所若しくは方法を指定し，移動を制限し，又は当該境界付近から退去することを命ずること。
(3) 当該指定海域にある船舶に対し，停泊する場所若しくは方法を指定し，移動を制限し，当該指定海域内における移動を命じ，又は当該指定海域から退去することを命ずること。

立法趣旨

非常災害時に，海上保安庁長官が船舶交通の危険を防止するため，指定海域への航行制限，退去命令，移動命令等をできることとしたもの。

解説　指定海域として指定されているのは，現在のところ，東京湾のみであるので，以下東京湾について解説する。

❶　大型船舶の優先錨地

大型船舶（タグボートの補助や水先人の乗船を必要とする船舶）の優先避難錨地が木更津沖に設定されている。

非常災害時の大型船舶優先避難錨地
北緯35度27分25秒　東経139度51分14秒
北緯35度25分39秒　東経139度52分00秒
北緯35度23分54秒　東経139度48分42秒
北緯35度25分03秒　東経139度47分40秒

❷　航路・経路指定海域付近でのびょう泊自粛

避難する船舶の通航帯を確保するため，航路・経路指定海域付近では，びょう泊の自粛が要請されている。

❸　大津波警報等による非常災害時の湾外避難

大津波警報等による非常災害の場合は，東京湾外に進出可能であれば，湾外避難に努める。

図解　非常災害時の大型船舶優先の避難錨他（図 2-85）

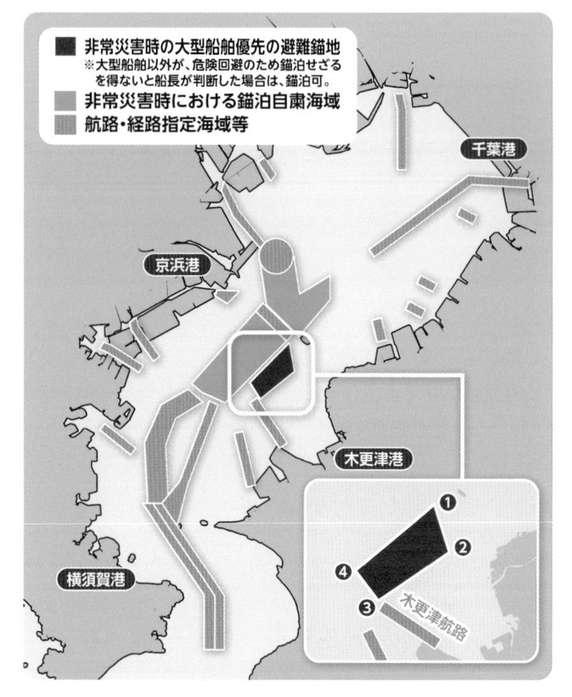

図 2-85　非常災害時の大型船舶優先の避難錨地
（第三管区海上保安本部ＨＰより）

第3章　危険の防止

第40条　航路及びその周辺の海域における工事等

第40条　次の各号のいずれかに該当する者は，当該各号に掲げる行為について海上保安庁長官の許可を受けなければならない。ただし，通常の管理行為，軽易な行為その他の行為で国土交通省令[1)]で定めるものについては，この限りでない。

(1) 航路又はその周辺の政令[2)]で定める海域において工事又は作業をしようとする者

(2) 前号に掲げる海域（港湾区域と重複している海域を除く。）において工作物の設置（現に存する工作物の規模，形状又は位置の変更を含む。以下同じ。）をしようとする者

2　海上保安庁長官は，前項の許可の申請があった場合において，当該申請に係る行為が次の各号のいずれかに該当するときは，許可をしなければならない。

(1) 当該申請に係る行為が船舶交通の妨害となるおそれがないと認められること。

(2) 当該申請に係る行為が許可に付された条件に従って行われることにより船舶交通の妨害となるおそれがなくなると認められること。

(3) 当該申請に係る行為が災害の復旧その他公益上必要やむを得ず，かつ，一時的に行われるものであると認められること。

3　海上保安庁長官は，第1項の規定による許可をする場合において，必要があると認めるときは，当該許可の期間を定め（同項第2号に掲げる行為については，仮設又は臨時の工作物に係る場合に限る。），及び当該許可に係る行為が前項第1号に該当する場合を除き当該許可に船舶交通の妨害を予防するため必要な条件を付することができる。

4　海上保安庁長官は，船舶交通の妨害を予防し，又は排除するため特別の必要が生じたときは，前項の規定により付した条件を変更し，又は新たに条件を付することができる。

5　海上保安庁長官は，第1項の規定による許可を受けた者が前2項の規定に

よる条件に違反したとき，又は船舶交通の妨害を予防し，若しくは排除するため特別の必要が生じたときは，その許可を取り消し，又はその許可の効力を停止することができる。

6　第1項の規定による許可を受けた者は，当該許可の期間が満了したとき，又は前項の規定により当該許可が取り消されたときは，速やかに当該工作物の除去その他原状に回復する措置をとらなければならない。

7　国の機関又は地方公共団体（港湾法の規定による港務局を含む。以下同じ。）が第1項各号に掲げる行為（同項ただし書の行為を除く。）をしようとする場合においては，当該国の機関又は地方公共団体と海上保安庁長官との協議が成立することをもって同項の規定による許可があったものとみなす。

8　港則法に基づく港の境界付近においてする第1項第1号に掲げる行為については，同法第31条第1項（同法第45条において準用する場合を含む。）の規定による許可を受けたときは第1項の規定による許可を受けることを要せず，同項の規定による許可を受けたときは同法第31条第1項（同法第45条において準用する場合を含む。）の規定による許可を受けることを要しない。

1）規則第26条（法第41条の参照表参照158頁，届出を要しない行為）

2）令第7条別表第3

立法趣旨

大規模な埋立て工事，連絡架橋・湾岸道路・横断道路の建設，航路の開発，大型漁礁の設置等に伴う種々の工事・作業は船舶交通の阻害や海難の原因となるおそれがある。なかでも海上交通安全法で規定されている航路は，可航幅が狭い等の自然的制約があり，且つ，船舶交通がふくそうしているので，航路とその周辺においては，工事・作業は原則禁止とし，一定の行為を除き，海上保安庁長官の許可制とし，船舶交通の安全を図ろうとしたもの。

解説　❶　工事・作業等の許可

航路の海域並びに航路の側方200 m以内の海域（令第7条）及び航路の出入口の航行経路に沿った1,500 m以内の海域（航路周辺の海域）（令第7条別表第3）において，工事又は作業を行い又は工作物の設置を行おうとする者（通常の管理行為，軽易な行為として規則第24条各号に定める行為を行おうとする者を除く。）は，所轄の海上保安部長を経由して申請し，管区海上保安本部長の許可を受けなければならない（許可の申請手続については規則第25条参照)。

ただし，上記海域が港湾法の港湾区域内であるときは，工作物の設置については，本条の許可は不要である（第1項)。

許可の必要な工事・作業の例としては，浚渫，海底電線の敷設，掃海，測量及び水中作業，ケーソン・漁礁等の設置等である。

❷ 許可要件

許可の申請をする者は，「工事・作業を行おうとする者」あるいは「工作物を設置しようとする者」である。

許可の申請をうけた管区海上保安本部長は，その行為が船舶交通の妨害となるおそれがない場合又は公益上やむを得ず，一時的に行われる場合には許可をしなければならない（第2項)。

❸ 許可の期間及び条件

管区海上保安本部長は，許可をする場合に，必要があるときは，許可の期間を定め，船舶交通の妨害を予防するために必要な灯火・標識の表示，警戒船の配備等の条件を付することができる（第3項)。

❹ 許可の取消し等

① 許可を受けた者が許可に付した条件に違反したとき

② 船舶交通の妨害を予防し，又は排除するための特別の必要が生じたときには，管区海上保安本部長は許可を取り消し，又は効力を停止することができる（第5項)。

❺ 原状回復義務

許可が失効したときは再度許可を得ない限り，工作物を除去するなどにより着手前と同様の状態に戻さなければならない（第6項)。

❻ 国等の特例

国の機関又は地方公共団体（港務局（現在のところ新居浜港だけ）を含む。）が許可を必要とする行為をしようとするときは，管区海上保安本部長に協議し，その協議が成立することをもって許可があったものとみなす（第7項)。

❼ 港則法との関係

港則法の港域外であっても境界付近であれば工事又は作業を行うときは，港長の許可をうけることとなるが，このようなときは港則法の許可か本法の許可のいずれか一方を受ければよいこととなっている（第8項）。

罰則　(1) 第1項の規定に違反した者及び第3項，第4項により付された条件に違反した者―3月以下の懲役又は30万円以下の罰金（法第51条第2項第1号）

(2) 第6項の規定に違反した者―30万円以下の罰金（法第53条第2項）

法人の代表者又は法人若しくは人の代理人，使用人その他の従業者が，その法人又は人の業務に関し，上記の違反行為をしたときは，行為者を罰するほか，その法人又は人に対して，それぞれについて規定されている罰金刑が科される。

図解　航路及びその周辺海域（図3-1～6）

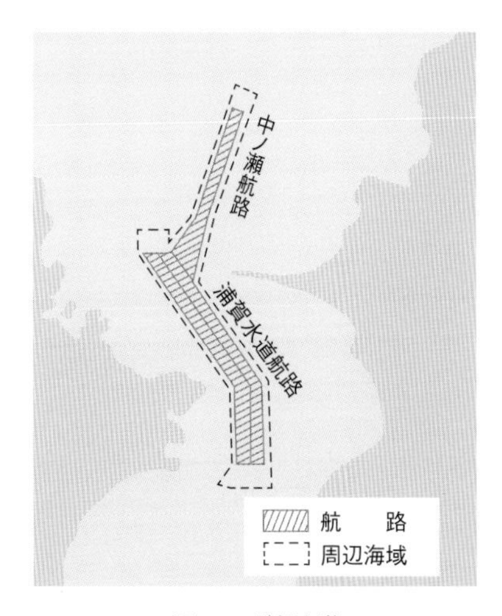

図3-1　浦賀水道

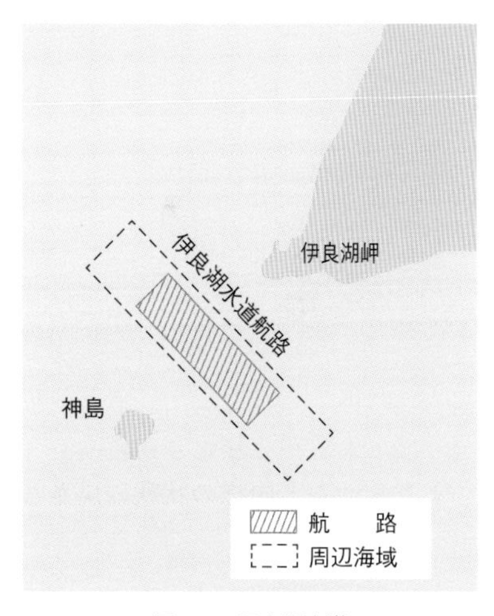

図3-2　伊良湖水道

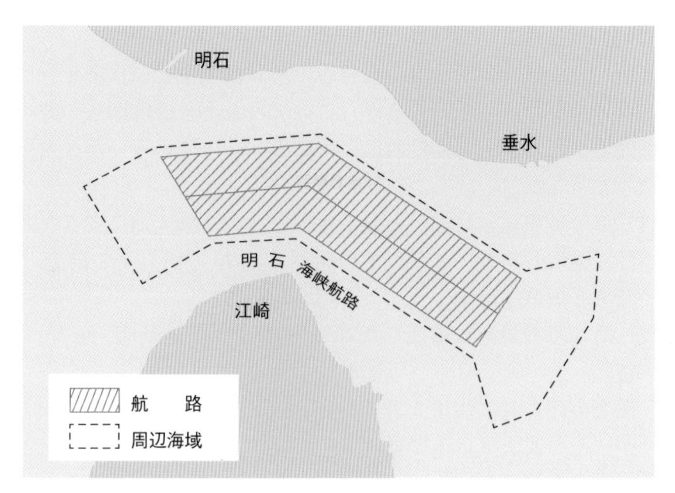

図 3-3　明石海峡

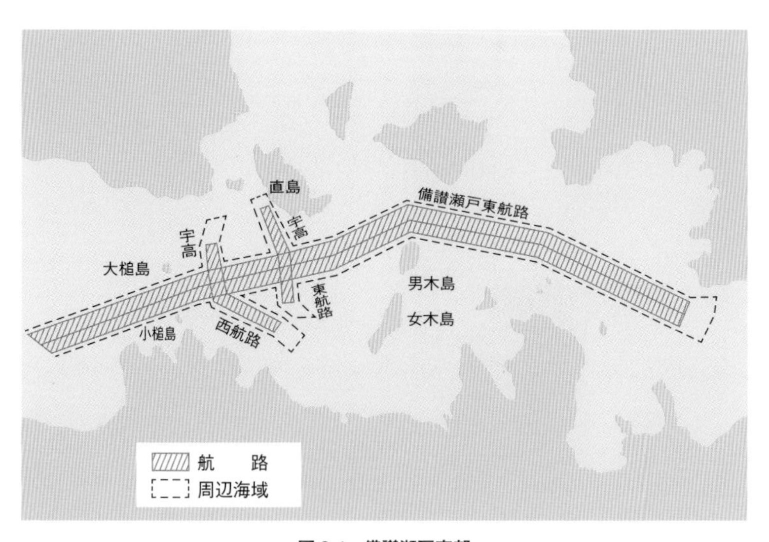

図 3-4　備讃瀬戸東部

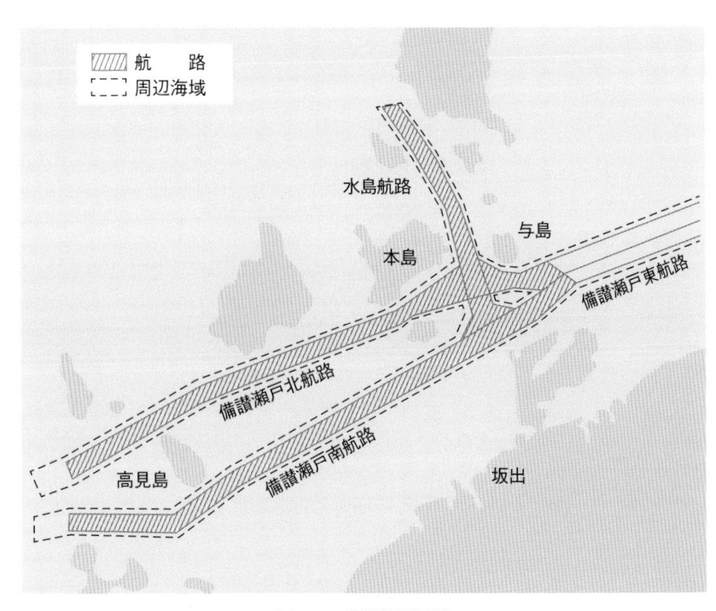

図 3-5　備讃瀬戸西部

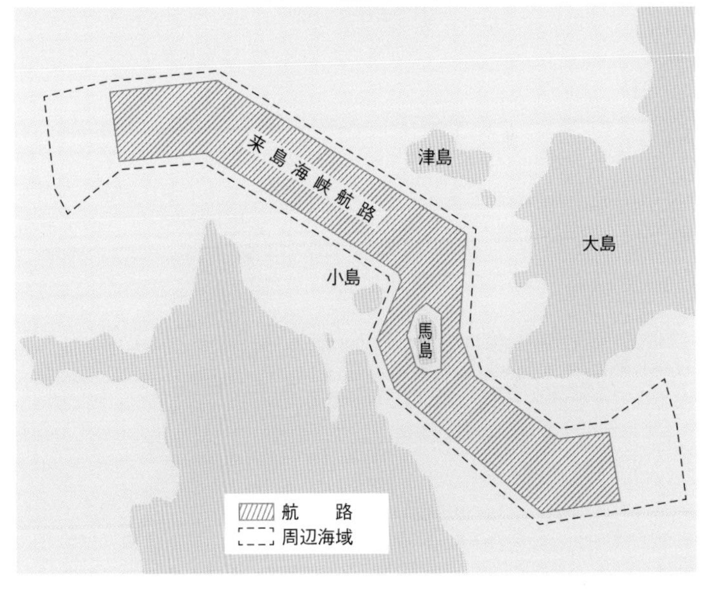

図 3-6　来島海峡

第 41 条　航路及びその周辺の海域以外の海域における工事等

第 41 条　次の各号のいずれかに該当する者は，あらかじめ，当該各号に掲げる行為をする旨を海上保安庁長官に届け出なければならない。ただし，通常の管理行為，軽易な行為その他の行為で国土交通省令1)で定めるものについては，この限りでない。

(1) 前条第 1 項第 1 号に掲げる海域以外の海域において工事又は作業をしようとする者

(2) 前号に掲げる海域（港湾区域と重複している海域を除く。）において工作物の設置をしようとする者

2　海上保安庁長官は，前項の届出に係る行為が次の各号のいずれかに該当するときは，当該届出のあった日から起算して 30 日以内に限り，当該届出をした者に対し，船舶交通の危険を防止するため必要な限度において，当該行為を禁止し，若しくは制限し，又は必要な措置をとるべきことを命ずることができる。

(1) 当該届出に係る行為が船舶交通に危険を及ぼすおそれがあると認められること。

(2) 当該届出に係る行為が係留施設を設置する行為である場合においては，当該係留施設に係る船舶交通が他の船舶交通に危険を及ぼすおそれがあると認められること。

3　海上保安庁長官は，第 1 項の届出があった場合において，実地に特別な調査をする必要があるとき，その他前項の期間内に同項の処分をすることができない合理的な理由があるときは，その理由が存続する間，同項の期間を延長することができる。この場合においては，同項の期間内に，第 1 項の届出をした者に対し，その旨及び期間を延長する理由を通知しなければならない。

4　国の機関又は地方公共団体は，第 1 項各号に掲げる行為（同項ただし書の行為を除く。）をしようとするときは，同項の規定による届出の例により，海上保安庁長官にその旨を通知しなければならない。

5　海上保安庁長官は，前項の規定による通知があった場合において，当該通知に係る行為が第 2 項各号のいずれかに該当するときは，当該国の機関又は地方公共団体に対し，船舶交通の危険を防止するため必要な措置をとることを要請することができる。この場合において，当該国の機関又は地方公共団体は，そのとるべき措置について海上保安庁長官と協議しなければならな

い。

6 港則法に基づく港の境界付近においてする第1項第1号に掲げる行為については，同法第31条第1項（同法第45条において準用する場合を含む。）の規定による許可を受けたときは，第1項の規定による届出をすることを要しない。

1）規則第26条（参照表参照158頁，届出を要しない行為）

立法趣旨

海上交通安全法が適用される航路及びその周辺海域以外の海域であっても，一般に船舶交通がふくそうしているので，工事・作業は船舶交通の阻害や海難の原因となるおそれがあるので，航路及びその周辺の海域以外の海域においても船舶交通の安全を図ろうとしたもの。

解説 ❶ 工事・作業等の届出

航路及びその周辺の海域以外の適用海域で工事若しくは作業をしようとし又は工作物の設置をしようとする者（通常の行為，軽易な行為として規則第26条各号に掲げる行為をしようとする者を除く。）は，所轄の海上保安（監）部長を経由して管区海上保安本部長に届け出なければならない（届出手続については規則第27条参照）（第1項）。

❷ 措置命令

届出をうけた管区海上保安本部長は，当該行為が船舶交通に危険を及ぼすおそれがあると認めたときは，原則として届出のあった日から起算して，30日以内に限り，船舶交通の危険を防止するため必要な限度において，当該行為の禁止，制限，灯火・標識の設置等を命じることができる（第2項）。

しかし，行為の内容について十分な説明がない等やむを得ない事由のあるときは，30日を超えて必要な措置をとることを命ずることができる（第3項）。

❸ 国等の特例

国の機関又は地方公共団体（港務局を含む。）は一般人の届出の例にならって管区海上保安本部長に通知をしなければならない（第4項）。そして通知された行為が船舶交通に危険を及ぼすおそれがあるときには，管区海上保安本部長は国の機関又は地方公共団体に対し，危険を防止するため必要な措置をとることを要請することができる。要請をうけた国又は地方公共団体は，とるべき措置について管区海上保安本部長と協議しなければならない（第5項)。

❹　港則法との関係

港則法の港域の境界付近において，港長から工事・作業の許可をうけたものは，本法の届出の必要はない（第6項)。

〔参　照　表〕

なお，第40条の届出及び第41条の届出に際して申請書に記載すべき事項を整理すると次の表のようになる。

許可を要しない行為（規則第24条）	届出を要しない行為（規則第26条）
①人命又は船舶の急迫した危難を避けるために行われる仮工作物の設置その他の応急措置として必要とされる行為 ②漁具の設備その他漁業を行うために必要とされる行為 ③海面の略最高高潮面からの高さが65メートルを超える空域における行為 ④海底下5メートルを超える地下における行為	①許可を要しない行為の欄の①～④の行為 ②魚礁の設置その他漁業生産基盤の整備又は開発を行うために必要とされる行為 ③ガス事業法（昭和29年法律第51号）によるガス事業の用に供するガス工作物（海底敷設導管及びその附属設備に限る。）及び電気事業法（昭和39年法律第170号）による電気事業の用に供する電気工作物（電線路及び取水管並びにこれらの附属設備に限る。）の設置

許可申請書記載事項（規則第25条）	届出書記載事項（規則第27条）
①氏名又は名称及び住所並びに法人にあっては，その代表者の氏名 ②当該行為の種類 ③当該行為の目的 ④当該行為に係る場所 ⑤当該行為の方法 ⑥当該行為により生じるおそれがある船舶交通の妨害を予防するために講ずる措置の概要 ⑦当該行為の着手及び完了の予定期日 ⑧工事又は作業をしようとする者にあっては， ㋑現場責任者の氏名及び住所 ㋺当該行為をするために使用する船舶の概要 ⑨工作物の設置をしようとする者にあっては，当該行為に係る工作物の概要	①許可申請書記載事項の欄の①～⑤及び⑦の事項 ②当該行為により生じるおそれがある船舶交通の危険を防止するために講ずる措置の概要 ③工事又は作業をしようとする者にあっては，許可申請書記載事項の欄の③の事項 ④工作物の設置をしようとする者にあっては，許可申請書記載事項の欄の⑨の事項 ⑤係留施設の設置をしようとする者にあっては，当該係留施設の使用の計画

罰則 (1) 第1項の規定に違反した者―30万円以下の罰金（法第53条第2項）

(2) 第2項の命令に違反した者―3月以下の懲役又は30万円以下の罰金（法第51条第2項第3号）

法人の代表者又は法人若しくは人の代理人，使用人その他の従業者が，その法人又は人の業務に関し，上記の違反行為をしたときは，行為者を罰するほか，その法人又は人に対してそれぞれについて規定されている罰金刑が科される。

第42条　違反行為者に対する措置命令

第42条　海上保安庁長官は，次の各号のいずれかに該当する者に対し，当該違反行為に係る工事又は作業の中止，当該違反行為に係る工作物の除去，移転又は改修その他当該違反行為に係る工事若しくは作業又は工作物の設置に関し船舶交通の妨害を予防し，又は排除するため必要な措置（第4号に掲げる者に対しては，船舶交通の危険を防止するため必要な措置）をとるべきことを命ずることができる。

(1) 第40条第1項の規定に違反して同項各号に掲げる行為をした者

(2) 第40条第3項の規定により海上保安庁長官が付し，又は同条第4項の規定により海上保安庁長官が変更し，若しくは付した条件に違反した者

(3) 第40条第6項の規定に違反して当該工作物の除去その他原状に回復する措置をとらなかった者

(4) 前条第1項の規定に違反して同項各号に掲げる行為をした者

立法趣旨

航路及びその周辺並びにそれ以外の海域において，工事・作業，工作物の設置について，現実に船舶交通を阻害又は危険が生じ，あるいは生じるおそれがある場合に，直ちにそれらの障害を除去する必要があるが，その違反行為に対し，海上保安庁長官が違反者に対して，必要な措置を命ずることにより船舶交通の安全を実効的に担保するためのもの。

解説　①　管区海上保安本部長の許可を受けないで航路又はその周辺の海

域において工事・作業等を行った者
② 管区海上保安本部長が許可に付した条件に違反した者
③ 許可の効力がなくなった後，工作物の除去その他着手前の原状に復旧する措置をとらなかった者
④ 管区海上保安本部長に届け出ずに航路及びその周辺の海域以外の海域において工事・作業等を行った者

に対し，管区海上保安本部長は，工事・作業の中止，工作物の除去，移転，改修等船舶交通の妨害を予防し，若しくは排除するため必要な措置又は船舶交通の危険を防止するため必要な措置をとることを命ずることができる。

罰則　命令に違反した者―3月以下の懲役又は30万円以下の罰金（法第51条第2項第3号）

法人の代表者又は法人，若しくは人の代理人，使用人その他の従業者が，その法人又は人の業務に関し，上記の違反行為をしたときは，行為者を罰するほか，その法人又は人に対してそれぞれについて規定されている罰金刑が科される。

● ● ● 第43条　海難が発生した場合の措置 ● ● ●

第43条　海難により船舶交通の危険が生じ，又は生ずるおそれがあるときは，当該海難に係る船舶の船長は，できる限り速やかに，国土交通省令で定めるところにより，標識の設置その他の船舶交通の危険を防止するため必要な応急の措置をとり，かつ，当該海難の概要及びとった措置について海上保安庁長官に通報しなければならない[1)]。ただし，港則法第24条の規定の適用がある場合は，この限りでない。

2　前項に規定する船舶の船長は，同項に規定する場合において，海洋汚染等及び海上災害の防止に関する法律（昭和45年法律第136号）第38条第1項，第2項若しくは第5項，第42条の2第1項，第42条の3第1項又は第42条の4の2第1項の規定による通報をしたときは，当該通報をした事項については前項の規定による通報をすることを要しない。

3　海上保安庁長官は，船長が第1項の規定による措置をとらなかったとき又は同項の規定により船長がとった措置のみによっては船舶交通の危険を防止することが困難であると認めるときは，船舶交通の危険の原因となっている

船舶（船舶以外の物件が船舶交通の危険の原因となっている場合は，当該物件を積載し，引き，又は押していた船舶）の所有者（当該船舶が共有されているときは船舶管理人，当該船舶が貸し渡されているときは船舶借入人）に対し，当該船舶の除去その他船舶交通の危険を防止するため必要な措置（海洋汚染及び海上災害の防止に関する法律第 42 条の 7 に規定する場合は，同条の規定により命ずることができる措置を除く。）をとるべきことを命ずることができる。

1）規則第 28 条，第 29 条

立法趣旨

海上交通安全法の適用海域において発生した海難により船舶交通の危険が生じ，又は生じるおそれがある場合，海難に係る船長がとらなければならい必要な措置について定めたもの。

解説 ❶ 海難が発生した場合の措置

海難に係る船舶の船長が，船舶交通の危険を防止するためにとるべき有効かつ適切な応急措置については規則第 28 条に規定されている。

第 28 条 法第 39 条第 1 項の規定による応急の措置は，次に掲げる措置のうち船舶交通の危険を防止するため有効かつ適切なものでなければならない。

(1) 当該海難により航行することが困難となった船舶を他の船舶交通に危険を及ぼすおそれがない海域まで移動させ，かつ，当該船舶が移動しないよう必要な措置をとること。

(2) 当該海難により沈没した船舶の位置を示すための指標となるように，次の表の左欄に掲げるいずれかの場所に，それぞれ同表の右欄の要件に適合する灯浮標を設置すること。沈船など新たな障害物が小さいときは，障害物上又はその付近箇所に「特殊標識」を設置し，付近海域の船舶交通がふくそうしている場合は，その区画の複数の標識を同期点滅させる方法もある。

場　所	要　　　件	トップマーク	浮標の塗色	正式名称
沈没した船舶の位置の北側	1　頭標（灯浮標の最上部に掲げられる形象物をいう。以下同じ。）は，黒色の上向き円すい形形象物２個を垂直線上に連掲したものであること。 2　標体（灯浮標の頭標及び灯火以外の海面上に出ている部分をいう。以下同じ。）は，上半部を黒，下半部を黄に塗色したものであること。 3　灯火は，連続するせん光を発する白色の全周灯であること。 4　連続するせん光は，1.2秒の周期で発せられるものであること。	▲ ▲	黒黄	北方位標識
沈没した船舶の位置の東側	1　頭標は，黒色の上向き円すい形形象物１個と黒色の下向き円すい形形象物１個とを上から順に垂直線上に連掲したものであること。 2　標体は，上部を黒，中央部を黄，下部を黒に塗色したものであること。 3　灯火は，10秒の周期で，連続するせん光３回を発する白色の全周灯であること。 4　連続するせん光は，1.2秒の周期で発せられるものであること。	▲ ▼	黒黄黒	東方位標識
沈没した船舶の位置の南側	1　頭標は，黒色の下向き円すい形形象物２個を垂直線上に連掲したものであること。 2　標体は，上半部を黄，下半部を黒に塗色したものであること。 3　灯火は，15秒の周期で，連続するせん光６回に引き続く２秒の光１回を発する白色の全周灯であること。 4　連続するせん光は，1.2秒の周期で発せられるものであること。	▼ ▼	黄黒	南方位標識
沈没した船舶の位置の西側	1　頭標は，黒色の下向き円すい形形象物１個と黒色の上向き円すい形形象物１個とを上から順に垂直線上に連掲したものであること。 2　標体は，上部を黄，中央部を黒，下部を黄に塗色したものであること。 3　灯火は，15秒の周期で，連続するせん光９回を発する白色の全周灯であること。 4　連続するせん光は，1.2秒の周期で発せられるものであること。	▼ ▲	黄黒黄	西方位標識

方位標識の覚え方

トップマークについては,

北は黒色円錐が2つとも上向き（地図の方位印の北が三角形が上と同じ）

東は黒色円錐が上下にくっついてひし形（ひし形でひがし）

南は黒色円錐が2つとも下向き（北と全く逆さま）

西は黒色円錐が尖った部分でくっついてワイングラス形（wine で West 同じ W）

標識の塗色については

黒色と黄色が順番になっており，北，東，南，西の順に，黒黄，黒黄黒，黄黒，黄黒黄

灯火については,

浮標の図に時計の文字盤を重ねてみると，時計の数字と閃光の数が同じになる

北は12時の位置なので，連続急閃光

東は3時の位置なので，3急閃光

南は6時の位置なので，6急閃光

西は9時の位置なので，9急閃光

(3) 当該海難に係る船舶の積荷が海面に脱落し，及び散乱するのを防ぐため必要な措置をとること。

図解 方位標識（図3-7・8），緊急沈船標識（図3-9）

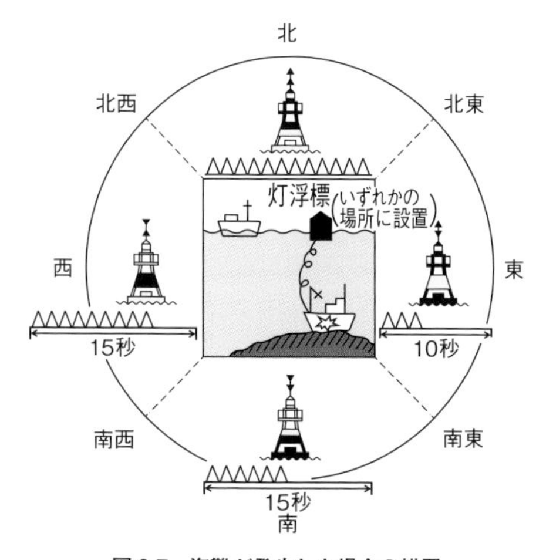

図3-7　海難が発生した場合の措置

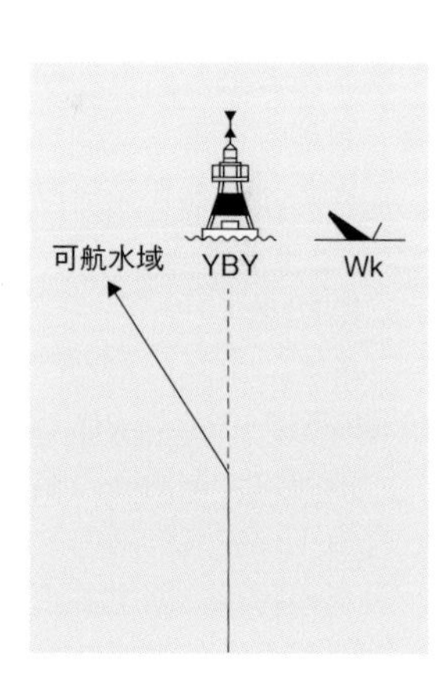

図3-8

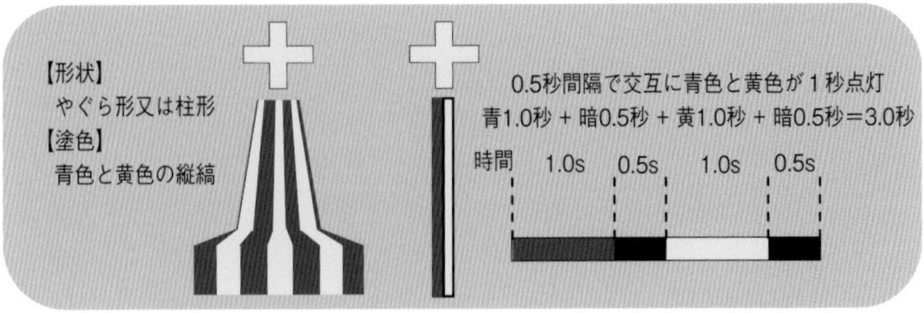

【形状】
やぐら形又は柱形
【塗色】
青色と黄色の縦縞
0.5秒間隔で交互に青色と黄色が１秒点灯
青1.0秒 + 暗0.5秒 + 黄1.0秒 + 暗0.5秒＝3.0秒
時間 1.0s 0.5s 1.0s 0.5s

図 3-9 緊急沈船標識：標識付近に沈船があることを意味する（海上保安庁ＨＰより）。

西方位標識であれば，標識の西側が可航水域であることを示している。

上記の沈船標識は船内に備え付けておくことまで義務付けられてはいない。しかし，応急措置として速やかに設置できるような準備がなされていることが望ましい。なお，応急措置として設置させる沈船標識は，航路標識法第１条第２項（航路標識法施行規則第１条）の「航路標識」として必要な光度，灯質等の性能を有したものである必要はない。

法令には規定はないが，応急措置をとる場合，沈船浮標を設置するまでの間等において，付近航行船舶の安全を担保するため，警戒船を配置する等の措置をとることが望ましい。

ここでいう船舶の積荷は，原油等の引火性液体類，木材等船舶交通に危険を生じさせるものに限られる。

❷ 海難の概要及びとった措置についての通報

海難に係る船長が海難の概要及びとった措置についての通報について規則 29 条に規定されている。

第 29 条

法第 39 条第１項の規定による通報は，当該海難の発生した海域を管轄する海上保安監部，海上保安部又は海上保安航空基地の長にしなければならない。

通報は，電話その他の方法により行う。なお，この通報は現場に急行した海上保安官を経由して行うことも可能である。また，海洋汚染及び海上災害の防止に関する法律の規定により通報した事項については，本条による通報をする必要はない。なお，港域の境界付近で発生した海難については，港則法第 24 条の規定に基づき同様の措置をとることとなる。

❸ 措置命令

個別の海難毎に，船舶交通の安全を担保するための妥当な措置が命令される。具体的な内容としては，船体が沈没した場合の船体の引き上げ，マストの切断，座礁した場合の船固め，船体の撤去，機関故障による漂流の場合の曳航，積荷が散乱した場合の収拾，除去等が考えられる。

罰則　第1項の規定に違反した者―3月以下の懲役又は30万円以下の罰金（法第51条第1項第4号）

第3項の規定による海上保安庁長官の処分に違反した者―3月以下の懲役又は30万円以下の罰金（法第51条第2項第3号）

第4章　雑　則

第44条　航路等の海図への記載

第44条　海上保安庁が刊行する海図のうち海上保安庁長官が指定するものには，第1条第2項の政令で定める境界，航路，指定海域，第5条，第6条の2及び第9条の航路の区間，浦賀水道航路，明石海峡航路及び備讃瀬戸東航路の中央，第25条第1項及び第2項の規定により指定した経路並びに第28条第1項及び第30条第1項の海域を記載するものとする。

立法趣旨

海上保安庁刊行の海図のうち，海上保安庁長官が指定する海図に，所要の事項について記載することとしたもの。

解説　❶　海図への記載事項

・適用海域と他の海域との境界（法第1条第2項）4～7頁図1-1～3参照
・航路の区域（法第2条第1項）11～15頁図1-4～9参照
・指定海域（法第2条第4項）22頁図1-15参照
・航路における速力制限区域（法第5条）37・38頁図2-19～21参照
・追越しの禁止（法第6条の2）41頁図2-23参照
・航路への出入又は横断の制限（法第9条）50・51頁図2-28～30参照
・右側通航のための航路中央を示す標識（法第11条，法第15条及び法第16条）57頁図2-33，70頁図2-42，75頁図2-45参照
・狭い水道の経路指定（法25条第1項）118頁図2-66参照
・航路外の海域における船舶交通の整理のための経路指定（法第25条第2項）120～122頁図2-67～72参照
・帆船等の灯火（法第28条第1項）129頁図2-74参照
・情報の聴取（法第30条第1項）134・135頁図2-76～80参照

電子海図を除く，主な記載事項及び指定海図を167頁表4-1に示す。

表 4-1　主な海上交通安全法関連海図一覧

海域		海図番号	図名	縮尺	航路											記載事項							
					浦賀水道航路	中ノ瀬航路	伊良湖水道航路	明石海峡航路	備讃瀬戸東航路	備讃瀬戸南航路	備讃瀬戸北航路	宇高東航路	宇高西航路	水島航路	来島海峡航路	航路の中央線	速力の制限区間	追越しの禁止区間	横断禁止区間	航路航行義務区間	適用海域境界線	狭い水道の経路	情報聴取義務海域
東京湾		90	東京湾	1/100,000	○	○										○	○		○	○	○		○
東京湾		1062	東京湾中部	1/50,000	○	○										○	○		○	○	○		○
東京湾		1081	浦賀水道	1/25,000	○	○										○	○		○	○			○
伊勢湾		1051	伊勢湾	1/100,000			○										○			○	○		○
伊勢湾		1053	伊良湖水道及付近	1/50,000			○										○			○	○		○
伊勢湾		1064	伊良湖水道	1/20,000			○										○			○	○		○
瀬戸内海	明石	106	大阪湾及播磨灘	1/125,000				○	△							○				○			○
瀬戸内海	明石	131	明石海峡及付近	1/45,000				○								○				○			○
瀬戸内海	明石	150A	大阪湾	1/80,000				○								○				○			○
瀬戸内海	備讃瀬戸	137A	備讃瀬戸東部	1/45,000					△			○	○			○	○		○	○			△
瀬戸内海	備讃瀬戸	137B	備讃瀬戸西部	1/45,000					△	○	○		△	○		○	○		○	○			△
瀬戸内海	備讃瀬戸	153	備讃瀬戸及備後灘	1/125,000					○	○	○	○	○	○	△	○	○		○	○			○
瀬戸内海	備讃瀬戸	1121	坂出港	1/10,000						△	△			△			○						△
瀬戸内海	備讃瀬戸	1122	鍋島付近	1/22,500					△	△	△			△		○	○			○			△
瀬戸内海	水島	1116	水島港及付近	1/25,000										△			○			○			△
瀬戸内海	水島	1127A	水島港東部	1/10,000										△			○			○			△
瀬戸内海	宇高	154	宇野港及付近	1/15,000								△								△			△
瀬戸内海	来島	104	来島海峡及付近	1/35,000											○			○	○	○			○
瀬戸内海	来島	132	来島海峡	1/15,000											△			△	○	△			△
瀬戸内海	来島	141	安芸灘及付近	1/60,000											△			△		△			△
瀬戸内海	来島	1108	安芸灘及広島湾	1/125,000											○			○	○	○			○
瀬戸内海		77	紀伊水道及付近	1/200,000																	○		
瀬戸内海	その他	150C	紀伊水道	1/80,000																	○		
瀬戸内海	その他	152	大畠瀬戸	1/15,000																		○	
瀬戸内海	その他	1102	伊予灘及近海	1/125,000																	○		
瀬戸内海	その他	1101	周防灘及付近	1/125,000																	○		
瀬戸内海	その他	1218	別府湾・臼杵湾及付近	1/100,000																	○		
全域		6974	ろかい船等灯火表示海域一覧図	1/300,000	○	○	○	○	○	○	○	○	○	○	○						○		

(注) 航路の欄の○印は航路の全域が記載されているもの，△印は一部のみ記載されているものである。

第4章　雑則（第44条）

❷ 規定された記載事項以外の記載事項

指定海図には，規定された記載事項以外に以下のような記載事項がある。

・航路航行義務を示す線及び義務区間を示す線
・航路の通航方向を示す矢印
・航路等を示す航路標識

第45条　航路等を示す航路標識の設置

第45条　海上保安庁長官は，国土交通省令で定めるところにより，航路，第5条，第6条の2及び第9条の航路の区間，浦賀水道航路，明石海峡航路及び備讃瀬戸東航路の中央並びに第25条第1項及び第2項の規定により指定した経路を示すための指標となる航路標識を設置[1)]するものとする。

1) 規則第30条

立法趣旨

海上交通安全法で規定されている各種の規制のうち一定のものについて，操船者が本法の規制を遵守することが容易になるようにすること，共に船舶交通の安全を確保するために航路標識を設置することを規定したもの。

解説 ❶ 法第45条には浦賀水道航路，明石海峡航路及び備讃瀬戸東航路の3つの航路のみが記載さえているが，規則30条で中ノ瀬航路，伊良湖水道航路，宇高東航路，宇高西航路，備讃瀬戸北航路，水島航路および来島海峡航路に設置されている航路標識について規定されている。

❷ 航路の側方の境界線又は中央線，速力制限又は航路の横断・出入制限の区間の境界線等を示す位置に航路標識が設置されている。日本の場合，IALA海上浮標式（B地域）が設置されている。なお，備讃瀬戸東航路，備讃瀬戸北航路の航路側方を示す航路標識が通常とは反対になっているように設置されているが，瀬戸内海の水源（宇高航路を除く。宇高航路の水源は宇野港）が阪神港となっているため，航路右側方が緑色の左舷標識，左側方が紅色の右舷標識となっている点に注意が必要。

図解 IALA 海上浮標式（B 地域）（図 4-1）

種別	標体					灯質	
	塗色	形状				灯色	光り方
		灯標	灯浮標	立標	浮標		
左舷標識	緑					緑	単せん光（毎2秒，3秒，4秒又は5秒に1せん光） 群せん光（毎6秒に2せん光） 連続急せん光 モールス符号光A，B，C又はD（周期は，A，B及びDは8秒以上30秒以下，Cは10秒以上30秒以下）
右舷標識	赤					赤	
北方位標識	上半分を黒 下半分を黄					白	連続急せん光
東方位標識	上部を黒， 中央部を黄， 下部を黒					白	群急せん光(毎10秒に3急せん光)
南方位標識	上半分を黄 下半分を黒					白	群急せん光(毎15秒に6急せん光と1長せん光)
西方位標識	上部を黄， 中央部を黒， 下部を黄					白	群急せん光(毎15秒に9急せん光)
孤立障害標識	上部を黒， 中央部を赤， 下部を黒					白	群せん光(毎5秒又は10秒に2せん光)
安全水域標識	白及び赤の縦縞					白	等明暗光(明2秒暗2秒) 長せん光(毎10秒に1長せん光) モールス符号光A(毎8秒にA)
特殊標識	黄					黄	単せん光(周期は2秒以上15秒以下) 群せん光(毎20秒に5せん光) モールス符号光(A，E，H，I，M，O，S，T及びUを除く，周期は6秒以上30秒以下)
緊急沈船標識	黄及び青の縦縞					黄及び青	明暗互光(黄1秒暗0.5秒青1秒暗0.5秒)

図 4-1　IALA 海上浮標式（B 地域）（海上保安本庁ＨＰより）

❸　近年ではあまり起こる現象ではないが，航路の区域を示す航路標識が流されて，本来の位置ではない場所にある場合もあるが，航路の区域が変動したものではない。航路標識は，航行の目安として設置されているものであることに注意すること。

第46条　交通政策審議会への諮問

第46条　国土交通大臣は，この法律の施行に関する重要事項については，交通政策審議会の意見を聴かなければならない。

立法趣旨

海上交通安全法により行われる規制は，専門的，技術的事項が多く，漁業関係者，船舶運航者等関係者も多岐にわたるので，国土交通大臣に対し，本法の施行に関する事項については，交通政策審議会の意見を聴取し，これを尊重して法を施行するように義務付けたもの。

解説　「この法律の施行に関する重要事項」とは，海域の決定に関する事項，巨大船の航行と漁ろうとの調整に関する事項，その他関係者の利害に大きな影響を及ぼす事項である。

第47条　権限の委任

第47条　この法律の規定により海上保安庁長官の権限に属する事項は，国土交通省令で定めるところ[1]により，管区海上保安本部長に行わせることができる。

2　管区海上保安本部長は，国土交通省令で定めるところ[2]により，前項の規定によりその権限に属させられた事項の一部を管区海上保安本部の事務所の長に行わせることができる。

1)，2）規則第32条

立法趣旨

海上交通安全法に規定する海上保安庁長官の権限は，極めて多岐にわたるので，権限の効率的な行使と国民の便宜を考慮して，その権限の一部を管区海上保安本部長，海上保安（監）部長又は海上交通センター所長に委任することとしたもの。

解説　委任された権限は規則32条に規定されている。

表 4-2　権限の委任

<table>
<tr><td rowspan="5">・航路外での待機の指示（法第10条の2）
・巨大船等の航行に関する通報（法第22条）
・巨大船等に対する指示（法第23条）
・海上保安庁長官が提供する情報の聴取（法第30条第1項）
・航法の遵守及び危険の防止のための勧告（法31条第1項及び第2項）</td><td>浦賀水道航路及び中ノ瀬航路</td><td>東京湾海上交通センター所長</td></tr>
<tr><td>伊良湖水道航路</td><td>第四管区海上保保安本部長</td></tr>
<tr><td>明石海峡航路</td><td>大阪湾海上交通センター所長</td></tr>
<tr><td>備讃瀬戸東航路，宇高東航路，宇高西航路，備讃瀬戸北航路，備讃瀬戸南航路及び水島航路</td><td>備讃瀬戸海上交通センター所長</td></tr>
<tr><td>来島海峡航路</td><td>来島海峡海上交通センター所長</td></tr>
<tr><td>航法の指示及び通報（法20条第3項及び第4項）</td><td>来島海峡航路</td><td>来島海峡海上交通センター所長</td></tr>
<tr><td>・航路及びその周辺の海域における工事等（法40条1項～7項）
・航路及びその周辺の海域以外の海域における工事等（法41条1項～5項）</td><td colspan="2">当該行為に係る場所を管轄する管区海上保安部長</td></tr>
<tr><td>危険防止のための交通制限等（法26条第1項）</td><td colspan="2">当該船舶交通の危険が生じ，又は生ずるおそれのある海域を管轄する管区海上保安部長</td></tr>
<tr><td>海難が発生した場合の措置（法第43条）</td><td colspan="2">当該海難が発生した海域を管轄する管区海上保安本部長の権限を海上保安監部，海上保安部又は海上保安航空基地の長が行う</td></tr>
</table>

第48条　行政手続法の適用除外

第48条　第10条の2，第20条第3項，第32条第1項又は第39条の規定による処分については，行政手続法（平成5年法律第88号）第3章の規定は，適用しない。

立法趣旨

行政手続法に基づいて行う不利益処分の取り扱いについて定めたもの。

解説　行政手続法に定める不利益処分の適用を除外することとしたもの。

第49条　国土交通省令への委任

第49条　この法律に規定するもののほか，この法律の実施のため必要な手続その他の事項は，国土交通省令で定める。

立法趣旨

海上交通安全法の規定の実施に必要な手続きを定めたもの。

解説　本法の規定を実施するのに必要な手続等につき一括して国土交通省令に委任したもの。

第50条　経過措置

第50条　この法律の規定に基づき政令又は国土交通省令を制定し，又は改廃する場合においては，それぞれ，政令又は国土交通省令で，その制定又は改廃に伴い合理的に必要と判断される範囲内において，所要の経過措置（罰則に関する経過措置を含む。）を定めることができる。

立法趣旨

海上交通安全法に関連する法令の制定及び改廃に必要な措置を定めたもの。

解説　本法に基づく政令もしくは国土交通省令を制定又は改廃する場合に必要な経過措置を定めることを政令及び国土交通省令に委任したもの。

第5章　罰　　　則

第51条　次の各号のいずれかに該当する者は，3月以下の懲役又は30万円以下の罰金に処する。

(1) 第10条の規定の違反となるような行為をした者

(2) 第10条の2，第26条第1項，第32条第1項又は第39条の規定による海上保安庁長官の処分の違反となるような行為をした者

(3) 第23条の規定による海上保安庁長官の処分に違反した者

(4) 第43条第1項の規定に違反した者

2　次の各号のいずれかに該当する場合には，その違反者行為をした者は，3月以下の懲役又は30万円以下の罰金に処する。

(1) 第40条第1項の規定に違反したとき。

(2) 第40条第3項の規定により海上保安庁長官が付し，又は同条第4項の規定により海上保安庁長官が変更し，若しくは付した条件に違反したとき。

(3) 第41条第2項，第42条又は第43条第3項の規定による海上保安庁長官の処分に違反したとき。

第52条　第4条，第5条，第9条，第11条，第15条，第16条又は第18条第1項若しくは第2項の規定の違反となるような行為をした者は，50万円以下の罰金に処する。

第53条　次の各号のいずれかに該当する者は，30万円以下の罰金に処する。

(1) 第7条又は第27条第1項の規定の違反となるような行為をした者

(2) 第22条又は第36条の規定に違反した者

2　第40条第6項又は第41条第1項の規定に違反したときは，その違反行為をした者は，30万円以下の罰金に処する。

第54条　法人の代表者又は法人若しくは人の代理人，使用人その他の従業者が，その法人又は人の業務に関し，第51条第2項又は前条第2項の違反行為をしたときは，行為者を罰するほか，その法人又は人に対して，各本条の罰金刑を科する。

※令和4 (2022) 年法律第68号の施行に基づき，海上交通安全法第51条第1項及び第2項の本文中「懲役」は，令和7 (2025) 年6月1日から「拘禁刑」と改正されます。

立法趣旨

規定されている罰則は，海上交通安全法の義務違反に対して制裁を加えることによって，法の実効性を確保するとともに，義務者に義務の履行を促すもの。

解説 ❶ 刑法の適用

海上交通安全法に規定する罰則は，特別の規定のある場合のほかは，原則として刑法の総則規定（刑法8条）が適用される。

❷ 海難審判，民事裁判等による避航に関する義務違反の判断

航法に関する規定，特に避航に関する規定の義務違反については，履行すべき状況の判断が複雑であることから，本法では罰則を規定していない。避航に関する義務違反については，海難審判，民事裁判等の制度によって判断される。

❸ 両罰規定

海上交通安全法第36条から38条の違反行為が対象である。これらの規定は，船舶という特別の主体に義務がかせられていないので，通常の事業所を対象としたものであるので，両罰規定（従業者及び業務主の両方に罰則を科す）が適用される。なお，平成21年7月3日法律第69号港則法及び海上交通安全法の一部を改正する法律で，罰則の内の罰金について，厳罰化が図られ以前の10倍に変更された。

表5-1 罰 則

条文番号	罰則	海上交通安全法	
		条文番号	条文内容概要
51条	3月以下の懲役又は30万円以下の罰金	第10条	びょう泊の禁止
		第10条の2	航路外での待機の指示
		第26条第1項	危険防止のための交通制限
		第23条	巨大船等に対する指示
		第40条第1項	工事等の許可
		第40条第3項	工事等の許可に附する期間，条件
		第40条第4項	条件の変更等
		第41条第2項	工事等の届出に対する措置命令
		第42条	違反行為者に対する措置命令

		第 43 条第 1 項	海難が発生した場合の措置
		第 43 条第 3 項	海難が発生した場合の措置命令
52 条	50 万円以下の罰金	第 4 条	航路航行義務
		第 5 条	速力の制限
		第 9 条	航路への出入又は航路の横断の制限
		第 11 条	浦賀水道航路及び中ノ瀬航路の航法
		第 15 条	明石海峡航路の航法
		第 16 条	備讃瀬戸東航路，宇高東航路及び宇高西航路の航法
		第 18 条第 1 項	備讃瀬戸北航路の航法
		第 18 条第 2 項	備讃瀬戸南航路の航法
53 条	30 万円以下の罰金	第 7 条	行先の表示
		第 27 条第 1 項	巨大船及び危険物積載船の灯火等
		第 22 条	巨大船等の航行に関する通報
		第 40 条第 6 項	原状回復措置
		第 41 条第 1 項	工事等の届出

※令和 4 (2022) 年法律第 68 号の施行に基づき，海上交通安全法第 51 条第 1 項及び第 2 項の本文中「懲役」は，令和 7 (2025) 年 6 月 1 日から「拘禁刑」と改正されます。

附　　則　省略

❖航　海❖

航海学(上)(6訂版)(下)(5訂版)	辻・航海学研究会著	4,400円 4,400円
航海学概論(改訂版)	鳥羽商船高専ナビゲーション技術研究会編	3,520円
航海応用力学の基礎(3訂版)	和田著	4,180円
実践航海術	関根監修	4,180円
海事一般がわかる本(改訂版)	山崎著	3,300円
天文航法のABC	廣野著	3,300円
平成27年練習用天測暦	航技研編	1,650円
新訂 初心者のための海図教室	吉野著	2,530円
四・五・六級航海読本(2訂版)	及川著	3,960円
四・五・六級運用読本(改訂版)	及川著	3,960円
船舶運用学のABC	和田著	3,740円
魚探とソナーとGPSとレーダーと舶用電子機器の極意(改訂版)	須磨著	2,750円
新版 電波航法	今津・榧野共著	2,860円
航海計器シリーズ①基礎航海計器(改訂版)	米沢著	2,640円
航海計器シリーズ②新訂増補 ジャイロコンパスとオートパイロット	前畑著	4,180円
航海計器シリーズ③新訂 電波計器	若林著	4,400円
船用電気・情報基礎論	若林著	3,960円
詳説 航海計器(改訂版)	若林著	4,950円
航海当直用レーダープロッティング用紙	航海技術研究会編著	2,200円
操船の理論と実際(増補版)	井上著	5,280円
操船実学	石畑著	5,500円
曳船とその使用法(2訂版)	山縣著	2,640円
船舶通信の基礎知識(3訂増補版)	鈴木著	3,300円
旗と船舶通信(6訂版)	三谷・古藤共著	2,640円
大きな図で見るやさしい実用ロープ・ワーク(改訂版)	山﨑著	2,640円
ロープの扱い方・結び方	堀越・橋本共著	880円
How to ロープ・ワーク	及川・石井・亀田共著	1,100円

❖機　関❖

機関科一・二・三級執務一般	細井・佐藤・須藤共著	3,960円
機関科四・五級執務一般(3訂版)	海教研編	1,980円
機関学概論(改訂版)	大島商船高専マリンエンジニア育成会編	2,860円
機関計算問題の解き方	大西著	5,500円
舶用機関システム管理	中井著	3,850円
初等ディーゼル機関(改訂増補版)	黒沢著	3,740円
新訂 舶用ディーゼル機関教範	岡田他共著	4,950円
舶用ディーゼルエンジン	ヤンマー編著	2,860円
初心者のためのエンジン教室	山田著	1,980円
蒸気タービン要論	角田著	3,960円
詳説舶用蒸気タービン(上)(下)	古川・杉田共著	9,900円 9,900円
なるほど納得!パワーエンジニアリング(基礎編)(応用編)	杉田著	3,520円 4,950円
ガスタービンの基礎と実際(3訂版)	三輪著	3,300円
制御装置の基礎(3訂版)	平野著	4,180円
ここからはじめる制御工学	伊藤監修 章著	2,860円
舶用補機の基礎(増補9訂版)	島田・渡邊共著	5,940円
舶用ボイラの基礎(6訂版)	西野・角田共著	6,160円
船舶の軸系とプロペラ	石原著	3,300円
舶用金属材料の基礎	盛田著	4,400円
金属材料の腐食と防食の基礎	世利著	3,080円
わかりやすい材料学の基礎	菱田著	3,080円
エンジニアのための熱力学	刑部監修 角田・山口共著	4,400円

■航海訓練所シリーズ(海技教育機構編著)

帆船　日本丸・海王丸を知る(改訂版)	2,640円
読んでわかる　三級航海　航海編(2訂版)	4,400円
読んでわかる　三級航海　運用編(2訂版)	3,850円
読んでわかる　機関基礎(2訂版)	1,980円

❈海運・港湾・流通❈

✣海運実務✣

新訂 外航海運概論(改訂版)	森編著	4,730円
内航海運概論	畑本・古莊共著	3,300円
設問式 定期傭船契約の解説(新訂版)	松井著	5,940円
傭船契約の実務的解説(3訂版)	谷本・宮脇共著	7,700円
設問式 船荷証券の実務的解説	松井・黒澤編著	4,950円
設問式 シップファイナンス入門	秋葉編著	3,080円
設問式 船舶衝突の実務的解説	田川監修・藤沢著	2,860円
海損精算人が解説する共同海損実務ガイダンス	重松監修	3,960円
LNG船がわかる本(新訂版)	糸山著	4,840円
LNG船運航のABC(2訂版)	日本郵船LNG船運航研究会 著	4,180円
LNGの計量 ―船上計量から熱量計算まで―	春田著	8,800円
ばら積み船の運用実務	関根監修	4,620円
載貨と海上輸送(改訂版)	運航技術研編	4,840円
海上貨物輸送論	久保著	3,080円
国際物流のクレーム実務―NVOCCはいかに対処するか―	佐藤著	7,040円
船会社の経営破綻と実務対応	佐藤・雨宮共著	4,180円
海事仲裁がわかる本	谷本著	3,080円

✣海難・防災✣

新訂 船舶安全学概論(改訂版)	船舶安全学研究会著	3,080円
海の安全管理学	井上著	2,640円

✣海上保険✣

漁船保険の解説	三宅・浅田・菅原 共著	3,300円
海上リスクマネジメント(2訂版)	藤沢・横山・小林 共著	6,160円
貨物海上保険・貨物賠償クレームのQ&A(改訂版)	小路丸著	2,860円
貿易と保険実務マニュアル	石原・土屋・水落・吉永共著	4,180円

✣液体貨物✣

液体貨物ハンドブック(2訂版)	日本海事検定協会監修	4,400円

■油濁防止規程　内航総連編

150トン以上200トン未満タンカー用	1,100円
200トン以上タンカー用	1,100円
400トン以上ノンタンカー用	1,760円

■有害液体汚染・海洋汚染防止規程　内航総連編

有害液体汚染防止規程(150トン以上200トン未満)	1,320円
〃 (200トン以上)	2,200円
海洋汚染防止規程(400トン以上)	3,300円

✣港　湾✣

港湾倉庫マネジメント ―戦略的思考と黒字化のポイント―	春山著	4,180円
港湾知識のABC(13訂版)	池田・恩田共著	3,850円
港運実務の解説(6訂版)	田村著	4,180円
新訂 港運がわかる本	天田・恩田共著	4,180円
港湾荷役のQ&A(改訂増補版)	港湾荷役機械システム協会編	4,840円
港湾政策の新たなパラダイム	篠原著	2,970円
コンテナ港湾の運営と競争	川崎・寺田・手塚 編著	3,740円
日本のコンテナ港湾政策	津守著	3,960円
クルーズポート読本(2024年版)	みなと総研監修	3,080円
「みなと」のインフラ学	山縣・加藤編著	3,300円

✣物流・流通✣

国際物流の理論と実務(6訂版)	鈴木著	2,860円
すぐ使える実戦物流コスト計算	河西著	2,200円
新流通・マーケティング入門	金他共著	3,080円
グローバル・ロジスティクス・ネットワーク	柴崎編	3,080円
増補改訂 貿易物流実務マニュアル	石原著	9,680円
輸出入通関実務マニュアル	石原・松岡共著	3,630円
ココで差がつく! 貿易・輸送・通関実務	春山著	3,300円
新・中国税関実務マニュアル	岩見著	3,850円
リスクマネジメントの真髄 ―現場・組織・社会の安全と安心―	井上編著	2,200円
ヒューマンファクター ―安全な社会づくりをめざして―	日本ヒューマンファクター研究所編	2,750円
シニア社会の交通政策 ―高齢化時代のモビリティを考える―	高田著	2,860円
交通インフラ・ファイナンス	加藤・手塚共著	3,520円
ネット通販時代の宅配便	林・根本編著	3,080円
道路課金と交通マネジメント	根本・今西編著	3,520円
現代交通問題 考	衛藤監修	3,960円
運輸部門の気候変動対策	室町著	3,520円
交通インフラの運営と地域政策	西藤著	3,300円
交通経済	今城監訳	3,740円
駐車施策からみたまちづくり	高田監修	3,520円

❈辞　典・外国語❈

✣辞　典✣

英和海事大辞典(新装版)	逆井編	17,600円
和英英和船舶用語辞典(2訂版)	東京商船大辞典編集委員会編	5,500円
英和海洋航海用語辞典(2訂増補版)	四之宮編	3,960円
英和和英機関用語辞典(2訂版)	升田編	3,520円
新訂 図解 船舶・荷役の基礎用語	宮本編著 新日検改訂	4,730円
LNG船・荷役用語集(改訂版)	ダイアモンド・ガス・オペレーション㈱編著	6,820円
海に由来する英語事典	飯島・丹羽共訳	7,040円
船舶安全法関係用語事典(第2版)	上村編著	8,580円
最新ダイビング用語事典	日本水中科学協会編	5,940円
世界の空港事典	岩見他編著	9,900円

✣外国語✣

新版英和対訳IMO標準海事通信用語集	海事局監修	5,500円
英文和文新訂 航海日誌の書き方	水島著	2,420円
実用英文機関日誌記載要領	岸本大橋共著	2,200円
新訂 船員実務英会話	水島編著	1,980円
復刻版海の英語 —イギリス海事用語根源—	佐波著	8,800円
海の物語(改訂増補版)	商船高専英語研究会編	1,760円
機関英語のベスト解釈	西野著	1,980円
海の英語に強くなる本 —海技試験を徹底攻略—	桑田著	1,760円

❈法令集・法令解説❈

✣法　令✣

海事法令シリーズ①海運六法	海事局監修	23,100円
海事法令シリーズ②船舶六法	海事局監修	52,800円
海事法令シリーズ③船員六法	海事局監修	41,250円
海事法令シリーズ④海上保安六法	保安庁監修	23,650円
海事法令シリーズ⑤港湾六法	海事法令研究会編	23,100円
海技試験六法	海技課監修	5,500円
実用海事六法	国土交通省監修	46,200円
最新小型船舶漁船安全関係法令	安基課・測度課監修	7,040円
加除式危険物船舶運送及び貯蔵規則並びに関係告示(加除済み台本)	海事局監修	30,250円
危険物船舶運送及び貯蔵規則並びに関係告示(追録23号)	海事局監修	29,150円
最新船員法及び関係法令	船員政策課監修	7,700円
最新船舶職員及び小型船舶操縦者法関係法令	海技・振興課監修	7,480円
最新水先法及び関係法令	海事局監修	3,960円
英和対訳2021年STCW条約[正訳]	海事局監修	30,800円
英和対訳 国連海洋法条約[正訳]	外務省海洋課監修	8,800円
英和対訳 2006年ILO海上労働条約[正訳] 2021年改訂版	海事局監修	7,700円
船舶油濁損害賠償保障関係法令・条約集	日本海事センター編	7,260円
国際船舶・港湾保安法及び関係法令	政策審議官監修	4,400円

✣法令解説✣

シップリサイクル条約の解説と実務	大坪他著	5,280円
海事法規の解説	神戸大学編著	5,940円
四・五・六級海事法規読本(3訂版)	及川著	3,740円
運輸安全マネジメント制度の解説	木下著	4,400円
船舶検査受検マニュアル(増補改訂版)	海事局監修	22,000円
船舶安全法の解説(5訂版)	有馬　編	5,940円
図解 海上衝突予防法(11訂版)	藤本著	3,520円
図解 海上交通安全法(10訂版)	藤本著	3,520円
図解 港則法(3訂版)	國枝・竹本著	3,520円
逐条解説 海上衝突予防法	河口著	9,900円
海洋法と船舶の通航(増補2訂版)	日本海事センター編	3,520円
船舶衝突の裁決例と解説	小川著	7,040円
海難審判裁決評釈集	21海事総合事務所編著	5,060円
1972年国際海上衝突予防規則の解説(第7版)	松井・赤地・久古共訳	6,600円
新編 漁業法のここが知りたい(2訂増補版)	金田著	3,300円
新編 漁業法詳解(増補5訂版)	金田著	10,890円
概説 改正漁業法	小松監修 有薗著	3,740円
実例でわかる漁業法と漁業権の課題	小松有薗共著	4,180円
海上衝突予防法史概説	岸本編著	22,407円
航空法(2訂版) —国際法と航空法令の解説—	池内著	5,500円

〔著者略歴〕

藤本昌志　ふじもとしょうじ

1991年　神戸商船大学卒業
　　　　日本郵船株式会社 入社
1996年　運輸省航海訓練所 出向
1997年　日本郵船株式会社 復帰
1999年　神戸商船大学商船学部 助手
2003年　神戸大学海事科学部 助手
2005年　独立行政法人航海訓練所 入所
2006年　国立大学法人神戸大学海事科学部 助教授
2007年　国立大学法人神戸大学大学院海事科学研究科 准教授
2019年　国立大学法人神戸大学海洋教育研究基盤センター 准教授
2022年　国立大学法人神戸大学大学院海事科学研究科 教授
　　　　附属練習船 海神丸 船長
　博士（法学），一級海技士（航海）

図解 海上交通安全法（11訂版）　定価はカバーに表示してあります。

1973年9月28日　初版発行
2024年7月28日　11訂初版発行

著　者　藤本　昌志
発行者　小川　啓人
印　刷　三和印刷株式会社
製　本　東京美術紙工協業組合

発行所 株式会社 成山堂書店

〒160-0012　東京都新宿区南元町4番51　成山堂ビル
TEL：03(3357)5861　FAX：03(3357)5867
URL　https://www.seizando.co.jp
落丁・乱丁本はお取り換えいたしますので，小社営業チーム宛にお送りください。

ISBN 978-4-425-29039-0

付　　　録

1. 海上交通安全法 …… 2

2. 海上交通安全法施行令 …… 22

3. 海上交通安全法施行規則 …… 24

海上交通安全法

（昭和四十七年七月三日 法律第百十五号）

改正
昭和五一年六月一日法律第四七号
同五二年六月一日同第六二号
同五三年七月五日同第八七号
同五八年四月五日同第二二号
同五八年五月二六日同第五八号
同五八年一二月二日同第七八号
平成五年一一月一二日同第八九号
同七年五月一二日同第九〇号
同一一年一二月二二日同第一六〇号
同一二年五月一九日同第七八号
同一三年六月二九日同第九二号
同一六年四月二一日同第三六号
同一八年六月一四日同第六八号
同二一年七月三日同第六九号
同二八年五月一八日同第四二号
令和三年六月二日同第五三号
同四年六月一七日同第六八号
同五年五月二六日同第三四号

目次

第一章　総則（第一条・第二条）
第二章　交通方法
　第一節　航路における一般的航法（第三条―第十条の二）
　第二節　航路ごとの航法（第十一条―第二十一条）
　第三節　特殊な船舶の航路における交通方法の特則（第二十二条―第二十四条）
　第四節　航路以外の海域における航法（第二十五条）
　第五節　危険防止のための交通制限等（第二十六条）
　第六節　灯火等（第二十七条―第二十九条）
　第七節　船舶の安全な航行を援助するための措置（第三十条・第三十一条）
　第八節　異常気象等時における措置（第三十二条―第三十五条）
　第九節　指定海域における措置（第三十六条―第三十九条）
第三章　危険の防止（第四十条―第四十三条）
第四章　雑則（第四十四条―第五十条）
第五章　罰則（第五十一条―第五十四条）
附則

改　目次一部改正（平二八法四二・令三法五三）

第一章　総則

（目的及び適用海域）

第一条　この法律は、船舶交通がふくそうする海域における船舶交通について、特別の交通方法を定めるとともに、その危険を防止するための規制を行なうことにより、船舶交通の安全を図ることを目的とする。

2　この法律は、東京湾、伊勢湾（伊勢湾の湾口に接する海域及び三河湾のうち伊勢湾に接する海域を含む。）及び瀬戸内海のうち次の各号に掲げる海域以外の海域に適用するものとし、これらの海域と他の海域（次の各号に掲げる海域を除く。）との境界は、政令で定める。

一　港則法（昭和二十三年法律第百七十四号）に基づく港の区域

二　港則法に基づく港以外の港である港湾に係る港湾法（昭和二十五年法律第二百十八号）第二条第三項に規定する港湾区域

三　漁港及び漁場の整備等に関する法律（昭和二十五年法律第

百三十七号）第六条第一項から第四項までの規定により市町村長、都道府県知事又は農林水産大臣が指定した漁港の区域内の海域

四　陸岸に沿う海域のうち、漁船以外の船舶が通常航行していない海域として政令で定める海域

改　㊂一部改正（昭五三法八七・平一二法七八・平一三法九二・令五法三四）
参　二項の「政令」―施行令一・二

（定義）

第二条　この法律において「航路」とは、別表に掲げる海域における船舶の通路として政令で定める海域をいい、その名称は同表に掲げるとおりとする。

2　この法律において、次の各号に掲げる用語の意義は、それぞれ当該各号に定めるところによる。

一　船舶　水上輸送の用に供する船舟類をいう。

二　巨大船　長さ二百メートル以上の船舶をいう。

三　漁ろう船等　次に掲げる船舶をいう。

イ　漁ろうに従事している船舶

ロ　工事又は作業を行つているため接近してくる他の船舶の進路を避けることが容易でない国土交通省令で定める船舶で国土交通省令で定めるところにより灯火又は標識を表示しているもの

3　この法律において「漁ろうに従事している船舶」、「長さ」及び「汽笛」の意義は、それぞれ海上衝突予防法（昭和五十二年法律第六十二号）第三条第四項及び第十項並びに第三十二条第一項に規定する当該用語の意義による。

4　この法律において「指定海域」とは、地形及び船舶交通の状況からみて、非常災害が発生した場合に船舶交通が著しくふくそうすることが予想される海域のうち、二以上の港則法に基づく港に隣接するものであつて、レーダーその他の設備により当該海域における船舶交通を一体的に把握することができる状況にあるものとして政令で定めるものをいう。

改　②③一部改正（昭五二法六二）、②一部改正（平一一法一六〇）、④追加（平二八法四二）
参　一項の「政令」―施行令三、四項の「政令」―施行令四、二項の「省令」―施行規則二

第二章　交通方法

第一節　航路における一般的航法

（避航等）

第三条　航路外から航路に入り、航路から航路外に出、若しくは航路を横断しようとし、又は航路をこれに沿わないで航行している船舶（漁ろう船等を除く。）は、航路をこれに沿つて航行している他の船舶と衝突するおそれがあるときは、当該他の船舶の進路を避けなければならない。この場合において、海上衝突予防法第九条第二項、第十二条第一項、第十三条第一項、第十四条第一項、第十五条第一項前段及び第十八条第一項（第四号に係る部分に限る。）の規定は、当該他の船舶について適用しない。

2　航路外から航路に入り、航路から航路外に出、若しくは航路を横断しようとし、若しくは航路をこれに沿わないで航行している漁ろう船等又は航路で停留している船舶は、航路をこれに沿つて航行している巨大船と衝突するおそれがあるときは、当該巨大船の進路を避けなければならない。この場合において、海上衝突予防法第九条第二項及び第三項、第十三条第一項、第十四条第一項、第十五条第一項前段並びに第十八条第一項（第三号及び第四号に係る部分に限る。）の規定は、当該巨大船について適用しない。

3　前二項の規定の適用については、次に掲げる船舶は、航路をこれに沿つて航行している船舶でないものとみなす。

一　第十一条、第十三条、第十五条、第十六条、第十八条（第四項を除く。）又は第二十条第一項の規定による交通方法に従わないで航路をこれに沿つて航行している船舶

二　第二十条第三項又は第二十六条第二項若しくは第三項の規定により、前号に規定する規定による交通方法と異なる交通方法が指示され、又は定められた場合において、当該交通方法に従わないで航路をこれに沿つて航行している船舶

改　①②一部改正（昭五二法六二）、③一部改正（平二一法六九）

（航路航行義務）

第四条　長さが国土交通省令で定める長さ以上である船舶は、航路の附近にある国土交通省令で定める二の地点の間を航行しようとするときは、国土交通省令で定めるところにより、当該航路又はその区間をこれに沿つて航行しなければならない。ただし、海難を避けるため又は人命若しくは他の船舶を救助するためやむを得ない事由があるときは、この限りでない。

改　本条一部改正（平一一法一六〇）
参　「省令」―施行規則三、「中ノ瀬航路について経過措置」―施行規則附則②、「罰則」―五二

（速力の制限）

第五条　国土交通省令で定める航路の区間においては、船舶は、当該航路を横断する場合を除き、当該区間ごとに国土交通省令で定める速力（対水速力をいう。以下同じ。）を超える速力で航行してはならない。ただし、海難を避けるため又は人命若しくは他の船舶を救助するためやむを得ない事由があるときは、この限りでない。

改　本条一部改正（平一一法一六〇・平二一法六九）
参　「省令」―施行規則四、「罰則」―五二

（追越しの場合の信号）

第六条　追越し船（海上衝突予防法第十三条第二項又は第三項の規定による追越し船をいう。）で汽笛を備えているものは、航路において他の船舶を追い越そうとするときは、国土交通省令で定めるところにより信号を行わなければならない。ただし、同法第九条第四項前段の規定による汽笛信号を行うときは、この限りでない。

改　一部改正・ただし書追加（昭五二法六二）、一部改正（平一一法一六〇）
参　「省令」―施行規則五

（追越しの禁止）

第六条の二　国土交通省令で定める航路の区間をこれに沿つて航行している船舶は、当該区間をこれに沿つて航行している他の船舶（漁ろう船等その他著しく遅い速力で航行している船舶として国土交通省令で定める船舶を除く。）を追い越してはならない。ただし、海難を避けるため又は人命若しくは他の船舶を救助するためやむを得ない事由があるときは、この限りでない。

改　本条追加（平二一法六九）

（進路を知らせるための措置）

第七条　船舶（汽笛を備えていない船舶その他国土交通省令で定める船舶を除く。）は、航路外から航路に入り、航路から航路外に出、又は航路を横断しようとするときは、進路を他の船舶に知らせるため、国土交通省令で定めるところにより、信号による表示その他国土交通省令で定める措置を講じなければならない。

改　本条一部改正（平一一法一六〇・平二一法六九）
参　「省令」―施行規則六、「罰則」―五三①㈠

（航路の横断の方法）

第八条　航路を横断する船舶は、当該航路に対しできる限り直角に近い角度で、すみやかに横断しなければならない。

2　前項の規定は、航路をこれに沿つて航行している船舶が当該航路と交差する航路を横断することとなる場合については、適用しない。

（航路への出入又は航路の横断の制限）

第九条　国土交通省令で定める航路の区間においては、船舶は、航路外から航路に入り、航路から航路外に出、又は航路を横断する航行のうち当該区間ごとに国土交通省令で定めるものをしてはならない。ただし、海難を避けるため又は人命若しくは他の船舶を救助するためやむを得ない事由があるときは、この限りでない。

改　本条一部改正（平一一法一六〇）
参　「省令」―施行規則七、「罰則」―五二

（びよう泊の禁止）

第十条　船舶は、航路においては、びよう泊（びよう泊をしている船舶にする係留を含む。以下同じ。）をしてはならない。ただし、海難を避けるため又は人命若しくは他の船舶を救助するためやむを得ない事由があるときは、この限りでない。

参　「罰則」―五一①□

（航路外での待機の指示）

第十条の二　海上保安庁長官は、地形、潮流その他の自然的条件及び船舶交通の状況を勘案して、航路を航行する船舶の航行に危険を生ずるおそれのあるものとして航路ごとに国土交通省令で定める場合において、航路を航行し、又は航行しようとする船舶の危険を防止するため必要があると認めるときは、当該船舶に対し、国土交通省令で定めるところにより、当該危険を防止するため必要な間航路外で待機すべき旨を指示することができる。

改　本条追加（平二一法六九）
参　「罰則」―五一①□

第二節　航路ごとの航法

（浦賀水道航路及び中ノ瀬航路）

第十一条　船舶は、浦賀水道航路をこれに沿つて航行するときは、同航路の中央から右の部分を航行しなければならない。

2　船舶は、中ノ瀬航路をこれに沿つて航行するときは、北の方向に航行しなければならない。

参　「罰則」―五二

第十二条　航行し、又は停留している船舶（巨大船を除く。）は、浦賀水道航路をこれに沿つて航行し、同航路から中ノ瀬航路に入ろうとしている巨大船と衝突するおそれがあるときは、当該巨大船の進路を避けなければならない。この場合において、第三条第一項並びに海上衝突予防法第九条第二項及び第三項、第十三条第一項、第十四条第一項、第十五条第一項前段並びに第十八条第一項（第三号及び第四号に係る部分に限る。）の規定は、当該巨大船について適用しない。

2　第三条第三項の規定は、前項の規定を適用する場合における浦賀水道航路をこれに沿つて航行する巨大船について準用する。

改　①一部改正（昭五二法六二）

（伊良湖水道航路）

第十三条　船舶は、伊良湖水道航路をこれに沿つて航行するときは、できる限り、同航路の中央から右の部分を航行しなければならない。

第十四条　伊良湖水道航路をこれに沿つて航行している船舶（巨大船を除く。）は、同航路をこれに沿つて航行している巨大船と行き会う場合において衝突するおそれがあるときは、当該巨大船の進路を避けなければならない。この場合において、海上衝突予防法第九条第二項及び第三項、第十四条第一項並びに第十八条第一項（第三号及び第四号に係る部分に限る。）の規定は、当該巨大船について適用しない。

2　第三条第三項の規定は、前項の規定を適用する場合における伊良湖水道航路をこれに沿つて航行する巨大船について準用する。

改 ①一部改正（昭五二法六二）、③④削除（平二一法六九）

（明石海峡航路）

第十五条　船舶は、明石海峡航路をこれに沿つて航行するときは、同航路の中央から右の部分を航行しなければならない。

参「罰則」―五二

（備讃瀬戸東航路、宇高東航路及び宇高西航路）

第十六条　船舶は、備讃瀬戸東航路をこれに沿つて航行するときは、同航路の中央から右の部分を航行しなければならない。

2　船舶は、宇高東航路をこれに沿つて航行するときは、北の方向に航行しなければならない。

3　船舶は、宇高西航路をこれに沿つて航行するときは、南の方向に航行しなければならない。

参「罰則」―五二

第十七条　宇高東航路又は宇高西航路をこれに沿つて航行している船舶は、備讃瀬戸東航路をこれに沿つて航行している巨大船と衝突するおそれがあるときは、当該巨大船の進路を避けなければならない。この場合において、海上衝突予防法第九条第二項及び第三項、第十五条第一項前段並びに第十八条第一項（第三号及び第四号に係る部分に限る。）の規定は、当該巨大船について適用しない。

2　航行し、又は停留している船舶（巨大船を除く。）は、備讃瀬戸東航路をこれに沿つて航行し、同航路から北の方向に宇高東航路に入ろうとしており、又は宇高西航路をこれに沿つて南の方向に航行し、同航路から備讃瀬戸東航路に入ろうとしている巨大船と衝突するおそれがあるときは、当該巨大船の進路を避けなければならない。この場合において、第三条第一項並びに海上衝突予防法第九条第二項及び第三項、第十三条第一項、第十四条第一項、第十五条第一項前段並びに第十八条第一項（第三号及び第四号に係る部分に限る。）の規定は、当該巨大船について適用しない。

3　第三条第三項の規定は、前二項の規定を適用する場合における備讃瀬戸東航路をこれに沿つて航行する巨大船について準用する。

改 ①②一部改正（昭五二法六二）

（備讃瀬戸北航路、備讃瀬戸南航路及び水島航路）

第十八条　船舶は、備讃瀬戸北航路をこれに沿つて航行するときは、西の方向に航行しなければならない。

2　船舶は、備讃瀬戸南航路をこれに沿つて航行するときは、東の方向に航行しなければならない。

3　船舶は、水島航路をこれに沿つて航行するときは、できる限り、同航路の中央から右の部分を航行しなければならない。

4　第十四条の規定は、水島航路について準用する。

参 一・二項の「罰則」―五二

第十九条　水島航路をこれに沿つて航行している船舶（巨大船及び漁ろう船等を除く。）は、備讃瀬戸北航路をこれに沿つて西

の方向に航行している他の船舶と衝突するおそれがあるときは、当該他の船舶の進路を避けなければならない。この場合において、海上衝突予防法第九条第二項、第十二条第一項、第十五条第一項前段及び第十八条第一項（第四号に係る部分に限る。）の規定は、当該他の船舶について適用しない。

2　水島航路をこれに沿つて航行している漁ろう船等は、備讃瀬戸北航路をこれに沿つて西の方向に航行している巨大船と衝突するおそれがあるときは、当該巨大船の進路を避けなければならない。この場合において、海上衝突予防法第九条第二項及び第三項、第十五条第一項前段並びに第十八条第一項（第三号及び第四号に係る部分に限る。）の規定は、当該巨大船について適用しない。

3　備讃瀬戸北航路をこれに沿つて航行している船舶（巨大船を除く。）は、水島航路をこれに沿つて航行している巨大船と衝突するおそれがあるときは、当該巨大船の進路を避けなければならない。この場合において、海上衝突予防法第九条第二項及び第三項、第十五条第一項前段並びに第十八条第一項（第三号及び第四号に係る部分に限る。）の規定は、当該巨大船について適用しない。

4　航行し、又は停留している船舶（巨大船を除く。）は、備讃瀬戸北航路をこれに沿つて西の方向に若しくは備讃瀬戸南航路をこれに沿つて東の方向に航行し、これらの航路から水島航路に入ろうとしており、又は水島航路をこれに沿つて航行し、同航路から西の方向に備讃瀬戸北航路若しくは東の方向に備讃瀬戸南航路に入ろうとしている巨大船と衝突するおそれがあるときは、当該巨大船の進路を避けなければならない。この場合において、第三条第一項並びに海上衝突予防法第九条第二項及び第三項、第十三条第一項、第十四条第一項、第十五条第一項前段並びに第十八条第一項（第三号及び第四号に係る部分に限る。）の規定は、当該巨大船について適用しない。

5　第三条第三項の規定は、前二項の規定を適用する場合における水島航路をこれに沿つて航行する巨大船について準用する。

改　①～④一部改正（昭五二法六二）

（来島海峡航路）

第二十条　船舶は、来島海峡航路をこれに沿つて航行するときは、次に掲げる航法によらなければならない。この場合において、これらの航法によつて航行している船舶については、海上衝突予防法第九条第一項の規定は、適用しない。

一　順潮の場合は来島海峡中水道（以下「中水道」という。）を、逆潮の場合は来島海峡西水道（以下「西水道」という。）を航行すること。ただし、これらの水道を航行している間に転流があつた場合は、引き続き当該水道を航行することができることとし、また、西水道を航行して小島と波止浜との間の水道へ出ようとする船舶又は同水道から来島海峡航路に入つて西水道を航行しようとする船舶は、順潮の場合であつても、西水道を航行することができることとする。

二　順潮の場合は、できる限り大島及び大下島側に近寄つて航行すること。

三　逆潮の場合は、できる限り四国側に近寄つて航行すること。

四　前二号の規定にかかわらず、西水道を航行して小島と波止浜との間の水道へ出ようとする場合又は同水道から来島海峡航路に入つて西水道を航行しようとする場合は、その他の船舶の四国側を航行すること。

五　逆潮の場合は、国土交通省令で定める速力以上の速力で航行すること。

2　前項第一号から第三号まで及び第五号の潮流の流向は、国土交通省令で定めるところにより海上保安庁長官が信号により示す流向による。

3　海上保安庁長官は、来島海峡航路において転流すると予想され、又は転流があつた場合において、同航路を第一項の規定による航法により航行することが、船舶交通の状況により、船舶交通の危険を生ずるおそれがあると認めるときは、同航路をこれに沿つて航行し、又は航行しようとする船舶に対し、同項の規定による航法と異なる航法を指示することができる。この場合において、当該指示された航法によつて航行している船舶については、海上衝突予防法第九条第一項の規定は、適用しない。

4　来島海峡航路をこれに沿つて航行しようとする船舶の船長（船長以外の者が船長に代わつてその職務を行うべきときは、その者。以下同じ。）は、国土交通省令で定めるところにより、当該船舶の名称その他の国土交通省令で定める事項を海上保安庁長官に通報しなければならない。

改　本条一部改正（平二一法六九）、①一部改正（昭五二法六二）、②一部改正（平一一法一六〇・平二一法六九）、③④追加（平二一法六九）、四五追加（平二一法六九）

参　二項の「省令」―施行規則九②、「潮流の流向」―潮流信号所についての告示

第二十一条　汽笛を備えている船舶は、次に掲げる場合は、国土交通省令で定めるところにより信号を行わなければならない。ただし、前条第三項の規定により海上保安庁長官が指示した航法によつて航行している場合は、この限りでない。

一　中水道又は西水道を来島海峡航路に沿つて航行する場合において、前条第二項の規定による信号により転流することが予告され、中水道又は西水道の通過中に転流すると予想されるとき。

二　西水道を来島海峡航路に沿つて航行して小島と波止浜との間の水道へ出ようとするとき、又は同水道から同航路に入つて西水道を同航路に沿つて航行しようとするとき。

2　海上衝突予防法第三十四条第六項の規定は、来島海峡航路及びその周辺の国土交通省令で定める海域において航行する船舶について適用しない。

改　①一部改正（平一一法一六〇・平二一法六九）、②一部改正（昭五二法六二・平一一法一六〇）

参　一項の「省令」―施行規則九⑤、二項の「省令」―施行規則九⑥

第三節　特殊な船舶の航路における交通方法の特則

（巨大船等の航行に関する通報）

第二十二条　次に掲げる船舶が航路を航行しようとするときは、船長は、あらかじめ、当該船舶の名称、総トン数及び長さ、当該航路の航行予定時刻、当該船舶との連絡手段その他の国土交通省令で定める事項を海上保安庁長官に通報しなければならない。通報した事項を変更するときも、同様とする。

一　巨大船

二　巨大船以外の船舶であつて、その長さが航路ごとに国土交通省令で定める長さ以上のもの

三　危険物積載船（原油、液化石油ガスその他の国土交通省令で定める危険物を積載している船舶で総トン数が国土交通省令で定める総トン数以上のものをいう。以下同じ。）

四　船舶、いかだその他の物件を引き、又は押して航行する船舶（当該引き船の船首から当該物件の後端まで又は当該押し船の船尾から当該物件の先端までの距離が航路ごとに国土交通省令で定める距離以上となる場合に限る。）

改　㈢一部改正（昭五二法六二）、㈡追加・旧㈡㈢繰下（平二一法六九）、本条一部改正（平一一法一六〇・平二一法六九）
参　「省令」―施行規則一〇～一三、「通報の方法」―施行規則一四・巨大船等の航行に関する通報の方法に関する告示、「情報の周知」―施行規則三一、「権限の委任」―施行規則三三①・⑪㈠、「罰則」―五三㈠

（巨大船等に対する指示）

第二十三条　海上保安庁長官は、前条各号に掲げる船舶（以下「巨大船等」という。）の航路における航行に伴い生ずるおそれのある船舶交通の危険を防止するため必要があると認めるときは、当該巨大船等の船長に対し、国土交通省令で定めるところにより、航行予定時刻の変更、進路を警戒する船舶の配備その他当該巨大船等の運航に関し必要な事項を指示することができる。

改　本条一部改正（平一一法一六〇）
参　「省令」―施行規則一五、「権限の委任」―施行規則三三①・⑪㈡、「罰則」―五一①㈢

（緊急用務を行う船舶等に関する航法の特例）

第二十四条　消防船その他の政令で定める緊急用務を行うための船舶は、当該緊急用務を行うためやむを得ない必要がある場合において、政令で定めるところにより灯火又は標識を表示しているときは、第四条、第五条、第六条の二から第十条まで、第十一条、第十三条、第十五条、第十六条、第十八条（第四項を除く。）、第二十条第一項又は第二十一条第一項の規定による交通方法に従わないで航行し、又はびよう泊をすることができ、及び第二十条第四項の規定による通報をしないで航行することができる。

2　漁ろうに従事している船舶は、第四条、第六条から第九条まで、第十一条、第十三条、第十五条、第十六条、第十八条（第四項を除く。）、第二十条第一項又は第二十一条第一項の規定による交通方法に従わないで航行することができ、及び第二十条第四項又は第二十二条の規定による通報をしないで航行することができる。

3　第四十条第一項の規定による許可（同条第八項の規定によりその許可を受けることを要しない場合には、港則法第三十一条第一項（同法第四十五条において準用する場合を含む。）の規定による許可）を受けて工事又は作業を行っている船舶は、当該工事又は作業を行うためやむを得ない必要がある場合において、第二条第二項第三号ロの国土交通省令で定めるところにより灯火又は標識を表示しているときは、第四条、第六条の二、第八条から第十条まで、第十一条、第十三条、第十五条、第十六条、第十八条（第四項を除く。）、第二十条第一項又は第二十一条第一項の規定による交通方法に従わないで航行し、又はびよう泊をすることができ、及び第二十条第四項の規定による通報をしないで航行することができる。

改　本条一部改正（平二一法六九）、①②一部改正（平二一法六九）、③一部改正（平五法八九・平一一法一六〇・令三法五三）、一部改正（平二八法四二）
参　一項の「政令」―施行令五・六、「緊急船舶の指定手続等」―施行規則一六～二〇、「緊急船舶の灯火等」―施行規則二一、三項の「省令」―施行規則二

第四節　航路以外の海域における航法

第二十五条　海上保安庁長官は、狭い水道（航路を除く。）をこれに沿つて航行する船舶がその右側の水域を航行することが、地形、潮流その他の自然的条件又は船舶交通の状況により、危険を生ずるおそれがあり、又は実行に適しないと認められるときは、告示により、当該水道をこれに沿つて航行する船舶の航行に適する経路（当該水道への出入の経路を含む。）を指定することができる。

2　海上保安庁長官は、地形、潮流その他の自然的条件、工作物の設置状況又は船舶交通の状況により、船舶の航行の安全を確

保するために船舶交通の整理を行う必要がある海域（航路を除く。）について、告示により、当該海域を航行する船舶の航行に適する経路を指定することができる。

3　第一項の水道をこれに沿つて航行する船舶又は前項に規定する海域を航行する船舶は、できる限り、それぞれ、第一項又は前項の経路によつて航行しなければならない。

改　②追加・旧②繰下（平二一法六九）

第五節　危険防止のための交通制限等

第二十六条　海上保安庁長官は、工事若しくは作業の実施により又は船舶の沈没等の船舶交通の障害の発生により、船舶交通の危険が生じ、又は生ずるおそれがある海域について、告示により、期間を定めて、当該海域において航行し、停留し、又はびよう泊をすることができる船舶又は時間を制限することができる。ただし、当該海域を航行することができる船舶又は時間を制限する緊急の必要がある場合において、告示により定めるいとまがないときは、他の適当な方法によることができる。

2　海上保安庁長官は、航路又はその周辺の海域について前項の処分をした場合において、当該航路における船舶交通の危険を防止するため特に必要があると認めるときは、告示（同項ただし書に規定する方法により同項の規定による処分をした場合においては、当該方法）により、期間及び航路の区間を定めて、第四条、第八条、第九条、第十一条、第十三条、第十五条、第十六条、第十八条（第四項を除く。）、第二十条第一項又は第二十一条第一項の規定による交通方法と異なる交通方法を定めることができる。

3　前項の場合において、海上保安庁長官は、同項の航路が、宇高東航路又は宇高西航路であるときは宇高西航路又は宇高東航路についても、備讃瀬戸北航路又は備讃瀬戸南航路であるときは備讃瀬戸南航路又は備讃瀬戸北航路についても同項の処分をすることができる。

改　①②一部改正（平二一法六九）、①一部改正（令三法五三）
参　「情報の周知」―施行規則三一①、一項の「罰則」―五一①□

第六節　灯火等

（巨大船及び危険物積載船の灯火等）

第二十七条　巨大船及び危険物積載船は、航行し、停留し、又はびよう泊をしているときは、国土交通省令で定めるところにより灯火又は標識を表示しなければならない。

2　巨大船及び危険物積載船以外の船舶は、前項の灯火若しくは標識又はこれと誤認される灯火若しくは標識を表示してはならない。

改　①一部改正（平一一法一六〇）
参　一項の「省令」―施行規則二二、「危険物積載船についての経過措置」―施行規則附則③、「罰則」―五三①□

（帆船の灯火等）

第二十八条　航路又は政令で定める海域において航行し、又は停留している海上衝突予防法第二十五条第二項本文及び第五項本文に規定する船舶は、これらの規定又は同条第三項の規定による灯火を表示している場合を除き、同条第二項ただし書及び第五項ただし書の規定にかかわらず、これらの規定に規定する白色の携帯電灯又は点火した白灯を周囲から最も見えやすい場所に表示しなければならない。

2　航路又は前項の政令で定める海域において航行し、停留し、又はびよう泊をしている長さ十二メートル未満の船舶については、海上衝突予防法第二十七条第一項ただし書及び第七項の規定は適用しない。

改　本条全部改正（昭五二法六二）、見出し・②一部改正（昭五八法二二）
参　一項の「政令」―施行令七

（物件えい航船の音響信号等）

第二十九条　海上衝突予防法第三十五条第四項の規定は、航路又は前条第一項の政令で定める海域において船舶以外の物件を引き又は押して、航行し、又は停留している船舶（当該引き船の船尾から当該物件の後端まで又は当該押し船の船首から当該物件の先端までの距離が国土交通省令で定める距離以上となる場合に限る。）で漁ろうに従事しているもの以外のものについても準用する。

2　船舶以外の物件を押して、航行し、又は停留している船舶は、その押す物件に国土交通省令で定める灯火を表示しなければ、これを押して、航行し、又は停留してはならない。ただし、やむを得ない事由により当該物件に本文の灯火を表示することができない場合において、当該物件の照明その他その存在を示すために必要な措置を講じているときは、この限りでない。

改　①②一部改正（昭五二法六一・平一一法一六〇）
参　一項の「政令」―施行令七、一項の「省令」―施行規則二三①、二項の「省令」―施行規則二三②

第七節　船舶の安全な航行を援助するための措置

（海上保安庁長官が提供する情報の聴取）

第三十条　海上保安庁長官は、特定船舶（第四条本文に規定する船舶であつて、航路及び当該航路の周辺の特に船舶交通の安全を確保する必要があるものとして国土交通省令で定める海域を航行するものをいう。以下この条及び次条において同じ。）に対し、国土交通省令で定めるところにより、船舶の沈没等の船舶交通の障害の発生に関する情報、他の船舶の進路を避けることが容易でない船舶の航行に関する情報その他の当該航路及び海域を安全に航行するために当該特定船舶において聴取することが必要と認められる情報として国土交通省令で定めるものを提供するものとする。

2　特定船舶は、航路及び前項に規定する海域を航行している間は、同項の規定により提供される情報を聴取しなければならない。ただし、聴取することが困難な場合として国土交通省令で定める場合は、この限りでない。

改　本条追加（平二一法六九）、一部改正（平二八法四二）

（航法の遵守及び危険の防止のための勧告）

第三十一条　海上保安庁長官は、特定船舶が航路及び前条第一項に規定する海域において適用される交通方法に従わないで航行するおそれがあると認める場合又は他の船舶若しくは障害物に著しく接近するおそれその他の特定船舶の航行に危険が生ずるおそれがあると認める場合において、当該交通方法を遵守させ、又は当該危険を防止するため必要があると認めるときは、必要な限度において、当該特定船舶に対し、国土交通省令で定めるところにより、進路の変更その他の必要な措置を講ずべきことを勧告することができる。

2　海上保安庁長官は、必要があると認めるときは、前項の規定による勧告を受けた特定船舶に対し、その勧告に基づき講じた措置について報告を求めることができる。

改　本条追加（平二一法六九）

第八節　異常気象等時における措置

（異常気象等時における航行制限等）

第三十二条　海上保安庁長官は、台風、津波その他の異常な気象又は海象（以下「異常気象等」という。）により、船舶の正常な運航が阻害され、船舶の衝突又は乗揚げその他の船舶交通の

危険が生じ、又は生ずるおそれがある海域について、当該海域における危険を防止するため必要があると認めるときは、必要な限度において、次に掲げる措置をとることができる。

一　当該海域に進行してくる船舶の航行を制限し、又は禁止すること。

二　当該海域の境界付近にある船舶に対し、停泊する場所若しくは方法を指定し、移動を制限し、又は当該境界付近から退去することを命ずること。

三　当該海域にある船舶に対し、停泊する場所若しくは方法を指定し、移動を制限し、当該海域内における移動を命じ、又は当該海域から退去することを命ずること。

2　海上保安庁長官は、異常気象等により、船舶の正常な運航が阻害され、船舶の衝突又は乗揚げその他の船舶交通の危険が生ずるおそれがあると予想される海域について、必要があると認めるときは、当該海域又は当該海域の境界付近にある船舶に対し、危険の防止の円滑な実施のために必要な措置を講ずべきことを勧告することができる。

㊥　本条追加（令三法五三）

（異常気象等時特定船舶に対する情報の提供等）

第三十三条　海上保安庁長官は、異常気象等により、船舶の正常な運航が阻害されることによる船舶の衝突又は乗揚げその他の船舶交通の危険を防止するため必要があると認めるときは、異常気象等時特定船舶（第四条本文に規定する船舶であつて、異常気象等が発生した場合に特に船舶交通の安全を確保する必要があるものとして国土交通省令で定める海域において航行し、停留し、又はびよう泊をしているものをいう。以下この条及び次条において同じ。）に対し、国土交通省令で定めるところにより、当該異常気象等時特定船舶の進路前方にびよう泊をしている他の船舶に関する情報、当該異常気象等時特定船舶のびよう泊に異状が生ずるおそれに関する情報その他の当該海域において安全に航行し、停留し、又はびよう泊をするために当該異常気象等時特定船舶において聴取することが必要と認められる情報として国土交通省令で定めるものを提供するものとする。

2　前項の規定により情報を提供する期間は、海上保安庁長官がこれを公示する。

3　異常気象等時特定船舶は、第一項に規定する海域において航行し、停留し、又はびよう泊をしている間は、同項の規定により提供される情報を聴取しなければならない。ただし、聴取することが困難な場合として国土交通省令で定める場合は、この限りでない。

㊥　本条追加（令三法五三）

（異常気象等時特定船舶に対する危険の防止のための勧告）

第三十四条　海上保安庁長官は、異常気象等により、異常気象等時特定船舶が他の船舶又は工作物に著しく接近するおそれその他の異常気象等時特定船舶の航行、停留又はびよう泊に危険が生ずるおそれがあると認める場合において、当該危険を防止するため必要があると認めるときは、必要な限度において、当該異常気象等時特定船舶に対し、国土交通省令で定めるところにより、進路の変更その他の必要な措置を講ずべきことを勧告することができる。

2　海上保安庁長官は、必要があると認めるときは、前項の規定による勧告を受けた異常気象等時特定船舶に対し、その勧告に基づき講じた措置について報告を求めることができる。

㊥　本条追加（令三法五三）

（協議会）

第三十五条　海上保安庁長官は、湾その他の海域ごとに、異常気象等により、船舶の正常な運航が阻害されることによる船舶の衝突又は乗揚げその他の船舶交通の危険を防止するための対策の実施に関し必要な協議を行うための協議会（以下この条において単に「協議会」という。）を組織することができる。

2　協議会は、次に掲げる者をもつて構成する。

一　海上保安庁長官

二　関係地方行政機関の長

三　船舶の運航に関係する者その他の海上保安庁長官が必要と認める者

3　協議会において協議が調つた事項については、協議会の構成員は、その協議の結果を尊重しなければならない。

4　前三項に定めるもののほか、協議会の運営に関し必要な事項は、協議会が定める。

改　本条追加（令三法五三）

第九節　指定海域における措置

（指定海域への入域に関する通報）

第三十六条　第四条本文に規定する船舶が指定海域に入域しようとするときは、船長は、国土交通省令で定めるところにより、当該船舶の名称その他の国土交通省令で定める事項を海上保安庁長官に通報しなければならない。

改　本条繰下げ（令三法五三）
参　「省令」―施行規則二三の八

（非常災害発生周知措置等）

第三十七条　海上保安庁長官は、非常災害が発生し、これにより指定海域において船舶交通の危険が生ずるおそれがある場合において、当該危険を防止する必要があると認めるときは、直ちに、非常災害が発生した旨及びこれにより当該指定海域において当該危険が生ずるおそれがある旨を当該指定海域及びその周辺海域にある船舶に対し周知させる措置（以下「非常災害発生周知措置」という。）をとらなければならない。

2　海上保安庁長官は、非常災害発生周知措置をとつた後、当該指定海域において、当該非常災害の発生により船舶交通の危険が生ずるおそれがなくなつたと認めるとき、又は当該非常災害の発生により生じた船舶交通の危険がおおむねなくなつたと認めるときは、速やかに、その旨を当該指定海域及びその周辺海域にある船舶に対し周知させる措置（次条及び第三十九条において「非常災害解除周知措置」という。）をとらなければならない。

改　本条繰下げ（令三法五三）

（非常災害発生周知措置がとられた際に海上保安庁長官が提供する情報の聴取）

第三十八条　海上保安庁長官は、非常災害発生周知措置をとつたときは、非常災害解除周知措置をとるまでの間、当該非常災害発生周知措置に係る指定海域にある第四条本文に規定する船舶（以下この条において「指定海域内船舶」という。）に対し、国土交通省令で定めるところにより、非常災害の発生の状況に関する情報、船舶交通の制限の実施に関する情報その他の当該指定海域内船舶が航行の安全を確保するために聴取することが必要と認められる情報として国土交通省令で定めるものを提供するものとする。

2　指定海域内船舶は、非常災害発生周知措置がとられたときは、非常災害解除周知措置がとられるまでの間、前項の規定により提供される情報を聴取しなければならない。ただし、聴取

することが困難な場合として国土交通省令で定める場合は、この限りでない。

改 本条繰下げ（令三法五三）
参 一項の「省令」―施行規則二三の九、二項の「省令」―施行規則二三の十

（非常災害発生周知措置がとられた際の航行制限等）

第三十九条　海上保安庁長官は、非常災害発生周知措置をとつたときは、非常災害解除周知措置をとるまでの間、船舶交通の危険を防止するため必要な限度において、次に掲げる措置をとることができる。

一　当該非常災害発生周知措置に係る指定海域に進行してくる船舶の航行を制限し、又は禁止すること。

二　当該指定海域の境界付近にある船舶に対し、停泊する場所若しくは方法を指定し、移動を制限し、又は当該境界付近から退去することを命ずること。

三　当該指定海域にある船舶に対し、停泊する場所若しくは方法を指定し、移動を制限し、当該指定海域内における移動を命じ、又は当該指定海域から退去することを命ずること。

改 第八節追加（平二八法四二）、本条繰下げ（令三法五三）

第三章　危険の防止

（航路及びその周辺の海域における工事等）

第四十条　次の各号のいずれかに該当する者は、当該各号に掲げる行為について海上保安庁長官の許可を受けなければならない。ただし、通常の管理行為、軽易な行為その他の行為で国土交通省令で定めるものについては、この限りでない。

一　航路又はその周辺の政令で定める海域において工事又は作業をしようとする者

二　前号に掲げる海域（港湾区域と重複している海域を除く。）において工作物の設置（現に存する工作物の規模、形状又は位置の変更を含む。以下同じ。）をしようとする者

2　海上保安庁長官は、前項の許可の申請があつた場合において、当該申請に係る行為が次の各号のいずれかに該当するときは、許可をしなければならない。

一　当該申請に係る行為が船舶交通の妨害となるおそれがないと認められること。

二　当該申請に係る行為が許可に付された条件に従つて行われることにより船舶交通の妨害となるおそれがなくなると認められること。

三　当該申請に係る行為が災害の復旧その他公益上必要やむを得ず、かつ、一時的に行われるものであると認められること。

3　海上保安庁長官は、第一項の規定による許可をする場合において、必要があると認めるときは、当該許可の期間を定め（同項第二号に掲げる行為については、仮設又は臨時の工作物に係る場合に限る。）、及び当該許可に係る行為が前項第一号に該当する場合を除き当該許可に船舶交通の妨害を予防するため必要な条件を付することができる。

4　海上保安庁長官は、船舶交通の妨害を予防し、又は排除するため特別の必要が生じたときは、前項の規定により付した条件を変更し、又は新たに条件を付することができる。

5　海上保安庁長官は、第一項の規定による許可を受けた者が前二項の規定による条件に違反したとき、又は船舶交通の妨害を予防し、若しくは排除するため特別の必要が生じたときは、その許可を取り消し、又はその許可の効力を停止することができる。

6　第一項の規定による許可を受けた者は、当該許可の期間が満了したとき、又は前項の規定により当該許可が取り消されたときは、速やかに当該工作物の除去その他原状に回復する措置をとらなければならない。

7　国の機関又は地方公共団体（港湾法の規定による港務局を含む。以下同じ。）が第一項各号に掲げる行為（同項ただし書の行為を除く。）をしようとする場合においては、当該国の機関又は地方公共団体と海上保安庁長官との協議が成立することをもつて同項の規定による許可があつたものとみなす。

8　港則法に基づく港の境界付近においてする第一項第一号に掲げる行為については、同法第三十一条第一項（同法第四十五条において準用する場合を含む。）の規定による許可を受けたときは第一項の規定による許可を受けることを要せず、同項の規定による許可を受けたときは同法第三十一条第一項（同法第四十五条において準用する場合を含む。）の規定による許可を受けることを要しない。

改　旧⑥削除・旧⑦一部改正・旧⑦⑧⑨繰上（平五法八九）、①一部改正（平一一法一六〇）、②③④⑧一部改正（平二一法六九）、本条一部改正（平二八法四二）、本条繰下げ（令三法五三）

参　一項の「政令」―施行令八、「省令」―施行規則二四、「許可の申請」―施行規則二五、一・三項の「罰則」―五一②、六項の「罰則」―五三②、一～五・七項の「権限の委任」―施行規則三二⑦

（航路及びその周辺の海域以外の海域における工事等）

第四十一条　次の各号のいずれかに該当する者は、あらかじめ、当該各号に掲げる行為をする旨を海上保安庁長官に届け出なければならない。ただし、通常の管理行為、軽易な行為その他の行為で国土交通省令で定めるものについては、この限りでない。

一　前条第一項第一号に掲げる海域以外の海域において工事又は作業をしようとする者

二　前号に掲げる海域（港湾区域と重複している海域を除く。）において工作物の設置をしようとする者

2　海上保安庁長官は、前項の届出に係る行為が次の各号のいずれかに該当するときは、当該届出のあつた日から起算して三十日以内に限り、当該届出をした者に対し、船舶交通の危険を防止するため必要な限度において、当該行為を禁止し、若しくは制限し、又は必要な措置をとるべきことを命ずることができる。

一　当該届出に係る行為が船舶交通に危険を及ぼすおそれがあると認められること。

二　当該届出に係る行為が係留施設を設置する行為である場合においては、当該係留施設に係る船舶交通が他の船舶交通に危険を及ぼすおそれがあると認められること。

3　海上保安庁長官は、第一項の届出があつた場合において、実地に特別な調査をする必要があるとき、その他前項の期間内に同項の処分をすることができない合理的な理由があるときは、その理由が存続する間、同項の期間を延長することができる。この場合においては、同項の期間内に、第一項の届出をした者に対し、その旨及び期間を延長する理由を通知しなければならない。

4　国の機関又は地方公共団体は、第一項各号に掲げる行為（同項ただし書の行為を除く。）をしようとするときは、同項の規定による届出の例により、海上保安庁長官にその旨を通知しなければならない。

5　海上保安庁長官は、前項の規定による通知があつた場合において、当該通知に係る行為が第二項各号のいずれかに該当する

ときは、当該国の機関又は地方公共団体に対し、船舶交通の危険を防止するため必要な措置をとることを要請することができる。この場合において、当該国の機関又は地方公共団体は、そのとるべき措置について海上保安庁長官と協議しなければならない。

6　港則法に基づく港の境界付近においてする第一項第一号に掲げる行為については、同法第三十一条第一項（同法第四十五条において準用する場合を含む。）の規定による許可を受けたときは、第一項の規定による届出をすることを要しない。

改 旧④削除・旧⑤⑥⑦繰上（平五法八九）、①一部改正（平一一法一六〇）、⑥一部改正（平二一法六九）、本条一部改正（平二八法四二）、本条繰下げ（令三法五三）

参 一項の「省令」―施行規則二六、「届出の方法」―施行規則二七、「罰則」―五一②、二項の「罰則」―五三②、一～五項の「権限の委任」―施行規則三二⑦

（違反行為者に対する措置命令）

第四十二条　海上保安庁長官は、次の各号のいずれかに該当する者に対し、当該違反行為に係る工事又は作業の中止、当該違反行為に係る工作物の除去、移転又は改修その他当該違反行為に係る工事若しくは作業又は工作物の設置に関し船舶交通の妨害を予防し、又は排除するため必要な措置（第四号に掲げる者に対しては、船舶交通の危険を防止するため必要な措置）をとるべきことを命ずることができる。

一　第四十条第一項の規定に違反して同項各号に掲げる行為をした者

二　第四十条第三項の規定により海上保安庁長官が付し、又は同条第四項の規定により海上保安庁長官が変更し、若しくは付した条件に違反した者

三　第四十条第六項の規定に違反して当該工作物の除去その他原状に回復する措置をとらなかつた者

四　前条第一項の規定に違反して同項各号に掲げる行為をした者

改 二三一部改正（平五法八九）、本条一部改正（平二八法四二）、本条繰下げ（令三法五三）

参 「権限の委任」―施行規則三二⑦、「罰則」―五一②三

（海難が発生した場合の措置）

第四十三条　海難により船舶交通の危険が生じ、又は生ずるおそれがあるときは、当該海難に係る船舶の船長は、できる限り速やかに、国土交通省令で定めるところにより、標識の設置その他の船舶交通の危険を防止するため必要な応急の措置をとり、かつ、当該海難の概要及びとつた措置について海上保安庁長官に通報しなければならない。ただし、港則法第二十四条の規定の適用がある場合は、この限りでない。

2　前項に規定する船舶の船長は、同項に規定する場合において、海洋汚染等及び海上災害の防止に関する法律（昭和四十五年法律第百三十六号）第三十八条第一項、第二項若しくは第五項、第四十二条の二第一項、第四十二条の三第一項又は第四十二条の四の二第一項の規定による通報をしたときは、当該通報をした事項については前項の規定による通報をすることを要しない。

3　海上保安庁長官は、船長が第一項の規定による措置をとらなかつたとき又は同項の規定により船長がとつた措置のみによつては船舶交通の危険を防止することが困難であると認めるときは、船舶交通の危険の原因となつている船舶（船舶以外の物件が船舶交通の危険の原因となつている場合は、当該物件を積載し、引き、又は押していた船舶）の所有者（当該船舶が共有されているときは船舶管理人、当該船舶が貸し渡されているときは船舶借入人）に対し、当該船舶の除去その他船舶交通の危険

を防止するため必要な措置（海洋汚染等及び海上災害の防止に関する法律第四十二条の七に規定する場合は、同条の規定により命ずることができる措置を除く。）をとるべきことを命ずることができる。

改 本条一部改正（昭五一法四七）、②一部改正（昭五八法五八・平七法九〇・平一八法六八）、①一部改正（平一一法一六〇）、②③一部改正（平一六法三六）、本条一部改正（平二八法四二）、本条繰下げ（令三法五三）

参 一項の「省令」―施行規則二八、「通報先」―施行規則二九、「罰則」―五一①四、三項の「罰則」―五一②三、「権限の委任」―施行規則三二⑧

第四章　雑則

（航路等の海図への記載）

第四十四条　海上保安庁長官が刊行する海図のうち海上保安庁長官が指定するものには、第一条第二項の政令で定める境界、航路、指定海域、第五条、第六条の二及び第九条の航路の区間、浦賀水道航路、明石海峡航路及び備讃瀬戸東航路の中央、第二十五条第一項及び第二項の規定により指定した経路並びに第二十八条第一項及び第三十条第一項の海域を記載するものとする。

改 本条一部改正（平二一法六九）、本条一部改正（平二八法四二）、本条繰下げ（令三法五三）

参 「指定海図」―航路等を記載する海図の指定に関する告示

（航路等を示す航路標識の設置）

第四十五条　海上保安庁長官は、国土交通省令で定めるところにより、航路、第五条、第六条の二及び第九条の航路の区間、浦賀水道航路、明石海峡航路及び備讃瀬戸東航路の中央並びに第二十五条第一項及び第二項の規定により指定した経路を示すための指標となる航路標識を設置するものとする。

改 本条一部改正（平一一法一六〇・平二一法六九）、本条一部改正（平二八法四二）、本条繰下げ（令三法五三）

参 「省令」―施行規則三〇

（交通政策審議会への諮問）

第四十六条　国土交通大臣は、この法律の施行に関する重要事項については、交通政策審議会の意見を聴かなければならない。

改 本条一部改正（昭五八法七八・平一一法一六〇）、見出し一部改正（平一一法一六〇）、本条一部改正（平二八法四二）本条繰下げ（令三法五三）

（権限の委任）

第四十七条　この法律の規定により海上保安庁長官の権限に属する事項は、国土交通省令で定めるところにより、管区海上保安本部長に行わせることができる。

2　管区海上保安本部長は、国土交通省令で定めるところにより、前項の規定によりその権限に属させられた事項の一部を管区海上保安本部の事務所の長に行わせることができる。

改 本条一部改正（平一一法一六〇）、本条一部改正（平二八法四二）、本条繰下げ（令三法五三）

参 「省令」―施行規則三二

（行政手続法の適用除外）

第四十八条　第十条の二、第二十条第三項、第三十二条第一項又は第三十九条の規定による処分については、行政手続法（平成五年法律第八十八号）第三章の規定は、適用しない。

改 本条追加（平五法八九）、本条一部改正（平二一法六九）、本条一部改正（平二八法四二）、本条繰下げ（令三法五三）

（国土交通省令への委任）

第四十九条　この法律に規定するもののほか、この法律の実施のため必要な手続その他の事項は、国土交通省令で定める。

改 見出し本条一部改正（平一一法一六〇）、本条繰下げ（令三法五三）

（経過措置）

第五十条　この法律の規定に基づき政令又は国土交通省令を制定し、又は改廃する場合においては、それぞれ、政令又は国土交通省令で、その制定又は改廃に伴い合理的に必要と判断される範囲内において、所要の経過措置（罰則に関する経過措置を含

む。）を定めることができる。

改 本条一部改正（平一一法一六〇）、本条繰下げ（令三法五三）
参 「経過措置」―施行規則附則②・③

第五章　罰則

第五十一条　次の各号のいずれかに該当する者は、三月以下の拘禁刑又は三十万円以下の罰金に処する。

一　第十条の規定の違反となるような行為をした者

二　第十条の二、第二十六条第一項、第三十二条第一項又は第三十九条の規定による海上保安庁長官の処分の違反となるような行為をした者

三　第二十三条の規定による海上保安庁長官の処分に違反した者

四　第四十三条第一項の規定に違反した者

2　次の各号のいずれかに該当する場合には、その違反行為をした者は、三月以下の拘禁刑又は三十万円以下の罰金に処する。

一　第四十条第一項の規定に違反したとき。

二　第四十条第三項の規定により海上保安庁長官が付し、又は同条第四項の規定により海上保安庁長官が変更し、若しくは付した条件に違反したとき。

三　第四十一条第二項、第四十二条又は第四十三条第三項の規定による海上保安庁長官の処分に違反したとき。

改 本条一部改正（昭五一法四七・平一一法六九）、本条一部改正（平二八法四二）、本条繰下げ・一部改正（令三法五三）、②⑤一部改正（平一一法六九）、本条一部改正（令四法六八）

第五十二条　第四条、第五条、第九条、第十一条、第十五条、第十六条又は第十八条第一項若しくは第二項の規定の違反となるような行為をした者は、五十万円以下の罰金に処する。

改 本条一部改正（平一一法六九）、本条繰下げ（令三法五三）

第五十三条　次の各号のいずれかに該当する者は、三十万円以下の罰金に処する。

一　第七条又は第二十七条第一項の規定の違反となるような行為をした者

二　第二十二条又は第三十六条の規定に違反した者

2　第四十条第六項又は第四十一条第一項の規定に違反したときは、その違反行為をした者は、三十万円以下の罰金に処する。

改 ③一部改正（平五法八九）、本条一部改正（平一一法六九）、本条一部改正（平二八法四二）、本条繰下げ・一部改正（令三法五三）

第五十四条　法人の代表者又は法人若しくは人の代理人、使用人その他の従業者が、その法人又は人の業務に関し、第五十一条第二項又は前条第二項の違反行為をしたときは、行為者を罰するほか、その法人又は人に対して、各本条の罰金刑を科する。

改 本条繰下げ・一部改正（令三法五三）

附　則　抄

（施行期日）

第一条　この法律は、公布の日から起算して一年をこえない範囲内において政令で定める日から施行する。ただし、第三十六条及び附則第四条の規定は、公布の日から施行する。

参 施行期日―昭和四八年七月一日（昭四八政令四）

附　則（平成五年一一月一二日法律第八九号）抄

（施行期日）

第一条　この法律は、行政手続法（平成五年法律第八十八号）の施行の日から施行する。

参 施行の日―平成六年十月一日（平六政令三〇二）

（諮問等がされた不利益処分に関する経過措置）

第二条　この法律の施行前に法令に基づき審議会その他の合議制の機関に対し行政手続法第十三条に規定する聴聞又は弁明の機

会の付与の手続その他の意見陳述のための手続に相当する手続を執るべきことの諮問その他の求めがされた場合においては、当該諮問その他の求めに係る不利益処分の手続に関しては、この法律による改正後の関係法律の規定にかかわらず、なお従前の例による。

（罰則に関する経過措置）

第十三条　この法律の施行前にした行為に対する罰則の適用については、なお従前の例による。

（聴聞に関する規定の整理に伴う経過措置）

第十四条　この法律の施行前に法律の規定により行われた聴聞、聴問若しくは聴聞会（不利益処分に係るものを除く。）又はこれらのための手続は、この法律による改正後の関係法律の相当規定により行われたものとみなす。

（政令への委任）

第十五条　附則第二条から前条までに定めるもののほか、この法律の施行に関して必要な経過措置は、政令で定める。

附　則（平成七年五月一二日法律第九〇号）抄

（施行期日）

第一条　この法律は、千九百九十年の油による汚染に係る準備、対応及び協力に関する国際条約が日本国について効力を生ずる日から施行する。ただし、第二十五条、第二十六条第一項及び第三十五条の改正規定、第五十八条の改正規定（第六号に係る部分に限る。）並次条の規定は、公布の日から施行する。

（罰則に関する経過措置）

第二条　この法律（前条ただし書に規定する規定については、当該規定）の施行前にした行為に対する罰則の適用については、なお従前の例による。

附　則（平成一二年五月一九日法律第七八号）抄

（施行期日）

第一条　この法律は、平成十三年四月一日から施行する。〔以下略〕

（罰則の適用に関する経過措置）

第八条　この法律の施行前にした行為に対する罰則の適用については、なお従前の例による。

附　則（平成一六年四月二一日法律第三六号）抄

（施行期日）

第一条　この法律は、千九百七十三年の船舶による汚染の防止のための国際条約に関する千九百七十八年の議定書によって修正された同条約を改正する千九百九十七年の議定書（以下「第二議定書」という。）が日本国について効力を生ずる日（以下「施行日」という。）から施行する。〔以下略〕

（罰則の適用に関する経過措置）

第十八条　この法律の施行前にした行為に対する罰則の適用については、なお従前の例による。

（政令への委任）

第十九条　附則第二条から第十三条まで、附則第十五条及び前二条に定めるもののほか、この法律の施行に関し必要となる経過措置（罰則に関する経過措置を含む。）は、政令で定めることができる。

附　則（平成二一年七月三日法律第六九号）抄

（施行期日）

第一条　この法律は、公布の日から起算して一年を超えない範囲内において政令で定める日から施行する。ただし、次の各号に掲げる規定は、当該各号に定める日から施行する。

一　第二条中海上交通安全法第二十六条第一項及び第二項の改正規定　公布の日から起算して六月を超えない範囲内において政令で定める日
二　次条の規定　この法律の施行の日前の政令で定める日

（経過措置）
第二条　この法律による改正後の港則法第三十六条の三第二項及び第三項並びに海上交通安全法第二十二条の規定による通報は、これらの規定の例により、この法律の施行前においても行うことができる。

（罰則に関する経過措置）
第三条　この法律の施行前にした行為に対する罰則の適用については、なお従前の例による。

附　則（平成二八年五月一八日法律第四二号）　抄

（施行期日）
第一条　この法律は、公布の日から起算して二年を超えない範囲内において政令で定める日から施行する。ただし、次の各号に掲げる規定は、当該各号に定める日から施行する。
一　附則第四条の規定　公布の日
二　第二条中港則法第三条第一項及び第二項並びに第七条から第九条までの改正規定、同法第十二条の改正規定（「雑種船」を「汽艇等」に改める部分に限る。）並びに同法第十八条及び第三十七条の三第一項の改正規定並びに附則第三条の規定　公布の日から起算して六月を超えない範囲内において政令で定める日
三　第三条及び次条の規定　平成二十九年四月一日

参　政令で定める日―平成三〇年一月三一日

附　則（令和三年六月二日法律第五三号）

（施行期日）
第一条　この法律は、公布の日から起算して二月を超えない範囲内において政令で定める日から施行する。〔以下略〕

参　政令で定める日―令和三年七月一日

附　則（令和四年六月一七日法律第六八号）　抄

（施行期日）
1　この法律は、刑法等一部改正法施行日から施行する。〔以下略〕

参　施行日―令和七年六月一日（令五政令三一八）

附　則（令和五年五月二六日法律第三四号）

（施行期日）
第一条　この法律は、公布の日から起算して一年を超えない範囲内において政令で定める日から施行する。〔以下略〕

別表

航路の名称	所在海域
浦賀水道航路	東京湾中ノ瀬の南方から久里浜湾沖に至る海域
中ノ瀬航路	東京湾中ノ瀬の東側の海域
伊良湖水道航路	伊良湖水道
明石海峡航路	明石海峡
備讃瀬戸東航路	瀬戸内海のうち小豆島地蔵埼沖から豊島と男木島との間を経て小与島と小瀬居島との間に至る海域
宇高東航路	瀬戸内海のうち荒神島の南方から中瀬の西方に至る海域
宇高西航路	瀬戸内海のうち大槌島の東方から神在鼻沖に至る海域
備讃瀬戸北航路	瀬戸内海のうち小与島と小瀬居島との間から佐柳島と二面島との間に至る海域で牛島及び高見島の北側の海域
備讃瀬戸南航路	瀬戸内海のうち小与島と小瀬居島との間から二面島と粟島との間に至る海域で牛島及び高見島の南側の海域
水島航路	瀬戸内海のうち水島港から葛島の西方、濃地諸島の東方及び与島と本島との間を経て沙弥島の北方に至る海域
来島海峡航路	瀬戸内海のうち大島と今治港との間から来島海峡を経て大下島の南方に至る海域

海上交通安全法施行令

（昭和四十八年一月二十六日政令第五号）

改正
昭和四九年四月二日政令第九九号
同五三年七月二五日同第二九五号
同五四年一月一九日同第七号
同五四年五月一七日同第一四三号
同五九年六月六日同第一七六号
平成一二年六月七日同第三一二号
同一三年一二月二八日同第四三四号
同二九年一〇月二五日同第二六六号
令和三年六月二三日同第一七九号

（法適用海域と他の海域との境界）

第一条　海上交通安全法（以下「法」という。）第一条第二項の法を適用する海域（以下「法適用海域」という。）と他の海域（同項各号に掲げる海域を除く。）との境界は、次の表に掲げるとおりとする。

法適用海域の所在海域	法適用海域と他の海域との境界
東京湾	洲埼灯台（北緯三四度五八分三一秒東経一三九度四五分二七秒）から剣埼灯台（北緯三五度八分二九秒東経一三九度四〇分三七秒）まで引いた線
伊勢湾	大山三角点（北緯三四度三六分七秒東経一三七度八分四七秒）から石鏡灯台（北緯三四度二六分四〇秒東経一三六度五五分二五秒）まで引いた線、立馬埼灯台（北緯三四度三九分三八秒東経一三七度四分一二秒）から佐久島南端まで引いた線及び同地点から羽豆岬まで引いた線
瀬戸内海	紀伊日ノ御埼灯台（北緯三三度五二分五五秒東経一三五度三分四〇秒）から蒲生田岬灯台（北緯三三度五〇分三秒東経一三四度四四分五八秒）まで引いた線及び佐田岬灯台（北緯三三度二〇分三五秒東経一三二度五四秒）から関埼灯台（北緯三三度一六分東経一三一度五四分八秒）まで引いた線

（漁船以外の船舶が通常航行していない海域）

第二条　法第一条第二項第四号の政令で定める海域は、別表第一に掲げる海域のうち同項第一号から第三号までに掲げる海域以外の海域とする。

（航路）

第三条　法第二条第一項の政令で定める海域は、別表第二に掲げる海域とする。

（指定海域）

第四条　法第二条第四項の政令で定める海域は、東京湾に所在する法適用海域とする。

（緊急用務を行うための船舶）

第五条　法第二十四条第一項の政令で定める緊急用務を行うための船舶は、次に掲げる用務で緊急に処理することを要するものを行うための船舶で、これを使用する者の申請に基づきその者の住所地を管轄する管区海上保安本部長が指定したものとする。

一　消防、海難救助その他救済を必要とする場合における援助
二　船舶交通に対する障害の除去
三　海洋の汚染の防除
四　犯罪の予防又は鎮圧
五　犯罪の捜査

六　船舶交通に関する規制

七　前各号に掲げるもののほか、人命又は財産の保護、公共の秩序の維持その他の海上保安庁長官が特に公益上の必要があると認めた用務

（緊急用務を行う場合の灯火等）

第六条　前条の規定による管区海上保安本部長の指定を受けた船舶は、法第二十四条第一項の規定により航行し、又はびよう泊をするときは、周囲から最も見えやすい場所に、夜間は国土交通省令で定める紅色の灯火を、昼間は国土交通省令で定める紅色の標識を表示しなければならない。

（ろかい船等が灯火を表示すべき海域）

第七条　法第二十八条第一項の政令で定める海域は、法適用海域のうち航路以外の海域とする。

（航路の周辺の海域）

第八条　法第四十条第一項第一号の政令で定める海域は、航路の側方の境界線から航路の外側（来島海峡航路にあつては、馬島側を含む。）二百メートル以内の海域及び別表第三に掲げる海域とする。

附　則

（施行期日）

1　この政令は、法の施行の日（昭和四十八年七月一日）から施行する。

（特定水域航行令の廃止）

2　特定水域航行令（昭和二十八年政令第三百九十二号）は、廃止する。

附　則（昭和五三年七月二五日政令第二九五号）

1　この政令は、昭和五十三年八月一日から施行する。

2　この政令の施行前にされた海上運送法の規定による申請に係る処分に関しては、なお従前の例により運輸大臣が職権を行使する。

3　この政令の施行前にされた海上交通安全法施行令第四条の規定による申請に係る処分に関しては、なお従前の例により海上保安庁長官が職権を行使する。

附　則（昭和五四年一月一九日政令第七号）

この政令は、昭和五十四年二月一日から施行する。

附　則（昭和五四年五月一七日政令第一四三号）

この政令は、公布の日から施行する。

附　則（昭和五九年六月六日政令第一七六号）抄

第一条　この政令は、昭和五十九年七月一日から施行する。

附　則（平成一二年六月七日政令第三一二号）抄

（施行期日）

1　この政令は、内閣法の一部を改正する法律（平成十一年法律第八十八号）の施行の日（平成十三年一月六日）から施行する。〔以下略〕

附　則（平成一三年一二月二八日政令第四三四号）抄

（施行期日）

第一条　この政令は、測量法及び水路業務法の一部を改正する法律の施行の日（平成十四年四月一日）から施行する。

附　則（平成二九年一〇月二五日政令第二六六号）

この政令は、海上交通安全法等の一部を改正する法律の施行の日（平成三十年一月三十一日）から施行する。

附　則（令和三年六月二三日政令第一七九号）

この政令は、海上交通安全法等の一部を改正する法律の施行の日（令和三年七月一日）から施行する。〔以下略〕

海上交通安全法施行規則

（昭和四十八年三月二十七日運輸省令第九号）

改正
昭和四九年四月二日運輸省令第一二号
同四九年六月三日同第二三号
同五〇年八月二日同第三三号
同五〇年九月二五日同第三七号
同五一年一月八日同第一号
同五二年二月一八日同第三号
同五二年六月七日同第一四号
同五三年七月二五日同第四五号
同五四年一月一九日同第二号
同五四年五月一七日同第一九号
同五七年三月二四日同第四号
同五八年六月一日同第二七号
同五八年六月二七日同第二九号
同六〇年六月一二日同第二〇号
同六二年五月二一日同第四二号
同六三年三月二二日同第五号
平成元年七月二〇日同第二四号
同五年四月一日同第一一号
同六年三月三〇日同第一二号
同六年六月二四日同第二五号
同六年九月三〇日同第四六号
平成九年九月二四日運輸省令第六四号
同九年一二月一五日同第八六号
同一二年一一月二九日同第三九号
同一二年一二月八日同第四一号
同一四年四月一日国土交通省令第五三号
同一四年一一月二六日同第一二号
同一五年四月一一日同第四六号
同一六年四月一一日同第五一号
同一六年四月二三日同第五九号
同一九年一二月一四日同第九三号
同二〇年一二月一一日同第九八号
同二一年一一月三〇日同第六六号
同二二年四月一一日同第一四号
同二四年三月一九日同第一九号
同二九年一〇月二五日同第六四号
令和元年六月二八日同第二〇号
同二年一二月二三日同第九八号
同三年六月二三日同第四二号
同五年四月二〇日同第四〇号

目次

第一章　総則（第一条・第二条）
第二章　交通方法
　第一節　航路における一般的航法（第三条―第八条）
　第二節　航路ごとの航法（第九条）
　第三節　特殊な船舶の航路における交通方法の特則（第十条―第二十一条）
　第四節　灯火等（第二十二条・第二十三条）
　第五節　船舶の安全な航行を援助するための措置（第二十三条の二―第二十三条の四）
　第六節　異常気象等時における措置（第二十三条の五―第二十三条の七）
　第七節　指定海域における措置（第二十三条の八―第二十三条の十）
第三章　危険の防止（第二十四条―第二十九条）
第四章　雑則（第三十条―第三十二条）
附則

第一章　総則

（定義）

第一条　この省令において使用する用語は、海上交通安全法（昭和四十七年法律第百十五号。以下「法」という。）において使用する用語の例による。

2　この省令において、次の各号に掲げる用語の意義は、当該各号に定めるところによる。

一　全周灯、短音又は長音　それぞれ海上衝突予防法（昭和五十二年法律第六十二号）第二十一条第六項、第三十二条第二項又は同条第三項に規定する全周灯、短音又は長音をいう。

二　火薬類、高圧ガス、引火性液体類又は有機過酸化物　それぞれ危険物船舶運送及び貯蔵規則（昭和三十二年運輸省令第三十号）第二条第一号に規定する火薬類、高圧ガス、引火性液体類又は有機過酸化物をいう。

（法第二条第二項第三号ロに掲げる船舶）

第二条　法第二条第二項第三号ロの国土交通省令で定める船舶は、法第四十条第一項の規定による許可（同条第八項の規定によりその許可を受けることを要しない場合には、港則法（昭和二十三年法律第百七十四号）第三十一条第一項（同法第四十五

条において準用する場合を含む。）の規定による許可）を受けて工事又は作業を行つており、当該工事又は作業の性質上接近してくる他の船舶の進路を避けることが容易でない船舶とする。

2　法第二条第二項第三号ロの規定による灯火又は標識の表示は、夜間にあつては第一号に掲げる灯火の、昼間にあつては第二号に掲げる形象物の表示とする。

一　少なくとも二海里の視認距離を有する緑色の全周灯二個で最も見えやすい場所に二メートル（長さ二十メートル未満の船舶にあつては、一メートル）以上隔てて垂直線上に連掲されたもの

二　上の一個が白色のひし形、下の二個が紅色の球形である三個の形象物（長さ二十メートル以上の船舶にあつては、その直径は、〇・六メートル以上とする。）で最も見えやすい場所にそれぞれ一・五メートル以上隔てて垂直線上に連掲されたもの

第二章　交通方法

第一節　航路における一般的航法

（航路航行義務）

第三条　長さが五十メートル以上の船舶は、別表第一各号の中欄に掲げるイの地点とロの地点との間を航行しようとするとき（同表第四号、第五号及び第十二号から第十七号までの中欄に掲げるイの地点とロの地点との間を航行しようとする場合にあつては、当該イの地点から当該ロの地点の方向に航行しようとするときに限る。）は、当該各号の下欄に掲げる航路の区間をこれに沿つて航行しなければならない。ただし、海洋の調査その他の用務を行なうための船舶で法第四条本文の規定による交通方法に従わないで航行することがやむを得ないと当該用務が行なわれる海域を管轄する海上保安部の長が認めたものが航行しようとするとき、又は同条ただし書に該当するときは、この限りでない。

（速力の制限）

第四条　法第五条の国土交通省令で定める航路の区間は、次の表の上欄に掲げる航路ごとに同表の中欄に掲げるとおりとし、当該区間に係る同条の国土交通省令で定める速力は、それぞれ同表の下欄に掲げるとおりとする。

航路の名称	航路の区間	速力
浦賀水道航路	航路の全区間	十二ノット
中ノ瀬航路	航路の全区間	十二ノット
伊良湖水道航路	航路の全区間	十二ノット
備讃瀬戸東航路	男木島灯台（北緯三十四度二十六分一秒東経百三十四度三分三十九秒）から三百五十三度に引いた線と航路の西側の出入口の境界線との間の航路の区間	十二ノット
備讃瀬戸北航路	航路の東側の出入口の境界線と本島ジョウケンボ鼻から牛島北東端まで引いた線との間の航路の区間	十二ノット
備讃瀬戸南航路	牛島ザトーメ鼻から百六十度に引いた線と航路の東側の出入口の境界線との間の航路の区間	十二ノット
水島航路	航路の全区間	十二ノット

（追越しの場合の信号）

第五条　法第六条の規定により行わなければならない信号は、船舶が他の船舶の右げん側を航行しようとするときは汽笛を用いた長音一回に引き続く短音一回とし、船舶が他の船舶の左げん側を航行しようとするときは汽笛を用いた長音一回に引き続く短音二回とする。

（追越しの禁止）

第五条の二　法第六条の二の国土交通省令で定める航路の区間は、来島海峡航路のうち、今治船舶通航信号所（北緯三十四度五分二十五秒東経百三十二度五十九分十六秒）から四十六度へ引いた線と津島潮流信号所（北緯三十四度九分七秒東経百三十二度五十九分三十秒）から二百八度へ引いた線との間の区間とする。

2　法第六条の二の国土交通省令で定める船舶は、海上交通安全法施行令（昭和四十八年政令第五号。以下「令」という。）第五条に規定する緊急用務を行うための船舶であつて、当該緊急用務を行うために航路を著しく遅い速力で航行している船舶、順潮の場合にその速力に潮流の速度を加えた速度が四ノット未満で航行している船舶及び逆潮の場合にその速力から潮流の速度を減じた速度が四ノット未満で航行している船舶とする。

改 ①一部改正（平二四国土交通省令一九）

（進路を知らせるための措置）

第六条　法第七条の国土交通省令で定める船舶は、信号による表示を行う場合にあつては総トン数百トン未満の船舶とし、次項に掲げる措置を講じる場合にあつては船舶自動識別装置を備えていない船舶及び船員法施行規則（昭和二十二年運輸省令第二十三号）第三条の十六ただし書の規定により船舶自動識別装置を作動させていない船舶とする。

2　法第七条の国土交通省令で定める措置は、船舶自動識別装置により目的地に関する情報を送信することとする。

3　法第七条の規定による表示は、別表第二の上欄に掲げる船舶について、それぞれ同表の下欄に規定する信号の方法により行わなければならない。

4　第二項の規定による措置は、当該航路を航行する間、仕向港に関する情報その他の進路を知らせるために必要な情報について、海上保安庁長官が告示で定める記号により、船舶自動識別装置の目的地に関する情報として送信することにより行わなければならない。

（航路への出入又は航路の横断の制限）

第七条　法第九条の国土交通省令で定める航路の区間は、次の表の上欄に掲げる航路ごとに同表の中欄に掲げるとおりとし、当該区間に係る同条の国土交通省令で定める航行は、それぞれ同表の下欄に掲げるとおりとする。

航路の名称	航路の区間	してはならない航行
備讃瀬戸東航路	一　宇高東航路内にある宇高東航路の東側の側方の境界線及び同境界線の北方への延長線とこれらの線から千メートルの距離にある東側の線との間の航路の区間 二　宇高東航路の西側の側方の境界線と同境界線から五百メートルの距離にある西側の線との間の航路の区間	航路を横断する航行

	三　航路内にある宇高西航路の東側の側方の境界線及び同境界線の北方への延長線とこれらの線から五百メートルの距離にある東側の線との間の航路の区間 四　宇高西航路の西側の側方の境界線と同境界線から千メートルの距離にある西側の線との間の航路の区間	
来島海峡航路	大島地蔵鼻から来島白石灯標（北緯三十四度六分二十五秒東経百三十二度五十九分）まで引いた線と大島高山山頂（北緯三十四度七分五十八秒東経百三十三度一分三十二秒）から二百六十五度に引いた線との間の航路の区間	航路外から航路に入り、航路から航路外に出、又は航路を横断する航行（中欄に掲げる航路の区間においてウズ鼻灯台（北緯三十四度六分四十五秒東経百三十二度五十九分二十八秒）から百三十九度に引いた線又は馬島スノ埼（北緯三十四度七分二十二秒東経百三十二度五十九分二十五秒）から十度に引いた線を横切ることとなる場合に限る。）

（航路外での待機の指示）

第八条　法第十条の二の規定による指示は、次の表の上欄に掲げる航路ごとに、同表の下欄に掲げる場合において、海上保安庁長官が告示で定めるところにより、ＶＨＦ無線電話その他の適切な方法により行うものとする。

航路の名称	危険を生ずるおそれのある場合
浦賀水道航路 中ノ瀬航路	次の各号のいずれかに該当する場合 一　視程が千メートルを超え二千メートル以下の状態で、巨大船、総トン数五万トン（積載している危険物が液化ガスである場合には、総トン数二万五千トン）以上の危険物積載船（以下この表及び第十五条第一項第七号において「特別危険物積載船」という。）又は船舶、いかだその他の物件を引き、若しくは押して航行する船舶であつて、当該引き船の船首から当該物件の後端まで若しくは当該押し船の船尾から当該物件の先端までの距離が二百メートル以上の船舶（以下この表及び同項第八号において「長大物件えい航船等」という。）が航路を航行する場合 二　視程が千メートル以下の状態で、長さ百六十メートル以上の船舶、総トン数一万トン以上の危険物積載船又は長大物件えい航船等が航路を航行する場合
伊良湖水道航路	次の各号のいずれかに該当する場合 一　視程が千メートルを超え二千メートル以下の状態で、巨大船、特別危険物積載船又は長大物件えい航船等が航路を航行する場合 二　視程が千メートル以下の状態で、巨大船、総トン数一万トン以上の危険物積載船又は長大物件えい航船等が航路を航行する場合
明石海峡航路	次の各号のいずれかに該当する場合 一　視程が千メートルを超え二千メートル以下の状態で、巨大船、特別危険物

	積載船又は長大物件えい航船等が航路を航行する場合 二　視程が千メートル以下の状態で、長さ百六十メートル以上の船舶、危険物積載船又は船舶、いかだその他の物件を引き、若しくは押して航行する船舶であつて、当該引き船の船首から当該物件の後端まで若しくは当該押し船の船尾から当該物件の先端までの距離が百六十メートル以上である船舶が航路を航行する場合
備讃瀬戸東航路 宇高東航路 宇高西航路 備讃瀬戸北航路 備讃瀬戸南航路	次の各号のいずれかに該当する場合 一　視程が千メートルを超え二千メートル以下の状態で、巨大船、特別危険物積載船又は長大物件えい航船等が航路を航行する場合 二　視程が千メートル以下の状態で、長さ百六十メートル以上の船舶、危険物積載船又は長大物件えい航船等が航路を航行する場合
水島航路	次の各号のいずれかに該当する場合 一　視程が千メートルを超え二千メートル以下の状態で、巨大船、特別危険物積載船又は長大物件えい航船等が航路を航行する場合 二　視程が千メートル以下の状態で、長さ百六十メートル以上の船舶、危険物積載船又は長大物件えい航船等が航路を航行する場合
来島海峡航路	次の各号のいずれかに該当する場合 一　視程が千メートルを超え二千メートル以下の状態で、巨大船、特別危険物積載船又は長大物件えい航船等が航路を航行する場合 二　視程が千メートル以下の状態で、長さ百六十メートル以上の船舶、危険物積載船又は船舶、いかだその他の物件を引き、若しくは押して航行する船舶であつて、当該引き船の船首から当該物件の後端まで若しくは当該押し船の船尾から当該物件の先端までの距離が百メートル以上である船舶が航路を航行する場合 三　潮流をさかのぼつて航路を航行する船舶が潮流の速度に四ノットを加えた速力以上の速力を保つことができずに航行するおそれがある場合

2　前項に定めるもののほか、伊良湖水道航路内において巨大船と長さ百三十メートル以上の船舶（巨大船を除く。）とが行き会うことが予想される場合及び水島航路内において巨大船と長さ七十メートル以上の船舶（巨大船を除く。）とが行き会うことが予想される場合には、法第十条の二の規定による指示は、次の表の上欄に掲げる航路ごとに、海上保安庁長官が告示で定めるところによりＶＨＦ無線電話その他の適切な方法により行うとともに、同表の中欄に掲げる信号の方法により行うものとする。この場合において、同欄に掲げる信号の意味は、それぞれ同表の下欄に掲げるとおりとする。

航路の名称	信号の方法			信号の意味
	信号所の名称及び位置	昼間	夜間	
伊良湖水道航路	伊良湖水道航路管制信号所（北緯三十四度三十四分五十秒東経百三	百五十三度及び二百九十三度方向に面する信号板による。		

	十七度一分）	Nの文字の点滅	伊良湖水道航路を南東の方向に航行しようとする長さ百三十メートル以上の船舶（巨大船を除く。）は、航路外で待機しなければならないこと。
		Sの文字の点滅	伊良湖水道航路を北西の方向に航行しようとする長さ百三十メートル以上の船舶（巨大船を除く。）は、航路外で待機しなければならないこと。
		Nの文字及びSの文字の交互点滅	伊良湖水道航路を航行しようとする長さ百三十メートル以上の船舶（巨大船を除く。）は、航路外で待機しなければならないこと。
水島航路	水島航路西ノ埼管制信号所（北緯三十四度二十六分九秒東経百三十三度四十七分十二秒）	百二十度、百八十度及び二百九十度方向に面する信号板による。	
		Nの文字の点滅	水島航路を南の方向に航行しようとする長さ七十メートル以上の船舶（巨大船を除く。）は、航路外で待機しなければならないこと。
		Sの文字の点滅	水島航路を北の方向に航行しようとする長さ七十メートル以上の船舶（巨大船を除く。）は、航路外で待機しなければならないこと。
	水島航路三ツ子島管制信号所（北緯三十四度二十二分十九秒東経百三十三度四十九分二十三秒及び北緯三十四度二十二分十八秒東経百三十三度四十九分二十一秒）	五十五度及び百十五度方向に面する信号板並びに二百二十五度及び三百度方向に面する信号板による。	
		Nの文字の点滅	水島航路を南の方向に航行しようとする長さ七十メートル以上の船舶（巨大船を除く。）は、航路外で待機しなければならないこと。
		Sの文字の点滅	水島航路を北の方向に航行しようとする長さ七十メートル以上の船舶（巨大船を除く。）は、航路外で待機しなければならないこと。

3　前項の場合において、信号装置の故障その他の事由により前項の信号の方法を用いることができないときの信号の方法は、次の表の上欄に掲げる航路ごとに同表の中欄に掲げるとおりとし、その意味は、それぞれ同表の下欄に掲げるとおりとする。

航路の名称	伊良湖水道航路		
信号の方法／海上保安庁の船舶が信号を行う位置	神島灯台（北緯三十四度三十五分五十二秒東経百三十六度五十九分十一秒）から三百四十度三千五百四十メートルの地点付近	伊良湖岬灯台（北緯三十四度三十四分四十六秒東経百三十七度五十八秒）から百六十度三千五百メートルの地点付近	神島灯台から三百四十度三
信号の方法／昼間	縦に上から国際信号旗の第一代表旗一旒及びＬ旗一旒	縦に上から国際信号旗の第二代表旗一旒及びＬ旗一旒	縦に上から国際信号旗の第
信号の方法／夜間	発光信号によるモールス符号のＲＺＳの信号	発光信号によるモールス符号のＲＺＮの信号	発光信号によるモールス符
信号の意味	伊良湖水道航路を南東の方向に航行しようとする長さ百三十メートル以上の船舶（巨大船を除く。）は、航路外で待機しなければならないこと。	伊良湖水道航路を北西の方向に航行しようとする長さ百三十メートル以上の船舶（巨大船を除く。）は、航路外で待機しなければならないこと。	伊良湖水道航路を航行しようとする長さ百三十

航路の名称		水島航路		
信号の方法／海上保安庁の船舶が信号を行う位置	千五百四十メートルの地点付近及び伊良湖岬灯台から百六十度三千五百メートルの地点付近	太濃地島三角点（北緯三十四度二十六分五十二秒東経百三十三度四十五分十二秒）から九十七度千四百メートルの地点付近		鍋島灯台（北緯三十四度二十二分五十七秒東経百三十三度四十九分二十
信号の方法／昼間	三代表旗一旒及びＬ旗一旒	縦に上から国際信号旗の第一代表旗一旒及びＬ旗一旒	縦に上から国際信号旗の第二代表旗一旒及びＬ旗一旒	縦に上から国際信号旗の第一代表旗一旒及びＬ旗一旒
信号の方法／夜間	号のＲＺＳＮの信号	発光信号によるモールス符号のＲＺＳの信号	発光信号によるモールス符号のＲＺＮの信号	発光信号によるモールス符号のＲＺＳの信号
信号の意味	メートル以上の船舶（巨大船を除く。）は、航路外で待機しなければならないこと。	水島航路を南の方向に航行しようとする長さ七十メートル以上の船舶（巨大船を除く。）は、航路外で待機しなければならないこと。	水島航路を北の方向に航行しようとする長さ七十メートル以上の船舶（巨大船を除く。）は、航路外で待機しなければならないこと。	水島航路を南の方向に航行しようとする長さ七十メートル以上の船舶（巨大船を除く。）は、航路外で待機しなければならな

				いこと。
	五秒）から二百三十度千五百メートルの地点付近	縦に上から国際信号旗の第二代表旗一旒（りゅう）及びL旗一旒（りゅう）	発光信号によるモールス符号のRZNの信号	水島航路を北の方向に航行しようとする長さ七十メートル以上の船舶（巨大船を除く。）は、航路外で待機しなければならないこと。

備考　天候の状況等により夜間の信号を昼間用いる場合がある。

第二節　航路ごとの航法

（来島海峡航路）

第九条　法第二十条第一項第五号の国土交通省令で定める速力は、潮流の速度に四ノットを加えた速力とする。

2　法第二十条第二項の規定により海上保安庁長官が示す流向は、来島長瀬ノ鼻潮流信号所（北緯三十四度六分三十五秒東経百三十三度二分一秒）、津島潮流信号所、大浜潮流信号所（北緯三十四度五分二十五秒東経百三十二度五十九分十六秒）又は来島大角鼻潮流信号所（北緯三十四度八分二十五秒東経百三十二度五十六分二十八秒）の示す潮流信号によるものとする。

3　法第二十条第四項の規定による通報は、来島海峡航路において転流する時刻の一時間前から転流する時刻までの間に同航路を航行しようとする船舶が次の各号に定める線を横切つた後直ちに、海上保安庁長官が告示で定めるところにより、VHF無線電話その他の適切な方法により行うものとする。

一　梶島三角点（北緯三十四度七分二十一秒東経百三十三度九分三十一秒）から三百二十五度二百二十メートルの地点から三百二十五度に陸岸まで引いた線

二　梶島三角点から二百十八度三百二十メートルの地点から二百十八度に陸岸まで引いた線

三　比岐島灯台（北緯三十四度三分三十秒東経百三十三度五分五十四秒）から二百十八度百二十メートルの地点から二百十八度に陸岸まで引いた線

四　大浜潮流信号所から百七度六百メートルの地点から百二十度四千二百八十メートルの地点まで引いた線及び同地点から百八十九度に陸岸まで引いた線

五　小島東灯標（北緯三十四度七分四十四秒東経百三十二度五十九分二秒）から百九十九度四百七十メートルの地点から百九十九度に陸岸まで引いた線

六　小島東灯標と大角鼻（北緯三十四度八分三十四秒東経百三十二度五十六分三十一秒）とを結んだ線

七　大角鼻から二百五十度四千三百三十メートルの地点まで引いた線及び同地点から二百五度に陸岸まで引いた線

八　来島梶取鼻灯台（北緯三十四度七分六秒東経百三十二度五十三分三十三秒）から二百七十二度九十メートルの地点から二百七十二度に陸岸まで引いた線

九　斎島東端（北緯三十四度七分十六秒東経百三十二度四十八分二秒）から〇度に陸岸まで引いた線

十　アゴノ鼻灯台（北緯三十四度十分五十七秒東経百三十二度五十五分五十六秒）から二百五十五度に陸岸まで引いた線

十一　アゴノ鼻灯台から七十五度三千九百七十メートルの地点まで引いた線及び同地点から百五十九度三十分に陸岸まで引いた線

十二　津島潮流信号所から百四十一度三百メートルの地点から

百四十一度に陸岸まで引いた線

4　法第二十条第四項の国土交通省令で定める事項は、次の各号に掲げる事項とする。
一　船舶の名称
二　海上保安庁との連絡手段
三　航行する速力
四　航路外から航路に入ろうとする時刻

5　法第二十一条第一項の規定により次の各号に掲げる場合に行う信号は、当該各号に掲げる信号とする。
一　法第二十一条第一項第一号に掲げる場合（中水道に係る場合に限る。）津島一ノ瀬鼻又は竜神島に並航した時から中水道を通過し終る時まで汽笛を用いて鳴らす長音一回
二　法第二十一条第一項第一号に掲げる場合（西水道に係る場合に限る。）津島一ノ瀬鼻又は竜神島に並航した時から西水道を通過し終る時まで汽笛を用いて鳴らす長音二回
三　法第二十一条第一項第二号に掲げる場合　来島又は竜神島に並航した時から西水道を通過し終る時まで汽笛を用いて鳴らす長音三回

6　法第二十一条第二項の国土交通省令で定める海域は、蒼社川口右岸突端（北緯三十四度三分三十四秒東経百三十三度一分十三秒）から大島タケノ鼻まで引いた線、大下島アゴノ鼻から梶取鼻及び大島宮ノ鼻まで引いた線並びに陸岸により囲まれた海域のうち航路以外の海域とする。

第三節　特殊な船舶の航路における交通方法の特則

（巨大船に準じて航行に関する通報を行う船舶）
第十条　法第二十二条第二号の国土交通省令で定める長さは、次の表の上欄に掲げる航路ごとに同表の下欄に掲げるとおりとする。

航路の名称	長さ
浦賀水道航路	百六十メートル
中ノ瀬航路	百六十メートル
伊良湖水道航路	百三十メートル
明石海峡航路	百六十メートル
備讃瀬戸東航路	百六十メートル
宇高東航路	百六十メートル
宇高西航路	百六十メートル
備讃瀬戸北航路	百六十メートル
備讃瀬戸南航路	百六十メートル
水島航路	七十メートル
来島海峡航路	百六十メートル

（危険物積載船）
第十一条　法第二十二条第三号の国土交通省令で定める危険物は、次の各号に掲げるとおりとし、当該危険物に係る同号の国土交通省令で定める総トン数は、当該各号に掲げるとおりとする。
一　火薬類（その数量が、爆薬にあつては八十トン以上、次の表の上欄に掲げる火薬類にあつてはそれぞれ同表の下欄に掲げる数量をそれぞれ爆薬一トンとして換算した場合に八十トン以上であるものに限る。）総トン数三百トン

火薬類		爆薬一トンに換算される数量
火薬		二トン
火工品（弾薬を含む。以下この表において同じ。）	実包又は空包	二百万個
	信管又は火管	五万個
	銃用雷管	一千万個
	工業雷管又は電気雷管	百万個
	信号雷管	二十五万個
	導爆線	五十キロメートル
	その他	その原料をなす火薬二トン又は爆薬一トン
爆薬、火薬及び火工品以外の物質で爆発性を有するもの		二トン

二　ばら積みの高圧ガスで引火性のもの　総トン数千トン
三　ばら積みの引火性液体類　総トン数千トン
四　有機過酸化物（その数量が二百トン以上であるものに限る。）　総トン数三百トン

2　前項の火薬類、高圧ガス、引火性液体類及び有機過酸化物には、船舶に積載しているこれらの物で当該船舶の使用に供するものは含まないものとする。

3　第一項第二号又は第三号に掲げる危険物を積載していた総トン数千トン以上の船舶で当該危険物を荷卸し後ガス検定を行い、火災又は爆発のおそれのないことを船長が確認していないものは、法の適用については、その危険物を積載している危険物積載船とみなす。

（物件えい航船等）
第十二条　法第二十二条第四号の国土交通省令で定める距離は、次の表の上欄に掲げる航路ごとに同表の下欄に掲げるとおりとする。

航路の名称	距離
浦賀水道航路	二百メートル
中ノ瀬航路	二百メートル
伊良湖水道航路	二百メートル
明石海峡航路	百六十メートル
備讃瀬戸東航路	二百メートル
宇高東航路	二百メートル
宇高西航路	二百メートル
備讃瀬戸北航路	二百メートル
備讃瀬戸南航路	二百メートル
水島航路	二百メートル
来島海峡航路	百メートル

（巨大船等の航行に関する通報事項）
第十三条　法第二十二条の国土交通省令で定める事項は、次に掲げる事項とする。
一　船舶の名称、総トン数及び長さ

二　航行しようとする航路の区間、航路外から航路に入ろうとする時刻（以下「航路入航予定時刻」という。）及び航路から航路外に出ようとする時刻
三　船舶局（電波法（昭和二十五年法律第百三十一号）第六条第三項に規定する船舶局をいう。以下同じ。）のある船舶にあつては、その呼出符号又は呼出名称
四　船舶局のない船舶にあつては、海上保安庁との連絡手段
五　仕向港の定まつている船舶にあつては、仕向港
六　巨大船にあつては、その喫水
七　危険物積載船にあつては、積載している危険物（第十一条第一項各号に掲げる危険物をいう。以下同じ。）の種類及び種類ごとの数量
八　物件えい航船等（法第二十二条第四号に掲げる船舶をいう。以下同じ。）にあつては、引き船の船首から当該引き船の引く物件の後端まで又は押し船の船尾から当該押し船の押す物件の先端までの距離及び当該物件の概要

（巨大船等の航行に関する通報の方法）

第十四条　次の各号に掲げる船舶の船長は、航路外から航路に入ろうとする日（以下「航路入航予定日」という。）の前日正午までに、前条第一号から第五号までに掲げる事項及び巨大船である船舶にあつては同条第六号、危険物積載船である船舶にあつては同条第七号、物件えい航船等である船舶にあつては同条第八号に掲げる事項を通報しなければならず、航路入航予定時刻の三時間前までの間においてその通報した事項に関し変更があつたときは、当該航路入航予定時刻の三時間前にその旨を通報し、以後その通報した事項に関し変更があつたときは、直ちに、その旨を通報しなければならない。

一　巨大船
二　法第二十二条第二号に掲げる船舶（水島航路を航行しようとする長さ七十メートル以上百六十メートル未満の船舶を除く。）
三　積載している危険物が液化ガスである総トン数二万五千トン以上の危険物積載船
四　物件えい航船等

2　次の各号に掲げる船舶の船長は、航路入航予定時刻の三時間前までに前条第一号から第五号までに掲げる事項及び危険物積載船である船舶にあつては同条第七号に掲げる事項を通報しなければならず、その通報した事項に関し変更があつたときは、直ちに、その旨を通報しなければならない。

一　法第二十二条第二号に掲げる船舶（水島航路を航行しようとする長さ七十メートル以上百六十メートル未満の船舶に限る。）
二　危険物積載船（前項各号に掲げる船舶を除く。）

3　巨大船等の船長は、航路を航行する必要が緊急に生じたとき、その他前二項の規定により通報をすることができないことがやむを得ないと航路ごとに次項各号に掲げる海上交通センターの長が認めたときは、前二項の規定にかかわらず、あらかじめ、前条各号に掲げる事項を通報すれば足りる。

4　前各項の規定による通報は、海上保安庁長官が告示で定める方法に従い、航行しようとする航路ごとに次の各号に掲げる海上交通センターの長に対して行わなければならない。

一　浦賀水道航路又は中ノ瀬航路　東京湾海上交通センター
二　伊良湖水道航路　伊勢湾海上交通センター
三　明石海峡航路　大阪湾海上交通センター

四　備讃瀬戸東航路、宇高東航路、宇高西航路、備讃瀬戸北航路、備讃瀬戸南航路又は水島航路　備讃瀬戸海上交通センター

五　来島海峡航路　来島海峡海上交通センター

（巨大船等に対する指示）

第十五条　法第二十三条の規定により巨大船等の運航に関し指示することができる事項は、次に掲げる事項とする。

一　航路入航予定時刻の変更

二　航路を航行する速力

三　船舶局のある船舶にあつては、航路入航予定時刻の三時間前から当該航路から航路外に出るときまでの間における海上保安庁との間の連絡の保持

四　巨大船にあつては、余裕水深の保持

五　長さ二百五十メートル以上の巨大船又は危険物積載船である巨大船にあつては、進路を警戒する船舶の配備

六　巨大船又は危険物積載船にあつては、航行を補助する船舶の配備

七　特別危険物積載船にあつては、消防設備を備えている船舶の配備

八　長大物件えい航船等にあつては、側方を警戒する船舶の配備

九　前各号に掲げるもののほか、巨大船等の運航に関し必要と認められる事項

2　海上保安庁長官は、前項第五号、第七号又は第八号に掲げる事項を指示する場合における指示の内容に関し、基準を定め、これを告示するものとする。

（緊急用務を行うための船舶の指定の申請）

第十六条　令第五条の規定による指定を受けようとする者は、別記様式による申請書をその者の住所地を管轄する管区海上保安本部長（以下この節において「所轄本部長」という。）に提出しなければならない。

2　所轄本部長は、令第五条の規定による申請があつた場合において必要があると認めるときは、船舶国籍証書、船舶検査証書その他の船舶に関する事項を証する書類の提示を求めることができる。

（緊急船舶指定証の交付及び備付け）

第十七条　令第五条の規定による指定は、緊急用務の範囲を定め、その範囲及び次に掲げる事項を記載した緊急船舶指定証を交付することによつて行なう。

一　緊急船舶指定証の交付番号及び交付年月日

二　船舶の船舶番号、名称、総トン数及び船籍港

三　船舶を使用する者の氏名又は名称及び住所並びに法人にあつては、その代表者の氏名

2　令第五条の規定による指定を受けた船舶（以下「緊急船舶」という。）を使用する者（以下「緊急船舶使用者」という。）は、前項の規定により交付を受けた緊急船舶指定証を当該緊急船舶内に備え付けなければならない。

（緊急船舶指定証の書換え）

第十八条　緊急船舶使用者は、前条第一項第二号及び第三号に掲げる事項について変更があつたときは、遅滞なく、その旨を記載した申請書に緊急船舶指定証を添えて、所轄本部長（海上保安管区の区域を異にしてその者の住所地を変更した場合は、変更した後の所轄本部長）に提出し、その書換えを受けなければならない。

（緊急船舶指定証の再交付）

第十九条　緊急船舶使用者は、緊急船舶指定証を亡失し、又はき損したときは、所轄本部長に緊急船舶指定証の再交付を申請することができる。

2　所轄本部長は、前項の申請が正当であると認めるときは、緊急船舶指定証をその者に再交付するものとする。

（緊急船舶指定証の返納）

第二十条　緊急船舶使用者は、次に掲げる場合には、遅滞なく、その受有する緊急船舶指定証（第二号の場合にあつては、発見した緊急船舶指定証）を所轄本部長に返納しなければならない。

一　緊急船舶を緊急船舶指定証に記載された緊急用務を行なうための船舶として使用しないこととなつたとき。

二　緊急船舶指定証を亡失したことにより緊急船舶指定証の再交付を受けた後その亡失した緊急船舶指定証を発見したとき。

（緊急用務を行う場合の灯火等）

第二十一条　令第六条の国土交通省令で定める紅色の灯火は、少なくとも二海里の視認距離を有し、一定の間隔で毎分百八十回以上二百回以下のせん光を発する紅色の全周灯とする。

2　令第六条の国土交通省令で定める紅色の標識は、頂点を上にした紅色の円すい形の形象物でその底の直径が〇・六メートル以上、その高さが〇・五メートル以上であるものとする。

第四節　灯火等

（巨大船及び危険物積載船の灯火等）

第二十二条　法第二十七条第一項の規定による灯火又は標識の表示は、次の表の上欄に掲げる船舶の区分に応じ、夜間は、それぞれ同表の中欄に掲げる灯火を、昼間は、それぞれ同表の下欄に掲げる標識を最も見えやすい場所に表示することによりしなければならない。

船舶	灯火	標識
巨大船	少なくとも二海里の視認距離を有し、一定の間隔で毎分百八十回以上二百回以下のせん光を発する緑色の全周灯一個	その直径が〇・六メートル以上であり、その高さが直径の二倍である黒色の円筒形の形象物二個で一・五メートル以上隔てて垂直線上に連掲されたもの（海上衝突予防法第二十八条の規定により円筒形の形象物一個を表示する巨大船については、その形象物と同一の垂直線上に連掲されないものに限る。）
危険物積載船	少なくとも二海里の視認距離を有し、一定の間隔で毎分百二十回以上百四十回以下のせん光を発する紅色の全周灯一個	縦に上から国際信号旗の第一代表旗一旒（りゅう）及びB旗一旒（りゅう）

（押されている物件の灯火等）

第二十三条　法第二十九条第一項の国土交通省令で定める距離は、五十メートルとする。

2　法第二十九条第二項の国土交通省令で定める灯火は、次の表の上欄に掲げる緑灯及び紅灯（押す物件にこれらの灯火を表示することが実行に適しない場合にあつては、同表の上欄に掲げる緑紅の両色灯）でそれぞれ同表の下欄に掲げる要件に適合するものそれぞれ一個とする。

灯火	要件
緑灯	一　当該物件の右端にあること。 二　コンパスの百十二度三十分にわたる水平の弧を完全に照らす構造であること。 三　射光が当該物件の正先端方向から右側正横後二十二度三十分の間を照らすように装置されていること。 四　少なくとも二海里の視認距離を有すること。
紅灯	一　当該物件の左端にあること。 二　コンパスの百十二度三十分にわたる水平の弧を完全に照らす構造であること。 三　射光が当該物件の正先端方向から左側正横後二十二度三十分の間を照らすように装置されていること。 四　少なくとも二海里の視認距離を有すること。
緑紅の両色灯	一　当該物件の中央部にあること。 二　緑色又は紅色の射光がそれぞれ当該物件の正先端方向から右側又は左側正横後二十二度三十分の間を照らすように装置されていること。 三　少なくとも一海里の視認距離を有すること。

第五節　船舶の安全な航行を援助するための措置

（海上保安庁長官による情報の提供）

第二十三条の二　法第三十条第一項の国土交通省令で定める海域は、別表第三の上欄に掲げる航路ごとに、同表の下欄に掲げる海域とする。

2　法第三十条第一項の規定による情報の提供は、海上保安庁長官が告示で定めるところにより、ＶＨＦ無線電話により行うものとする。

3　法第三十条第一項の国土交通省令で定める情報は、次に掲げる情報とする。

一　特定船舶が航路及び第一項に規定する海域において適用される交通方法に従わないで航行するおそれがあると認められる場合における、当該交通方法に関する情報

二　船舶の沈没、航路標識の機能の障害その他の船舶交通の障害であつて、特定船舶の航行の安全に著しい支障を及ぼすおそれのあるものの発生に関する情報

三　特定船舶が、工事又は作業が行われている海域、水深が著しく浅い海域その他の特定船舶が安全に航行することが困難な海域に著しく接近するおそれがある場合における、当該海域に関する情報

四　他の船舶の進路を避けることが容易でない船舶であつて、その航行により特定船舶の航行の安全に著しい支障を及ぼすおそれのあるものに関する情報

五　特定船舶が他の特定船舶に著しく接近するおそれがあると認められる場合における、当該他の特定船舶に関する情報

六　前各号に掲げるもののほか、特定船舶において聴取することが必要と認められる情報

（情報の聴取が困難な場合）

第二十三条の三　法第三十条第二項の国土交通省令で定める場合は、次に掲げるものとする。

一　ＶＨＦ無線電話を備えていない場合

二　電波の伝搬障害等によりＶＨＦ無線電話による通信が困難な場合

三　他の船舶等とＶＨＦ無線電話による通信を行つている場合

（航法の遵守及び危険の防止のための勧告）

第二十三条の四　法第三十一条第一項の規定による勧告は、海上保安庁長官が告示で定めるところにより、ＶＨＦ無線電話その他の適切な方法により行うものとする。

第六節　異常気象等時における措置

（異常気象等時特定船舶に対する情報の提供）

第二十三条の五　法第三十三条第一項の国土交通省令で定める海域は、別表第四のとおりとする。

2　法第三十三条第一項の規定による情報の提供は、海上保安庁長官が告示で定めるところにより、ＶＨＦ無線電話により行うものとする。

3　法第三十三条第一項の国土交通省令で定める情報は、次に掲げる情報とする。

一　異常気象等時特定船舶の進路前方にびよう泊をしている他の船舶に関する情報

二　異常気象等時特定船舶のびよう泊に異状が生ずるおそれに関する情報

三　異常気象等時特定船舶の周辺にびよう泊をしている他の異常気象等時特定船舶のびよう泊の異状の発生又は発生のおそれに関する情報

四　船舶の沈没、航路標識の機能の障害その他の船舶交通の障害であつて、異常気象等時特定船舶の航行、停留又はびよう泊の安全に著しい支障を及ぼすおそれのあるものの発生に関する情報

五　前各号に掲げるもののほか、当該海域において安全に航行し、停留し、又はびよう泊をするために異常気象等時特定船舶において聴取することが必要と認められる情報

（異常気象等時特定船舶において情報の聴取が困難な場合）

第二十三条の六　法第三十三条第三項の国土交通省令で定める場合は、次に掲げるものとする。

一　ＶＨＦ無線電話を備えていない場合

二　電波の伝搬障害等によりＶＨＦ無線電話による通信が困難な場合

三　他の船舶等とＶＨＦ無線電話による通信を行つている場合

（異常気象等時特定船舶に対する危険の防止のための勧告）

第二十三条の七　法第三十四条第一項の規定による勧告は、海上保安庁長官が告示で定めるところにより、ＶＨＦ無線電話その他の適切な方法により行うものとする。

第七節　指定海域における措置

（指定海域への入域に関する通報）

第二十三条の八　法第三十六条の規定による通報は、指定海域に入域しようとする船舶が当該指定海域と他の海域との境界線を横切る時に、海上保安庁長官が告示で定めるところにより、ＶＨＦ無線電話その他の適切な方法により行うものとする。ただし、当該船舶が船舶自動識別装置を備えている場合において、当該船舶自動識別装置を作動させているときは、この限りでない。

2　法第三十六条の国土交通省令で定める事項は、次に掲げる事項（簡易型船舶自動識別装置を備える船舶にあつては、当該簡易型船舶自動識別装置により送信される事項以外の事項に限る。）とする。

一　船舶の名称及び長さ

二　船舶の呼出符号

三　仕向港の定まつている船舶にあつては、仕向港

四　船舶の喫水

五　通報の時点における船舶の位置
（非常災害発生周知措置がとられた際の海上保安庁長官による情報の提供）
第二十三条の九　法第三十八条第一項の規定による情報の提供は、海上保安庁長官が告示で定めるところにより、ＶＨＦ無線電話により行うものとする。
２　法第三十八条第一項の国土交通省令で定める情報は、次に掲げる情報とする。
一　非常災害の発生の状況に関する情報
二　船舶交通の制限の実施に関する情報
三　船舶の沈没、航路標識の機能の障害その他の船舶交通の障害であつて、指定海域内船舶の航行の安全に著しい支障を及ぼすおそれのあるものの発生に関する情報
四　指定海域内船舶が、船舶のびよう泊により著しく混雑する海域、水深が著しく浅い海域その他の指定海域内船舶が航行の安全を確保することが困難な海域に著しく接近するおそれがある場合における、当該海域に関する情報
五　前各号に掲げるもののほか、指定海域内船舶が航行の安全を確保するために聴取することが必要と認められる情報
（非常災害発生周知措置がとられた際の情報の聴取が困難な場合）
第二十三条の十　法第三十八条第二項の国土交通省令で定める場合は、次に掲げるものとする。
一　ＶＨＦ無線電話を備えていない場合
二　電波の伝搬障害等によりＶＨＦ無線電話による通信が困難な場合
三　他の船舶等とＶＨＦ無線電話による通信を行つている場合

第三章　危険の防止

（許可を要しない行為）
第二十四条　法第四十条第一項ただし書の国土交通省令で定める行為は、次に掲げる行為とする。
一　人命又は船舶の急迫した危難を避けるために行なわれる仮工作物の設置その他の応急措置として必要とされる行為
二　漁具の設置その他漁業を行なうために必要とされる行為
三　海面の最高水面からの高さが六十五メートルをこえる空域における行為
四　海底下五メートルをこえる地下における行為
（許可の申請）
第二十五条　法第四十条第一項の許可を受けようとする者は、次に掲げる事項を記載した申請書二通を当該申請に係る行為に係る場所を管轄する海上保安部の長を経由して管区海上保安本部長に提出しなければならない。
一　氏名又は名称及び住所並びに法人にあつては、その代表者の氏名
二　当該行為の種類
三　当該行為の目的
四　当該行為に係る場所
五　当該行為の方法
六　当該行為により生じるおそれがある船舶交通の妨害を予防するために講ずる措置の概要
七　当該行為の着手及び完了の予定期日
八　法第四十条第一項第一号に掲げる者にあつては、次に掲げる事項
イ　現場責任者の氏名及び住所

ロ　当該行為をするために使用する船舶の概要

九　法第四十条第一項第二号に掲げる者にあつては、当該行為に係る工作物の概要

2　前項の申請書には、位置図並びに当該行為に係る工作物の平面図、断面図及び構造図を添附しなければならない。

（届出を要しない行為）

第二十六条　法第四十一条第一項ただし書の国土交通省令で定める行為は、次に掲げる行為とする。

一　第二十四条各号に掲げる行為

二　魚礁の設置その他漁業生産の基盤の整備又は開発を行なうために必要とされる行為

三　ガス事業法（昭和二十九年法律第五十一号）によるガス事業の用に供するガス工作物（海底敷設導管及びその附属設備に限る。）及び電気事業法（昭和三十九年法律第百七十号）による電気事業の用に供する電気工作物（電線路及び取水管並びにこれらの附属設備に限る。）の設置

（届出）

第二十七条　法第四十一条第一項の規定により届出をしようとする者は、次に掲げる事項を記載した届出書二通を当該届出に係る行為に係る場所を管轄する海上保安監部、海上保安部又は海上保安航空基地の長を経由して管区海上保安本部長に提出しなければならない。

一　第二十五条第一項第一号から第五号まで及び第七号に掲げる事項

二　当該行為により生ずるおそれがある船舶交通の危険を防止するために講ずる措置の概要

三　法第四十一条第一項第一号に掲げる者にあつては、第二十五条第一項第八号に掲げる事項

四　法第四十一条第一項第二号に掲げる者にあつては、第二十五条第一項第九号に掲げる事実

五　係留施設の設置をしようとする者にあつては、当該係留施設の使用の計画

2　前項の届出書には、位置図、当該行為に係る工作物の平面図、断面図及び構造図並びに当該工作物が係留施設に係る場合にあつては、当該係留施設の使用の計画の作成の基礎を記載した書類を添附しなければならない。

（海難が発生した場合の措置）

第二十八条　法第四十三条第一項の規定による応急の措置は、次に掲げる措置のうち船舶交通の危険を防止するため有効かつ適切なものでなければならない。

一　当該海難により航行することが困難となつた船舶を他の船舶交通に危険を及ぼすおそれがない海域まで移動させ、かつ、当該船舶が移動しないように必要な措置をとること。

二　当該海難により沈没した船舶の位置を示すための指標となるように、次の表の上欄に掲げるいずれかの場所に、それぞれ同表の下欄に掲げる要件に適合する灯浮標を設置すること。

場所	要件
沈没した船舶の位置の北側	一　頭標（灯浮標の最上部に掲げられる形象物をいう。以下同じ。）は、黒色の上向き円すい形形象物二個を垂直線上に連掲したものであること。 二　標体（灯浮標の頭標及び灯火以外の海面上に出ている部分をいう。以下同じ。）は、上半部を黒、下半部を黄に塗色した

	ものであること。 三　灯火は、連続するせん光を発する白色の全周灯であること。 四　連続するせん光は、一・二秒の周期で発せられるものであること。
沈没した船舶の位置の東側	一　頭標は、黒色の上向き円すい形形象物一個と黒色の下向き円すい形形象物一個とを上から順に垂直線上に連掲したものであること。 二　標体は、上部を黒、中央部を黄、下部を黒に塗色したものであること。 三　灯火は、十秒の周期で、連続するせん光三回を発する白色の全周灯であること。 四　連続するせん光は、一・二秒の周期で発せられるものであること。
沈没した船舶の位置の南側	一　頭標は、黒色の下向き円すい形形象物二個を垂直線上に連掲したものであること。 二　標体は、上半部を黄、下半部を黒に塗色したものであること。 三　灯火は、十五秒の周期で、連続するせん光六回に引き続く二秒の光一回を発する白色の全周灯であること。 四　連続するせん光は、一・二秒の周期で発せられるものであること。
沈没した船舶の位置の西側	一　頭標は、黒色の下向き円すい形形象物一個と黒色の上向き円すい形形象物一個とを上から順に垂直線上に連掲したものであること。 二　標体は、上部を黄、中央部を黒、下部を黄に塗色したものであること。 三　灯火は、十五秒の周期で、連続するせん光九回を発する白色の全周灯であること。 四　連続するせん光は、一・二秒の周期で発せられるものであること。

三　当該海難に係る船舶の積荷が海面に脱落し、及び散乱するのを防ぐため必要な措置をとること。

第二十九条　法第四十三条第一項の規定による通報は、当該海難の発生した海域を管轄する海上保安監部、海上保安部又は海上保安航空基地の長にしなければならない。

第四章　雑則

（航路等を示す航路標識の設置）

第三十条　法第四十五条の規定により航路標識を設置する場合は、次に掲げる基準に適合し、かつ、船舶交通の安全を図るため適切な位置に設置するものとする。

一　浦賀水道航路及び備讃瀬戸東航路にあつては、これらの航路の側方の境界線又は中央線上にあること。

二　中ノ瀬航路、伊良湖水道航路、宇高東航路、宇高西航路、備讃瀬戸北航路、備讃瀬戸南航路、水島航路及び来島海峡航路にあつては、これらの航路の側方の境界線上にあること。

三　明石海峡航路にあつては、当該航路の中央線上にあること。

四　法第五条、法第六条の二及び第九条の航路の区間にあつては、当該区間の境界線又はその延長線上にあること。

（情報の周知）

第三十一条　海上保安庁長官は、法第二十六条の規定により、船舶の航行、停留若しくはびよう泊を制限し、又は特別の交通方法を定めたときは、水路通報その他適切な手段により、関係者

に対し、その周知を図るものとする。

2　第十四条第四項各号に掲げる海上交通センターの長は、同条第一項又は第三項の規定による通報（巨大船に係るものに限る。）を受けたときは、関係者に対し、その周知を図るものとする。

（権限の委任）

第三十二条　法第十条の二、法第二十条第三項及び第四項、法第二十二条、法第二十三条、法第三十条第一項並びに法第三十一条第一項及び第二項の規定による海上保安庁長官の権限は、当該航路の所在する海域を管轄する管区海上保安本部長に行わせる。

2　法第三十二条第一項の規定による海上保安庁長官の権限は、当該船舶交通の危険が生じ、又は生ずるおそれがある海域を管轄する管区海上保安本部長に行わせる。

3　法第三十二条第二項の規定による海上保安庁長官の権限は、当該船舶交通の危険が生ずるおそれがあると予想される海域を管轄する管区海上保安本部長に行わせる。

4　法第三十三条第一項及び第二項並びに法第三十四条第一項及び第二項の規定による海上保安庁長官の権限は、法第三十三条第一項に規定する当該海域を管轄する管区海上保安本部長に行わせる。

5　法第三十五条第一項の規定による海上保安庁長官の権限は、当該協議会を組織しようとする湾その他の海域を管轄する管区海上保安本部長に行わせる。

6　法第三十六条、法第三十八条第一項及び法第三十九条の規定による海上保安庁長官の権限は、当該指定海域を管轄する管区海上保安本部長に行わせる。

7　法第四十条第一項から第五項まで及び第七項、法第四十一条第一項から第五項まで並びに法第四十二条の規定による海上保安庁長官の権限は、当該行為に係る場所を管轄する管区海上保安本部長に行わせる。

8　法第四十三条の規定による海上保安庁長官の権限は、当該海難が発生した海域を管轄する管区海上保安本部長に行わせる。

9　法第二十六条の規定による海上保安庁長官の権限（同条第一項ただし書に規定する方法により処分をする場合に限る。）は、当該船舶交通の危険が生じ、又は生ずるおそれのある海域を管轄する管区海上保安本部長も行うことができる。

10　法第三十七条の規定による海上保安庁長官の権限は、当該指定海域を管轄する管区海上保安本部長も行うことができる。

11　管区海上保安本部長は、次の各号に掲げる権限を当該各号に掲げる海上保安監部、海上保安部、海上保安航空基地又は海上交通センターの長に行わせるものとする。

一　法第十条の二、法第二十二条、法第二十三条、法第三十条第一項並びに法第三十一条第一項及び第二項の規定による権限

イ　東京湾海上交通センター（浦賀水道航路及び中ノ瀬航路に係るものに限る。）

ロ　伊勢湾海上交通センター（伊良湖水道航路に係るものに限る。）

ハ　大阪湾海上交通センター（明石海峡航路に係るものに限る。）

ニ　備讃瀬戸海上交通センター（備讃瀬戸東航路、宇高東航路、宇高西航路、備讃瀬戸北航路、備讃瀬戸南航路及び水島航路に係るものに限る。）

ホ　来島海峡海上交通センター（来島海峡航路に係るものに限る。）

二　法第二十条第三項及び第四項の規定による権限　来島海峡海上交通センター

三　法第三十三条第一項並びに法第三十四条第一項及び第二項、法第三十六条、法第三十八条第一項並びに法第三十九条の規定による権限　東京湾海上交通センター

四　法第四十三条の規定による権限　当該海難が発生した海域を管轄する海上保安監部、海上保安部又は海上保安航空基地

附　則（抄）

（施行期日）

1　この省令は、法の施行の日（昭和四十八年七月一日）から施行する。

（経過措置）

2　喫水が二十メートル以上の船舶については、第三条及び別表第一の規定（中ノ瀬航路に係る部分に限る。）は、当分の間、適用しない。

3　この省令の施行前に建造された船舶である危険物積載船については、第二十二条の規定（危険物積載船の灯火に係る部分に限る。）は、昭和四十九年六月三十日（当該船舶について行なわれる船舶安全法（昭和八年法律第十一号）第五条第一項第一号又は第二号の規定による定期検査又は中間検査のうち最初に行なわれるものの時期が同日前である場合にあつては、その検査の時期）までは、適用しない。

附　則（昭和五二年六月七日運輸省令第一四号）

（施行期日）

1　この省令は、海上衝突予防法（昭和五十二年法律第六十二号）の施行の日（千九百七十二年の海上における衝突の予防のための国際規則に関する条約が日本国について効力を生ずる日）から施行する。ただし、第一条中海上交通安全法施行規則第十条第一項の改正規定は、昭和五十二年七月一日から施行する。

（経過措置）

2　この省令（前項ただし書に規定する部分を除く。以下同じ。）の施行の際現に航海中であり、又は本邦外にある海上交通安全法（昭和四十七年法律第百十五号）第二条第二項第二号に規定する巨大船については、この省令の施行後最初に本邦の港に入港する日（当該入港する日がこの省令の施行の日から起算して一年を超える日である場合は、この省令の施行の日から起算して一年を経過した日）までは、紅色の全周灯であつて少なくとも二海里の視認距離を有するもの一個の最も見えやすい場所に表示するときは、改正後の海上交通安全法施行規則第二十二条の規定による灯火（危険物積載船であることにより表示すべき灯火を除く。）を表示することを要しない。

附　則（昭和五八年六月二七日運輸省令第二九号）

（施行期日）

1　この省令は、昭和五十八年七月五日から施行する。

（経過措置）

2　この省令の施行前にとられた改正前の海上交通安全法施行規則第二十八条第二号の規定による措置は、改正後の海上交通安全法施行規則第二十八条第二号の規定に基づいてとられたものとみなす。

附　則（平成一九年一二月一四日国土交通省令第九三号）

（施行期日）

第一条　この省令は、平成二十年一月一日から施行する。

（罰則に関する経過措置）

第二条　この省令の施行前にした行為に対する罰則の適用については、なお従前の例による。

附　則（令和二年一二月二三日国土交通省令第九八号）

（施行期日）

1　この省令は、令和三年一月一日から施行する。

（経過措置）

2　この省令の施行の際現にあるこの省令による改正前の様式による用紙は、当分の間、これを取り繕って使用することができる。

附　則（令和三年六月二三日国土交通省令第四二号）

この省令は、令和三年七月一日から施行する。

附　則（令和五年四月二〇日国土交通省令第四〇号）

この省令は、令和五年五月一日から施行する。

付　　録

巻末からごらんください。

1. 海上交通安全法 …… 2

2. 海上交通安全法施行令 …… 22

3. 海上交通安全法施行規則 …… 24